复旦大学新闻学院教授学术丛书

总主编 米博华

新世纪新闻的观察与思考

童兵 著

复旦大学出版社

丛书编委会

主任　米博华

委员　米博华　张涛甫　周　晔　孙　玮　李双龙　杨　鹏
　　　周葆华　朱　佳　洪　兵　张殿元

总　序

米博华

今年是复旦大学新闻学院(系)创建九十周年,老师们商量策划出版一套教授学术丛书,为这个特殊的日子送上一份特殊礼物,表达对学院的崇敬和热爱。

九十年,新闻学院人才济济,俊杰辈出。教学与科研传承有序,底蕴深厚,著述丰赡,成就卓越。这套丛书选取的是目前在任的十五位老师的作品。老师们以对职业的敬畏与尊重,反复甄选书稿,精心修订文字,意在以一种质朴而庄重的方式,向九十年的新闻学院致敬。

作为学院一员,回顾历史,与有荣焉。我们这个被誉为"记者摇篮"的复旦大学新闻学院崇尚新知,治学严谨,站立时代潮头,引领风气之先,创造了诸多第一:老系主任陈望道首译《共产党宣言》全本,创办了中国第一座高校"新闻馆";新闻学系第一个引入了公共关系学科,发表了第一篇传播学研究论文,出版了第一本传播学专著,主编了第一套完整的新闻学教材,创建了国内第一家新闻学院,在国内第一家开设传播学全套课程,建立了国内首个新闻传播学博士后流动站,第一家实现部校共建院系……在各个历史时期,新闻学院为中国新闻传播学科的发展,为中国新闻事业的进步,不断贡献非凡力量。

九十年是历史长河一瞬,但对新闻传播学科来说,其变化之巨是任何一个时代都不能比拟的。从铅铸火炼报纸印刷,到无像无形空中电波;从五彩缤纷电视屏幕,到无处不在互联网络;从无远弗届移动终端,到不可思议 5G 传奇。科技进步驱动新闻传播学科迭代更新、飞跃发展,令人目不暇接。这套丛书力图从一个侧面展示新时代新闻传播学研究的进展,探讨未来新闻传播学科发展趋势和走向,回答新闻传播学理论和实践的紧迫课题。

大家知道,长期以来有"新闻无学"的说法,这种说法并不科学。与其他人文社会学科如哲学、历史、文学等相比,新闻传播学是近现代产物。实践探索、学术积累、研究成果都不够丰富、厚实。从某种意义上说,新闻传播学术大厦的构建还在进行之中,已经完成的工程也还在完善之中。但不能否认,新闻传播学是当代新兴文科发展最快、影响最大、应用最广、前景最为明亮的重要学科,没有之一。如信息产业方兴未艾一样,新闻传播学很可能成为这个世纪独步一时的最前沿学科。

我们看到的这部教授学术丛书,规模不算很大,涵盖的方面也是有限的。但我们从中看到了复旦大学新闻学院教授们不计功利的良好学风和独立思考的学术追求。特别是,老师们以海纳百川的胸怀与视野,从不同方面努力回答了基础和应用、理论和实践、传承和创新等诸多与时代切近的问题,令人读后启示颇多。

首先,新闻传播学具有高度应用价值,但不意味着这个学科发展可以离开牢固基础。不能把新闻传播学的教育看成是一种简单的劳动技能或专业培训,其背后是政治、经济、文化、社会等诸多学科交叉的庞大学术体系。这也决定了只有把新闻传播学的基础夯实,才能不断增强其应用价值和效能。缺少体系性就没有专业性。其次,理论来自实践,而实践在理论指导下才能得到提升。未经过梳理的实践,有时可能就是一团没有头绪的随想,或者是一堆杂乱无章的感觉。只有通过系统、科学的理论研究,才能对事物规律性有更加深刻的认识。从这个意义上讲,新闻传播学是一门科学,是有学问的。再者,新闻传播学一以贯之的守正之路,就是要促进人类社会的和平友好、文明和谐、向善进步,新闻传播事业担当的使命不能变,也不会变。同样地,新闻传播学又是一门崭新的学科,必须回应互联网时代的云计算、大数据、人工智能等新课题,这是一个应该构建新闻传播学新高峰的大时代。

掩卷沉思，眺望未来：从大地重光的拨乱反正，到实现民族复兴的新时代，由业界到学界，由采写编评到教书育人，经历了我国新闻事业蓬勃发展的四十年，更感到"虽有嘉肴，弗食，不知其旨也；虽有至道，弗学，不知其善也。是故学然后知不足，教然后知困"。回望复旦大学新闻传播学教育光荣历史，阅读老师们呕心沥血的学术新作，自问：一个人一生能够做多少事？很有限。无非是培上几锹土，添上几块砖。个人作用远没有自己想象的那么大，但一代一代复旦大学新闻学院师生累积起来的知识和力量，可以为后人留下一份丰厚的精神财富。我们将继续努力！

是所望焉，谨序。

2019 年 6 月 16 日

序

2019年是复旦大学新闻学院建院(系)90周年大庆之年,承蒙院领导厚爱,安排每位教授选编出版已发表论文的自选集,作为向院庆的汇报和献礼。

我1963年8月考入复旦大学新闻系本科,由于"文革"影响,到1968年12月才"毕业"并分配工作。到今年,已经毕业工作51年了。记得当年清华大学体育教研室马约翰老师曾号召大学生:努力锻炼,为祖国健康工作50年。我现在做到了,为此感到自豪。

这半个多世纪的工作和生活,既有酸甜,也有苦辣;既有得意的回顾,又有不堪回首的痛楚。好在一般的自选本编写,既可有序,也允许设前言,于是我对这两者作了这样的分工:序用以回顾走过的50多年人生轨迹,前言则重点记叙做学问写论文的背景和缘由。这样,本人的这篇序,就以记叙50多年走过的脚印为使命了。

1968年12月毕业分配时,有一件事令我迄今不忘。当时,我们班有两个远离上海的名额,一个是去新疆,一个是去内蒙古。班上的华布兄主动挑了新疆。他对大伙说:"你们去新疆,不知哪年才能回上海;我去,半年就回来了。"我们都知道,他父亲是部队首长,有关系,但主动挑选实际上未必有把握的重担,让我们十分感动。我则去了内蒙古。对我而言,这的确是个不小的考验。我去内蒙古不久,我的三个妹妹在两个月里,也都先后去了农村插队。后来邻居告诉我,我年迈的母亲头发一下子白了许多。我去内蒙古前一天在永安公司新添的电子磅秤称了体重,126斤,到内蒙古3个月后再称,竟然只有95斤。因为到内蒙古后,我被分配到骑兵五师15团学三连当了"弼马瘟",每天养马扫厩,顿顿杂粮难以下咽。但我咬牙硬挺了过来,一年零两个月后离开部队时,我被评上全师(骑兵五师是加强师,相当于军建制)活学活用毛泽东著作积极分子。

1978年6月,由于邓小平的英明决策,我有机会重返高校深造。感谢北京大学中文系新闻专业录取了我,不过没过两个月,党中央恢复被"四人帮"停办的中国人民大学,这年10月我随并到北大的人大新闻系回到了人民大学。在人大,我这个36岁的硕士研究生又恢复了年轻大学生的生活:每天跑3 000~6 000米,每天记忆50~100个单词。1981年拿到硕士学位证书,我被留校当了老师。其间,一边教书一边读书,又攻读了博士学位。1990年,被评为"做出突出贡献的中国博士学位获得者"。几乎在同一时间,我被全国广播电视大学评为优秀教师。这个"奖"是我一生中最看重的一个奖项,因为它是完全没有见过面的全国几万个广播电视大学生凭电视讲课评给我的。1993年我获得了国务院政府特殊津贴。在2000年和2002年我还分别获得教育部和中国人民大学指导全国百篇优秀博士论文奖。

掐指算来,我在中国人民大学度过了紧张工作的23年,这是我一生中最好的年华。在这里我为本科生和研究生开了多门课程,指导了50多位博士生和硕士生,出版了10多部专著和教材,发表了300多篇论文。

2001年11月,在我60岁差1年的时候,母校再次接纳我,引进我到新闻学院任职。这年校党委书记是秦绍德,校长是王生洪,新闻学院党委书记是燕爽。为了我的调动,秦书记和院长丁淦林曾在我人大校园的住宅长谈到凌晨近2点,王生洪校长曾为我找市里领导做工作,燕爽书记更是跑前跑后,不时向我通报调动进程。人民大学能够让我南迁,许多领导也是"高抬贵手"。校党委书记程天权刚从上海和复旦调来人民大学,自然有不浅的复旦情结。校长纪宝成和我是同届硕士同学。由于我们夫妇均为教授,按人大规定,须经党委常委讨论同意,这些领导也没有给我们设置障碍。当然,其中也有小小的冲击,好在有惊无险。调动之中,有人提出让我们去浙江大学,以避免"复旦做加法,人大做减法"。浙大党委书记张俊生是我在香港教书时结识的领导和朋友,他听说我想"动一动"的信息后,主动邀请我们夫妇去浙江,并向我们展示引进浙大的"良好条件"。浙大人文学院院长张梦新和书记廖可彬更是热情地期待我们。可是,以工作雷厉风行著称的燕爽在人大还没有回复的情况下,突然将离京赴沪的一切手续全部办妥。他在电话里说:"复旦该办的事全办了,现在看你们自己了!"就这样,在我调离复旦33年之后,再次回到了母校的怀抱。

从2001年至2019年,18年间我始终记着复旦对我的好与爱,对我们夫妇两人的恩与情。知恩报恩和全心全意,始终是我这18年工作的动力。举其要者,我主要做了这样几项工作:

第一,在我担任国务院学位委员会新闻传播学学科评议组召集人期间,根据学校领导安排,协助几个学科获得一级博士学位授权点和博士后流动站,为实现复旦文科博士点和流动站所有专业全覆盖尽了自己的绵薄之力。

第二,在团队成员多年共同努力下,使"马克思主义新闻思想"课先后成为复旦大学、上海市、全国精品课程以及精品课程的全国大学资源共享课。马新观团队和课程多次受到表彰,获得多项荣誉。

第三,组建复旦大学传媒与舆情调研中心和教育部全国大学生舆情调研中心。十几年中实施近200项舆情调查,连续多年被中宣部表彰为全国舆情工作先进单位。

第四,长期担任新闻学院学术委员会主任、复旦大学新闻传播学博士后流动站站长、复旦大学新闻传播与媒介化社会研究国家哲学社会科学创新基地主任。主持的博士后流动站被表彰为全国优秀博士后流动站。其间新闻学院换过五任院长,每任新院长到任我都向他们提出这些职务换届的请求,但他们都要我继续安心工作,不知不觉中一直干到现在。

第五,从2006年开始参加教育部哲学社会科学研究最新报告的编写工作,我负责主编新闻传播学部分,每年一卷。其间还参加了2008年中国改革开放30周年专辑,任新闻传播学卷主编。同时,我主动组织我授课的新闻学院新闻传播学前沿课博士生每年编辑出版《中国新闻传播学研究最新报告》,每年1卷,至今已出版13卷。

第六,从2012年开始,校长让我兼任志德书院院长至今。该书院由复旦社会科学类四个学院、外文学院和数学科学学院组成,目前有学生4 000余人。我喜欢这些学生,新闻学院的学生和志德书院的学生都喊我"童爷爷"。

第七,从2002年起,我在复旦招收指导博士研究生和硕士研究生。截至2018年,共招收博士研究生38人、硕士研究生45人。同一时期还联系和指导博士后研究人员22人。这些博士、硕士同学以及博士后研究人员,十余年间努力工作、勤勉研究,有的已担任市教委副主任,有的担任高校副校长,有的当了新闻学院院长。2018年,他们中间有三人一举拿到3个国家社科重大课题。

第八,这18年间,完成了教育部重大攻关课题的结项,获得国家社科重大课题、特别委托课题、重点课题各1项(其中2项已结项,1项正结项),获得上海市社科课题3项(已结项)、宁波日报委托课题1项(已结项)。出版著作、教材9部,主编大型辞书《新闻传播学大辞典》1部,主编研究论文集14部,发表学术论文248篇(从1980年5月公开发表学术论文开始,至2018年12月共计发表学术论文598篇)。

第九,回到母校后,借复旦的强大磁场,我每年都会应江、浙、湘、粤、赣、皖等省市新闻宣传部门邀请,为他们举办讲座和授课。也会应中宣部、国信办、全国记协等领导机关邀请,为其举行讲座或完成他们委托的课题。特别是开展国家智库建设以来,我和团队的几位骨干,近几年每年都为相关领导机构完成百余项委托智库研究报告。

第十,这18年中,长期担任复旦大学校务委员会委员。长期担任人大、北大、清华、浙大等十几所大学兼职教授或学术委员。长期担任《新闻大学》《当代传播》《新闻爱好者》等十余家新闻学术刊物的编委或顾问。长期担任中国人民大学书报资料中心学术顾问委员会委员和《新闻与传播》编委会主任。这些年来,我一直坚持一种认识,以上的这些兼职,包括一些学术组织的兼职或挂名,不仅是对我本人的认可,更是对复旦大学和复旦大学新闻学院的认同。

回到母校以来,我每年都为上述十类工作忙碌,完成许多任务,很有成就感。同时,党和国家、复旦校领导也给我许多表彰、奖励和荣誉。按时间为序,2004年获复旦大学岗位考核优秀奖,2006年获复旦大学优秀共产党员称号,2004年至今分别获得第五届、第七届等上海市哲学社会科学优秀成果奖,第三届、第七届上海市社科联优秀成果奖,第六届、第十三届上海新闻论文奖,2005、2007、2008、2013年先后被表彰为复旦大学优秀研究生导师和我心目中的好导师,2009年获复旦大学教学名师奖,2012年获中国高等教育学会新闻专业委员会中国新闻教育贡献人物称号和中国新闻教育奖,2015年获清华大学范敬宜教育基金会中国新闻教育良师奖,2009、2010年分别获得复旦大学、上海市、教育部精品课程奖,2013年获中国大学资源共享课奖,2003年至2009年被国务院学位委员会任命为新闻传播学学科评议组召集人,2003年至今被人力资源部博士后委员会聘为第五、六、七届专家组成员,2016年获宝钢教育基金优秀教师奖,2008年至今被复旦大学聘为首批文科特聘资深教授。

面对一个又一个的表彰和荣誉,对照自己所做的有限工作,心中常常浮起一种惆怅和内疚。在我行将退出教师岗位的时候,我要有所反思和自省。在即将迎来2020年全国一流高校和一流专业复查的时刻,我应以"老骥伏枥,志在千里"、"百尺竿头,更进一步"为鞭策,为复旦大学的发展和复旦新闻的"学科翻身"尽自己的一份努力!

谨以以上序言,祝福复旦新闻90华诞。

目录 | Contents

前言 ·· 1

用科学和人文精神推动新闻学科创新 ·· 1
入世一年的中国传媒市场新格局 ·· 5
加入世贸组织三年中国传媒格局的嬗变与前瞻 ································ 11
伟大的目标　神圣的使命
　　——从新闻传播视角解读《国家人权行动计划（2009—2010）》········ 23
蓝图　规范　责任
　　——从新闻传播视角解读第二期《国家人权行动计划
　　　（2012—2015）》··· 34
新闻媒体推进中国人权事业的责任和使命
　　——读第三期中国人权行动计划的体会与建言 ························ 42
试析跨文化传播中的认识误区 ·· 49
经济全球化、跨文化传播和本土传播政策的调适 ······························ 60
对我国跨文化传播的思考与展望 ·· 72
新闻传播学学科体系的观察与思考 ·· 81
在文化合力中推进新闻学话语体系建设 ······································ 96
政治文明：新闻理论研究的新课题 ·· 107
大众传媒的使用与驾驭：执政能力的重要标示 ······························ 119
我国社会主要矛盾的揭示和新闻舆论工作的应对 ···························· 132
突发群体性事件和新闻传媒的社会使命 ······································ 140
"互联网＋"环境下政府应急传播体系再造 ·································· 151

新闻传播与生态环境保护的互动及环境新闻工作者的责任 …… 166
简论新闻传媒的宣泄功能 …… 175
试论休闲需求和媒介的休闲功能 …… 185
新闻舆论监督的权利义务关系 …… 195
中国新闻学研究百年回望与思考 …… 216
追忆和承传马克思的新闻初心 …… 228
"在地狱的入口处"
　——记百岁新闻理论家甘惜分教授 …… 241
马克思主义新闻理论的坚守与创新 …… 254
试析马克思主义新闻观的哲学基础 …… 267
从范畴认知深化马克思主义新闻观研究
　——对习近平关于新闻舆论、网络传播和哲学社会科学工作讲话
　　提出的十对范畴的思考 …… 282
关于当前新闻传播几个理论问题的思考 …… 297
新闻改革新思路和新闻教育新突破 …… 309

后记 …… 320

前　言

按这部自选集的自我设计,"序"记叙作者的人生轨迹,汇报踏上社会工作岗位后自己的工作和生活。"前言"则主要记叙搞学问写论文的背景、社会影响和作者对这些论文的自我评点。

这部自选集是作者的第二部自选集。2004年出版了作者的第一部自选集,书名为《新闻科学:观察与思考》。该套丛书由作者担任主编,邀集八位朋友入集,每人一卷,敬请学界泰斗方汉奇老师赐赠总序。记得老师在总序中指出:让新闻学的"名家"们出"自选集",这是一个很好的出版创意。首先,都出自"名家"。既然是"名家",就有了一定的质量上的保证。其次,都出自"自选"。既是"自选",选出来的,必然是个人满意的精品。这对社会,对学术,对文化的发展,都将是十分有益的。老师的这番高论,对我们八个作者是重重的敲打。我当时给自己定的选文范围,主要以新闻学研究为视野和选文重点,分类编排时分为上、中、下三编,上编为新闻学基础研究,中编为新闻学应用研究,下编为监督、教育、港台、序,分别收录那些年舆论监督、新闻教育、访学港台和为朋友所写的几篇序。作为一名新闻学教学和研究工作者,观察也罢,思考也罢,基本上都是围绕着新闻科学展开的。

同第一部不同,各位现在读到的第二部自选集,我换了一个视角,调整了学术聚焦:把兴趣和选文重点放在了新时期中国新闻的走势上。之所以做这样的调动,其缘由有二:一是全球局势出现了重大变动,当今世界处于百年未见之大变局。和平与发展仍然是当今历史大时代的主题,合作与共赢的时代潮流更加强劲,全球治理体系和国际秩序变革加速推进,不同制度模式、发展道路进行着深层竞争和博弈。同时,世界面临的不稳定性不确定性突出,世界经济增长动能不足,贫富分化日益严重,逆全球化、反全球化、保护主义、孤立主义倾向抬头,地区热点问题此起彼伏,恐怖主义、网络安全、重大传染性疾病、气候变化等非传统安全威胁持续蔓延,人类面临许多共同挑战。在这种大变局下,中国的改革开放走过了40年,全力推进以融合发展为主题的新闻改革,成为这一时期中国新闻发展的一个重要主题和重要实践。

二是我自己这些年新闻学研究的兴趣和话题,越来越多地转移到对改革开放总态势的考察,转移到对国家发展宏观政策的学习引导和观察思考上来,转移到新的科学技术革命成果对中国传媒的影响和中国传媒人的思维科学的调整上来,这实际上构成了这几十年间我对中国新闻学的观察与思考的宏观、中观、微观三个层面所展开的主题和论文写作的特色。为了充分体现这20多年来,特别是回到母校复旦新闻19年来本人科研工作的变化,故我把第二部自选集的书名定为《新世纪新闻的观察与思考》,选文的范围和观察的视野都以改革开放,特别以新闻改革为核心。此外,还有一点似乎有必要声明,就是这部自选集选文的时间,都是2002年以后公开发表的,因为在此之前发表的论文已在第一部自选集中选用。

这一部自选集,大致包含这样几个主题:

第一,用科学和人文精神推动新闻科学创新;

第二,加入世贸组织和中国传媒格局的变动;

第三,人权行动计划对中国传媒的要求;

第四,跨文化传播和中国传媒的调适;

第五,新闻学科体系和新闻话语体系的构建;

第六,社会进步和传媒功能的拓展;

第七,中国新闻学研究百年和纪念马克思诞辰200周年;

第八,马克思主义新闻观的新发展;

第九,中国的新闻教育和新闻学研究。

为尊重历史,除了明显的错字之外,作者对入选自选集的论文不做大的改动。

用科学和人文精神推动新闻学科创新*

自20世纪90年代以来,借助社会主义市场经济的制度保障和信息技术的物质先行,中国的新闻事业有了长足进步。

新闻学作为党性和实践性极其鲜明的应用学科,在蓬勃发展的新闻事业的推动下,学科建设也有了巨大进步。在推动新闻学科发展的多种因素中,除了良好的经济和学术环境之外,首先应该提到的是科学精神和人文精神的重大影响。

一

科学精神是科学实现其社会文化职能的重要形式,它包括自然科学发展所形成的优良传统、认知方式、行为规范和价值取向。科学精神坚持尊重实践,以实践为重,以实验证明为定夺标准和以实用为价值取向的传统,对科学新闻观的形成有直接的影响。现代新闻事业不仅从物质技术条件上得益于科学技术进步,而且在认知方式和价值取向上也从科学精神获益匪浅。

坚持新闻有学,即新闻传播是有规律可循的,是科学精神在新闻学研究和新闻传播领域最集中的体现。然而,在新闻实践和新闻学研究中,无视新闻规律,违背科学精神的言行时有发生。在新闻传播中,把片面的东西夸大成为全局的东西,把形式当作本质,把附属当作主流,把偶然当作

---

* 本文原刊于《中国社会科学》2003年第1期。

必然的现象，不时出现。在新闻学研究中，断章取义，随心所欲，把对新闻政策的诠释视作新闻学基本原理的现象各地都有。

在今天的新闻界，对科学精神的漠视最突出的表现是"技术崇拜"。一些广播电视工作者认为编摄技巧决定一切，对内容的选择以及自身知识修养业务训练却不予重视。在报纸杂志界，有一些从业人员会摄制不会写稿，会照相不能写说明，仿佛再无必要学习新闻学基础知识和基本技能了。这种对人的藐视和对技术的迷信，无论对新闻事业还是对科学技术本身，都是极其有害的。在新闻学研究中，有人把定量研究和定性研究截然对立起来，在定量研究中，只强调方法而不重视发现与分析，更不注意对事物的宏观把握和总体认识。技术崇拜是从科学精神滑向科学主义的堕落。

科学主义不同于科学精神。科学主义的信条是：客观是真理的属性和知识的保证。然而，在现实的新闻传播中，新闻报道中的客观事实并不能保障新闻报道的完全真实，只有通过对事实总体的、发展的、本质的把握，才能最大程度上接近新闻报道的真实性。科学的进步与发展，说到底是人的智力的创造。传播学者麦克卢汉认为"媒介即信息"，他有时甚至把技术当作媒介的同义词。但无人可以否认，媒介也罢，技术也罢，统统离不开人的智力。麦克卢汉把媒介、技术看作是至关重要的东西，而传播内容却是无足轻重的。在现实的传播生活中，人们对媒介与技术的看重，首先不在媒介与技术本身，而在于媒介与技术所传播的内容。一台清晰度很高的电视机，如果它的节目内容并不为观众所喜爱，人们也会生气地把电视机关掉。一张印得精美无比的报纸，如果它的内容不吸引人，这张报纸也不会有恒久的读者。所以，把内容看得可有可无，而把媒介或技术看得万般重要，在理论上是有学理根据的，在实践上是有害的。

新时期新闻学研究的创新，应该把张扬科学精神、反对科学主义，作为一个突破口。我们既要反对对新闻规律的漠视，又要反对对传播技术的迷信。要在科学精神的推动下，深化新闻学研究，调整媒介结构，要把对受众需求的研究和传播内容的研究放在首位，为受众提供更多更好的新闻精品，更有效地推动物质文明、政治文明和精神文明建设。

二

新闻学研究创新的另一个问题是:在新闻学研究中强化人文精神,在新闻传播中重视人文关怀。

在现代新闻事业形成发展和新闻学研究渐次深化的过程中,先后经历过几度"以何为本"的变迁。新闻传播中长期施行的是"传媒为本"的方针,即从媒体出发又回归媒体,实施这一方针说到底是为了传媒所有人及其背后的阶级、政党的政治经济利益,因此这一方针本质上是传播者本位。随着政党报纸和政论报纸的退出,大众化报纸步入现代社会,"受众为本"的方针逐步取代"传媒为本"的方针。"受众为本",是从受众的需要和爱好出发,通过各种合理有益的服务,又以受众最大的满足为旨归。有充分的事实证明,在这一方针下,传播者及其所有人仍然要取得足够的回报。传播活动既已投入,必图报偿,也属取之有道。但实施这一方针同前者"传媒为本"的方针还是有所不同。"受众为本",其前提是必须充分尊重人、深入了解人的需求,尽最大努力,想最多方法,去满足受众的种种需求,"一切围着受众转",高扬"读者是上帝"的口号。这里,必须体现出鲜明的人文精神,体现出人文的存在和人文精神的力量。

在新闻学研究者的学术视野里,还有一种"新闻本位"路线,即把事实、传播者、受众、传播媒介、新闻信息等看成新闻传播中的各个环节,而以新闻信息为本体。对于"新闻本位"有两种不同的解读。一种认为新闻是传播者对外在事物的纯客观的反映、复制,这种反映、复制中没有也不允许有主体的任何主观看法、评价、意见。另一种则认为新闻不仅是对客观存在物的复制、写真,其中也不可避免地蕴含着认识主体的看法、评价和意见。这种看法、评价和意见,不一定由传播者自己表白叙说,而往往通过对客观存在物的精心选择和巧妙组合,用事实本身的逻辑说服力来"说话"。而通过事实"说话"的新闻,更能透视出传播者与受众之间的"真情对话",更能体现报道者对接受者的"人的关怀"。这后一观点所展示的"新闻本位",实际上正是人文精神在新闻报道中的生动体现,比没有人的灵魂的"纯客观报道"更能体现出对人的关怀,流露出人的真情实感。

新闻活动是反映人的活动、传递人的价值观念、沟通人的精神世界的文化活动。人文精神倾注于现代新闻活动和新闻学研究的,是人的关怀、人的同情、人的情愫、人的力量,有了这些,新闻传播才能以人为本,才能富有情感,新闻学研究才能不偏离人这一社会活动的主体和中心,新闻学才能在人文科学的学科体系中占有一席之地。由此可见,强化人文精神是新闻学研究创新的又一个突破点。

三

用科学精神和人文精神推动新闻学科研究创新,就要自觉地反对非科学精神和非人文精神。非科学精神当前在中国新闻传播和新闻学研究中的表现主要是否认有不以人的主观意志为转移的新闻传播规律。我们要在新闻决策、指导、运作和考核中,反对唯意志论,反对主观随意性,防止宣传报道方面的片面性和简单化。非人文精神在当前的主要表现,则是淡化以至抹煞新闻产品的意识形态及文化属性,把生动丰富的人的精神交往,看作纯粹的物与物的交易。在中国,在把市场经济模式引入新闻产业的过程中,市场导向唯一化,强调新闻生产的物化特征而淡化它的社会文化本质的现象日趋严重。新闻产品的商品属性相应递增,这对过去完全无视新闻的商品属性固然不是一件坏事,但新闻产品的人文含量不断减缩,个别新闻传播学者的商人角色定位日趋凸显,成为令人担忧的新动向。因此,在新闻传播中摆正政治导向与市场导向的关系,坚持新闻产品既是特殊商品又是文化产品的理念,是放在我们新闻工作者和新闻学研究人员面前的一个紧迫任务。而这一切,都必须高扬科学精神和人文精神。

入世一年的中国传媒市场新格局[*]

中国加入世界贸易组织时届一年,总数逾万的中国传媒面临的市场格局发生了和继续发生着重大的变动。中资传媒整合紧锣密鼓,外资传媒进入得陇望蜀,建章改制呼声与日俱增,新闻竞争浪潮风起云涌。中国传媒正经历着一场深刻变化。

一、内变外进的媒介市场新格局

一年来,整合事件接连不断,集约强度不断提升,传媒规模迅速扩张。在首都北京,继1998年新办《北京晨报》,取得当年投入当年收回的良好效益之后,2001年年底,又停办一张亏损报纸改办《北京现代商报》,停办一家杂志改为《文明》杂志,还创办了英文报纸《今日北京》和《中关村》杂志。这样,在已有《北京青年报》、《北京晨报》、《北京晚报》、《十月》、《父母必读》、《中国大学生》、《职业女性》等规模品牌的基础上,加上新办报刊的成功运作,北京报刊市场呈现出欣欣向荣的发展态势。广州一地即有《广州日报》、《羊城晚报》和《南方日报》三大报业集团,一年来都在不断培育自己的生长点。《南方日报》有《南方周末》、《南方都市报》等大型子报,子报们又继续繁衍出一代子报,《南方周末》衍生出《21世纪经济报道》,《南方都市报》衍生出《南方体育》,《21世纪经济报道》再次衍生出《21世纪环球报道》,实现了南方日报集团"四代同堂"。

---

[*] 本文原刊于《新闻记者》2003年第1期。

一年来,跨地区经营不仅成为事实,而且渐成风潮。入世前夕,中央新闻主管部门颁发了深化新闻出版广播影视业改革的若干意见,入世后主管部门又提出了实施细则,鼓励经过批准的新闻集团实行多媒体兼营和跨地区经营,对于反对地方封锁,促进市场开放发挥了积极作用。

外资媒体的不断进入,是中国入世一年中最具挑战性的传媒竞争新态势。广电传媒进入先声夺人。经广电主管部门批准,目前在三星级以上酒店和特殊社区落地的境外电视频道已达34个,以凤凰卫视、阳光卫视、华娱卫视、星空卫视最为抢眼。据报道,外国电视节目已占据中国内地三分之一的电视播出时间。一些外资传媒还明确表示,希望不久的将来能被允许在北京、上海、广州等大城市落地。

继广电传媒,外资平面媒体与网络媒体也争先恐后纷纷进入。位居世界第四大媒体的德国贝塔斯曼集团已同中国最大的文学网站榕树下签约,吸纳榕树下的每天6 000篇稿件和160万网友。在前几年同中国科技图书公司合资成立上海贝塔斯曼文化实业公司后,前不久,贝塔斯曼又同上海包装集团和印刷集团结盟,合资成立国内最大的图书印刷公司。香港长江实业旗下的TOM.COM与上海美亚投资公司及五洲传播出版社合资成立五洲宽频电视传播公司,建立9个频道的影视数据库。

入世一年来,中国的传媒市场呈现出内变外进的鲜明格局。以媒介集团为龙头的中国传媒选择内涵增长与外向联合的双向发展方针,集约组合使规模化程度提升,占据市场的份额扩大。目前国内共经批准成立了68个传媒集团,其中包括38个报业集团、13个广电集团、9个出版集团、5个发行集团和3个电影集团。这些集团占据了传播资源的大头。2001年,内地报业广告营业额超过1亿元的报社(集团)已经达到50家以上,占内地报业广告营业额的80%。

同有实力的外资媒体相比,中国的一些大媒体还是相当弱小的。美国一张《纽约时报》2000年的广告收入为60亿美元,相当于我们一万多家报刊广告总收入的4倍。在时代华纳、迪士尼、贝塔斯曼、维亚康姆、新闻集团、索尼、TCL、环球、日本广播公司九大传媒巨头的管控下,全球50家传媒娱乐公司占据了当今世界95%的传媒产业市场。这些跨国公司差不多都有产业在中国市场落地,而且都在谋求在中国有更大的发展。

二、媒介市场重组的政策支撑

中国传媒市场内变外进的新格局,是入世一年来中国媒介生态变化、传播政策调整促成与支撑的。

中国政府加入世贸组织的议定书庄严承认并无条件执行该组织的基本原则:低关税和减除贸易壁垒、最惠国待遇、国民待遇、跨境服务和消费、人力资源自由流动、保护知识产权、信息透明。这些原则推动着中国的新闻传媒业的开放,开始规范中国传媒的运作。低关税降低了海外媒介进入的门槛,最惠国待遇给了所有成员国准入中国市场的机会,国民待遇和跨境服务保障中国公民有权接触入境的海外传媒,人员自由流动使国内传媒人士有可能加入进入中国的外资媒体就业,对知识产权的尊重要求中国传媒业有偿利用他人的知识产品,并加大打击海盗行为的力度,信息透明原则对中国新闻报道的公开性提出了更高的要求。

除经济牵动外,政府角色的反思和转换也改变着媒介生态。十分明显,进入WTO后政府首当其冲。长期的计划经济体制和东亚经济管理模式,政府主导经济代替市场配置资源等传统领导经济工作的做法,受到猛烈冲击。政企不分、局社不分等错位、越位、缺位等政府行为有了一定的改善。

入世前后有关部门对新闻监管的法律法规的修订,在一定程度上推动和规范着传媒新格局的形成。首先应该指出,入世前不久颁布的关于深化新闻改革的文件,是对新闻改革20多年的总结,也是为适应入世而提出的政策规范。这一年中,以新修订的《中华人民共和国著作权法》、《出版管理条例》、《音像制品管理条例》、《印刷业管理条例》和《计算机软件保护条例》为核心的"一法四条例",构成了目前我国新闻出版和版权管理的基本法律框架。正是这些法律和法规保障了入世一年来外资传媒进入后,传播与营销活动的顺畅和社会安全。

新的媒介生态的出现,除了中国有利的经济、政治和法制等客观条件外,同外资传媒看好中国市场前景,不遗余力、主动进入不无关系。全球最大会计师事务所之一、知名的管理顾问机构普华永道预测,全球娱乐与传媒产业未来5年内每年将以7.2%的速度增长,而中国未来5年信息传媒产业的成长速度约是世界增长率的3倍。据荷兰VNU集团旗下的AC尼尔森公司调查,中国内地2001年媒体广告总量达112亿美元,在亚太地区列第一,是澳大利亚广告总量的3.7倍,年增长率为15.8%。广大的中国市场对外资传媒具有极大的吸引力。新闻集团总裁兼首席运营官彼得·彻南讲得十分透彻:"我们已经获得了一个机会,现在应该埋头苦干把它做好。"

适应入世的媒介生态的形成,同国内传媒业人士和学者积极谋划、科学论证、奋力开拓有着直接关系。他们指出,一个经济上文化上的强国,其传媒产业也应该是强盛和壮大的;经济大国和文化大国同时也应该是传媒大国。外资传媒进入之后,我们可以从竞争对手那里学到许多东西来壮大自己。他们呼吁学会用市场的观点、资本的观点和传媒业发展规律的观点来整合我国的传媒资源,在"做强"的基础上,达到稳步"做大"。

三、市场正企盼文明的媒介生态

从总体上看,入世一年来中国传媒市场内变外进的新格局力度还不强,市场争夺也不算激烈。无论中资传媒还是外资传媒,对未来都有一种期盼和希望。

随着入世后保护期的缩短,政府角色的逐步转换,中国新闻法制同国际法的接轨,受众对传媒需求的变化,一个文明的媒介生态和更为开放的传媒市场的新格局必将在人们的期盼中呈现。目前这种前景已端倪初现。

根据世贸组织的规定,政府的作用是补充市场,而不是替代市场,因而政府要有服务意识和成本效益意识。政府在经济活动中,既不能缺位,又不能越位和错位。政府要转变职能,减少行政干预,增加管理工作的公开性和透明度。重要的经济规定和政策要形成法律,要坚决克服管理随意性、缺乏稳定性和可预见性、公信度差等弊病。邓小平指出,政府只管你该管的事,不要管那些你管不了又管不好的事。政府应从代替市场转变到调控和监管市场上来。

抓紧传媒市场的法制建设,用法律调节市场行为和规范传媒竞争,是放在我们面前的又一件重大任务。入世一年来新闻法制调整取得了一定的成绩,但必须指出,这只是初步的。新闻出版广播电视系统与入世法律文件不符的法律法规的修订废立工作,还刚刚开始。根据国际惯例,国际条约一经国内立法机关批准,凡是国内法律同国际条约有冲突的,都要修改国内法律,新闻法规的调整也不例外。

随着入世时间的推移,人们的社会观念和生活方式必将发生新的改变,一系列新事物和意想不到的社会问题将出现在人们面前。这一切,将导致新闻传播的内容发生相应的变动。于是,以"内容为王"而展开的中外传媒业之间和国内传媒业之间的竞争也必将呈现新的局面。入世初期,诸如失业人员总量增加,居民收入分配差距进一步扩大,贫富阶层不断分化,劳资矛盾成为最主要的群体间矛盾,部分社会群体的边缘化趋势将逐步加剧,群体间突发事件在一定时期内可能增加,弱势群体寻求保护的呼声日益强烈,社会保障体系的建立亟待完善等等,对这一系列问题的报道与评论,将成为这一时期传媒重要的报道内容。为此,党和政府对新闻调控政策的调整,社会民众与传媒界对新闻出版自由观念的更新,成为当务之急。党和政府传媒主管部门指导传媒集团建设的思路和方针有待调整。中央对于传媒集团寄予很大希望,要求积极推进集团化建设,把传媒做大做强。这一指导思想是正确的,但目前组建工作基本上是政府行为,而不是通过兼并、联合、重组,实现跨媒体、跨区域、跨行业的发展,不是一种根据市场经济原则而组建的经济行为。要总结 1996 年以来建设传媒集团的经验教训,不求数量,保证质量,在整顿的基础上发展壮大,坚持以强求大。

更为有效的文明的媒介生态形成之后,我国传媒将更有序地发展壮大,一个具有中国特色的社会主义传媒市场新格局,必将出现于世界的东方。

参考文献

[1]《WTO:中国改革与发展的制度升级》,《21世纪经济报道》2001年11月12日。

[2]《加入世贸组织对中国社会的影响及政府政策选择》,《中国经济时报》2002年5月7日。

加入世贸组织三年中国传媒格局的嬗变与前瞻*

中国正式加入世界贸易组织(WTO)已经三年。中国政府在批准书签字时,原国家主席江泽民承诺:"中华人民共和国对议定书中所载一切完全遵守。"①三年来,中国传媒业在WTO法律文件的约束和传媒业人士的努力下,传媒格局出现了喜人的变化。本文将对这一嬗变的历程作一番历史的考察,并对未来几年的发展前景提出若干思考与展望。

一、对中国传媒业的契约压力变为现实挑战

中国入世的法律文件充分体现了WTO加入国(或地区)必须履行的原则和应该承担的责任。这些原则和责任主要有:(1)低关税和减除贸易壁垒原则。成员国(地区)必须随着保护期的结束,实行低关税甚至零关税,政府的保护性贸易壁垒也将不断减除甚至最终废止。(2)最惠国待遇原则。对于一成员国(地区)的优惠或让步,一般情况下也应给予其他成员国(地区)。(3)国民待遇原则。一成员国(地区)向另一成员国(地区)出口产品或服务,该产品或服务一般情况下也应享受该进口国(地区)本土同类产品或服务的待遇或条件。(4)跨境服务和消费的原则。一成员国(地区)有权向另一成员国(地区)境内提供服务,即一成员国(地区)消

---

* 本文原刊于《复旦学报(社会科学版)》2005年第1期。
① 参见《中国加入世界贸易组织法律文件》,对外贸易经济合作部世界贸易组织司译,法律出版社2002年版,正文前第2页《批准书》。

费者有权接受另一成员国(地区)所提供的服务。(5)人力资源自由流动的原则。一成员国(地区)的服务提供者可以自然人身份向另一成员国(地区)境内消费者提供服务,这种人力资源既可为本土消费者服务,也可为其他成员国(地区)消费者服务。这种自由流动的人力资源所提供的服务可视为商品,企业对人力资源的使用则是一种商业行为。(6)保护知识产权的原则。成员国(地区)必须加大打击侵占知识产权的力度,扩大保护知识产权的范围和延长产权有效期。(7)信息透明的原则。一成员国(地区)必须向其他成员国(地区)及时、充分地公布相关的国内法律、法规、行政命令和部门规章,必须根据承诺表的规定不断废除影响信息透明的法律、法规和习惯做法。

上述原则的责任主体,涉及 WTO 加入国(地区)从事进出口贸易活动的一切产业与企业。作为现代产业的传媒业,自然也置于这种法律文件的约束与监管之下。三年来,入世后的中国传媒业真切地感到这种契约压力已变为现实挑战。这种对中国传媒业的现实挑战主要表现在:低关税降低了海外传媒进入中国的门槛;最惠国待遇给了所有成员国(地区)准入中国市场的机会;国民待遇和跨境服务保障中国公民有权接触获准进入的海外媒介;人员自由流动使国内传媒从业人员有可能进入进驻中国的海外传媒就业;对知识产权的尊重要求中国新闻传媒业有偿使用他人的知识产品,并加大打击盗版行为的力度;信息透明原则对中国新闻报道的透明度和政府监管传媒法规的透明度提出了更高的要求。

中国入世使中国传媒业获得了千载难逢的发展机遇,来自各方面的挑战也是十分严峻的。好在我们已经较为顺利地走出了应对的第一步。

二、中国经济腾飞为传媒业发展提供了物质保障

传媒业作为国家的"软资源",是以这个国家的科学技术水平及基础产业为发展条件的。入世三年来,一系列同传媒业相关产业的腾飞,有力地推动着中国传媒业的快速发展。

广告收益是现代传媒的血液。这几年,房地产等一批民生产业的迅猛发展,向传媒业投放了数量可观的广告。2003 年中国广告投放量首次

突破千亿,达到1 078.68亿元,比2002年增加19.44%,占国民生产总值的0.92%。其中,房地产广告投放又创新高,达到159.15亿元,增幅达56.97%,成为许多传媒增收的主要贡献者。

汽车工业是三年发展最快的产业之一,2002年汽车工业首次超过电子工业,成为40个制造行业中的龙头老大。据报道,现今中国轿车已突破1 000万辆。以其为依托,交通广播跟进发展,以至2003年被人们称为"广播年"。广播业自己更是雄心勃勃,提出5年之内收入要翻一番。

信息产业是三年迅速发展的又一个产业,这一产业为传媒业的腾飞提供强有力的技术保障。卫星信号传输技术的进步使电视节目有了更为优质的载体,网络技术的不断更新使各种介质的传统媒体借助网络实现了信息传递的现代化。手机短信更使这一小巧灵活的信息载体成为人人爱不释手的"第五媒体"。

彩电业日新月异的发展,尤其是数字电视传输技术的进步,使电视传媒在传播手段上与时俱进,呈现新的面貌。

印刷业的腾飞使许多报业集团、期刊集团和出版集团新建的印务中心成为三年巨大发展引人注目的亮点。

交通运输与物流业的大踏步发展,为书报刊发行的快捷化、准确化创造了可靠的物质条件。许多区域4小时交通圈和长三角3小时交通圈的建设,为书报刊发行安装了"神行器"和"飞毛腿"。

金融业的发展,以及以银行业为核心的多元化投融资渠道的建成,使传媒业腾飞中的资金瓶颈得以破解,一些传媒上市公司在吸纳发展资金上功不可没。

这一切都表明,利用加入WTO的有利时机,我国许多经济部门有了长足的发展,而在这些产业和企业的支持下,中国传媒业获得了实现腾飞的经济力的巨大支持和科学技术基础的有力保障。

三、外资传媒的进入推动传媒业做大做强

三年来,外资传媒依据中国加入WTO的法律文件和双边、多边谈判中中国政府的承诺,不断登陆中国内地,并且渐成气候,开始形成不可小

看的竞争态势。一些跨国传媒集团已经在中国掘到了第一桶金,中国传媒业切切实实地感受到:狼真的来了。

由于传媒的介质优势和方便条件,首先进入中国的是外资电视传媒。据有关部门报道,我国上空目前有220个广播电视频道,日夜向中国传输广播电视节目。经我国有关部门同意,有33个电视频道可在涉外酒店和部分社区落地。其中凤凰卫视、阳光卫视、华娱卫视、星空卫视最为抢眼,有的年收入已逾亿元。外资电视制作的电视节目经合法销售渠道进入中国,目前获准在中国电视台播出的已占这些电视台全部播出节目时间的三分之一。近来,外资电视同中国电视合作制作节目的禁令有所松动。国家广电总局正式颁布了《关于促进广播影视产业发展的意见》,强调扩大投融资渠道,放宽市场准入,提出了"允许境外有实力有影响的影视制作机构和境内国有电视节目制作单位合资组建由中方控股的节目制作公司"。这是中国加入WTO时未曾松口的承诺。据此文件,维亚康母公司同上海文广新闻传媒集团成立了合资的节目制作股份公司,制作青少年节目,这是外资传媒在内容上进入中国传媒业的第一家公司。

进入中国的外资平面传媒则已经不胜枚举。美国IDG公司与我方合资的计算机世界报报业集团已生存20多年,每年都有3亿多人民币的产出。这种合作,受到全球的广泛关注,至于各地平面媒体同外资传媒的名目繁多的合作,更是每隔几天就有传媒报道。位居世界第四大媒体的德国贝塔斯曼集团同中国最大的文学网站榕树下合作,吸纳榕树下每天6 000篇文章和160万网民。在前几年同中国科技图书公司合资成立上海贝塔斯曼文化实业公司后,贝塔斯曼又同上海包装集团和印刷集团结盟,合资成立国内最大的图书印刷公司。香港长江实业旗下的TOM.COM与上海美亚投资公司及亚洲传播出版社合资成立亚洲宽频电视传播公司,建立9个频道的影视数据库。TOM.COM近几年还频频出手,向中国户外广告业进军。它在同上海美亚文化传播公司取得了该公司户外广告媒体一定份额的控制权后,又以1.6亿人民币收购沈阳、厦门、福州及四川等地四省市户外广告公司的户外广告载体。至此,它在内地一共控有12家区域广告公司,广告载体面积达17万平方米。国际期刊界大佬美国国家地理杂志公司一时还无法进入,但它通过中国的时尚杂志,将部分作品以《伟大摄影作品集》的名义拆散进入中国,并且取得相当的市场回报。

在外资传媒不断进入并渐成气候的形势下,中国传媒业不失时机地外联内变,把改革开放的政策用足用透,千方百计做大做强。这几年,中国传媒业捷报频传,进入国家支柱产业行列。截至今日,中国共组建报业、期刊、广电、出版、发行、电影等各类传媒集团67个,有的集团集中人才、资金、信息、物资等多种资源,具备较强的综合实力。有越来越多的传媒,以市场为导向,对原有资源进行重组和整合。人民日报社吸纳青鸟集团2 500万元、文化传播集团1 500万元,自己出资1 000万元,共5 000万元人民币,于2001年创办《京华时报》。经过3年打拼,2003年该报发行已占据北京早报市场第一位,广告收入3亿多元,进入全国广告16强。这家新锐早报计划到2008年,组建控有3～5家报纸的报业集团,广告收入愈10亿,发行及物流业收入愈1亿。像《京华时报》这样的经资源重组而涌现的报纸,差不多各地都有①。

在新的媒介生态下,一个以现代化报刊企业来建设现代化报刊产业的新观念,正在成为政府与传媒业的共识。将传媒培养或重塑为真正的市场主体的工作,已经提上议事日程②。企业转制的试点已经展开。不仅以党报为核心的传媒集团正以先做强再做大为新的建设思路,而且一批像《北京青年报》、天津《今晚报》一类的非党报集团即将破壳而出。

打破行业和区域壁垒,实现跨地区、跨媒体经营,创办跨区域、跨行业、跨介质的新媒体,在近几年已屡见不鲜。这在过去是不可能的。而不允许跨地区经营、跨媒体办媒体,势必阻碍传媒的自由流动,企业无法充分竞争。当今世界,跨媒体经营,跨国界并购,是包括传媒业在内的各种产业的主导型业态。以《新京报》问世为开端,对过去的禁区有所突破。

---

① 朱学东策划、喻乐文:《在路上——"京华"启示录》,《传媒》2004年第5期。
② 参见石峰:《2004报刊业突破在即》,《传媒》2004年第4期,第8—17页。石峰作为新闻出版总署副署长在文中说,在社会主义市场经济条件下发展壮大我国报刊产业,基本前提是要有一批充满活力、具有竞争力的市场主体。报刊出版单位建立现代企业制度是社会主义市场经济条件下报刊产业取得跨越式发展的前提。

地处北京的光明日报报业集团和地处广州的南方日报报业集团合作,以资本为纽带,实现了跨地区创办《新京报》。报刊社同图书、广电、网络业合作,实现跨媒体办媒体也纷纷出台。上海文广新闻传媒集团首开广电媒体办大型平面媒体的先例,一张财经类新报已呱呱坠地。

这几年除《人民日报》等一批报纸和中央电视台的几个频道已走出国门,还有一批有特色的期刊先后走向世界,它们中间有《读者》《女友》、《时尚》《知音》等等。

加强和加快传媒人力资源市场化建设,是传媒业做大做强的基础性工作。传媒业是知识密集型产业,要求员工的政治素质、文化素质和能力素质全面优秀。这几年,有越来越多的传媒业通过实施全员聘任制和面向社会招贤纳才等举措,努力营造人力资源团队建设的市场化机制,有的已经收到良好效果。

在探索安全有效的投融资渠道,破解传媒业发展中的资金瓶颈方面,中国传媒业也总结出不少经验与办法。起初是规定不得吸收业外资本、社会资本和境外资本,后来又划定业外资本只能用于传媒的下游企业,如发行、印刷、广告等。现在规定凡经剥离后成为企业的传媒,经批准可以吸纳社会资本与境外资本,这些资本甚至可以参与内容制作,但在报刊方面不得参政编辑出版业务。近来又见报道,《北京青年报》也将在境外上市。报业集团如广州日报报业集团将与清远建北集团合资成立股份有限公司,正办理上市。虽然这只是试点,但从中可以窥见投融资政策的某些松动。

传媒业在做大做强过程中,可靠的报刊发行量,广电的收听率、收视率核查及发布日见重要。这对于体现传媒影响力和公信力,保护各种市场主体正当利益十分必要。这几年不少地区、不少传媒都着手进行摸索与改革。应该说,这些摸索与做法,虽还不完善,有的还同现行统计法规有一些冲突,但却又十分必需。相信一两年内会有更好的、更有说服力的办法出台。

在"外敌"当前、外资传媒纷纷进入的三年中,中国传媒业奋起应对,外联内变,把自己做大做强,取得了一定的成绩。WTO这所世界贸易的大学校,使中国传媒业变得智慧了,变得有实力了。

从2001年12月11日中国加入WTO到今天的三年时间,由于媒介生态的巨大变动和外资中资传媒的竞争互动,中国传媒业市场格局与业态发生了带有根本性的变化,无论中资传媒与外资传媒之间,还是中国传媒业的各种介质传媒业、各地传媒业,甚至是一种介质传媒内各企业各事业之间,都充满着互相打拼、争先恐后的激烈竞争。中国传媒业进入了"战国时代"。

四、中国传媒业有着巨大的市场空间

展望中国传媒业的未来,我们充满了信心。这首先是因为,中国传媒业具有巨大的发展潜力,有着庞大的市场空间。

以千人日报拥有量为例。1996年,世界千人平均日报拥有量为96份,发达国家达到226份,而中国直到1999年才56份,是当时千人日报拥有量最多的国家挪威560份的十分之一。由此可见,中国报业未来发展的空间有多大。再以传媒业产值为例。目前全球传媒业年总产值为1万亿美元,美国占一半以上,达5 350亿美元,而中国不超过60亿美元。在中国的60亿美元当中,报刊年总产值不足30亿美元,相当于美国一个中等传媒集团的产值,还不到纽约时报一家的广告营业额(30亿美元)。从中可见,中国传媒的产值延伸,有着多大的空间。

以报刊发行量为例来作比较。世界上销售量最多的日报是日本的《读卖新闻》,日发行量1 440万份,而中国发行量最多的日报《参考消息》,才270万份。要知道,中国的人口是日本的10倍。这说明,中国报刊总发行量太少,人均计算更低,但同时又表明,中国报纸的发行市场很大,销售潜力十分巨大。

经过改革开放20多年的持续发展,特别是入世后三年时间的追赶,中国传媒发展水平有了较大的提升,但同人民群众日益增长的消费需求相比,还有很大差距。以联合国粮农组织拟定的恩格尔系数来考量,目前中国城镇居民的恩格尔系数为37%,农村为47%。这些数据同美、日相对照,相当于美国1941年、日本1966年的水平。可见中国人的生活质量还是较低的。但是我国人均 GDP 已经突破 1 000 美元,据发达国家的历史经验,人均 GDP 突破 1 000 美元之后,群众文化教育娱乐消费将成快速上升趋势。可以预见,尽管中国人目前生活水准不高,但在不久的将来,在文化教育娱乐消费方面将会有较大的增长。在过去的 1985 年,居民用于文化教育娱乐消费占人均生活费的 8%,到了 2002 年,这种消费就增长到 13%。其中北京人为 1 809 元,上海人为 1 670 元,广东人为 1 386 元。再过几年,中国人均用于文化教育娱乐的支出肯定会越来越多,而我们传媒业的实际水平还存在较大差距,未必能很好地满足群众的消费需求。在一些文化消费能力较强的城市,我们的报刊缺乏细分市场,存在严重的同质化现象。在那些不发达地区,报刊、广电的有效覆盖面显得过分低下。中国传媒业在未来的发展上任重道远,肩上的担子千万斤重。

在今天中国的农村和农民中间,存在着巨大的市场空间。据调查,无论日报、彩电还是计算机,农村人均拥有量都是很低的。拿彩电来说,中国农村尚有 1.6 亿户农家没有彩电。这是目前彩电企业年总生产能力的 2.8 倍。农村是今后传媒最大的市场,农民是最大的潜在受众。

随着物质生活水平的提高,中国人获得了更多的闲暇时间。据调查,工作日城镇居民闲暇时间为 4 小时 46 分,休息日为 8 小时 9 分。在这些闲暇时间里,人们看书读报的不多,主要看电视。居民每天看电视的时间增加了 59 分,他们每天平均把 2 小时 39 分时间用在看电视上,占闲暇时间 46.22%,占全天时间 11.04%。60 岁以上的老人花在看电视上的时间更多,达 4 小时 16 分①。电视和其他传媒能不能在尽可能短的时间里创造自己的新品牌,提升内容与节目的档次,更好地引导群众安排好闲暇时间,这既是时代对传媒业的新要求,也是传媒业今后发展的一个可贵的平台。

五、传媒体制改革已经启动

中国传媒业已经具备一定的资源优势,然而,中国传媒业在自己发展

---

① 中国艺术研究院中国文化研究所:《公众闲暇时间文化精神生活状况调查》,《北京日报》2004 年 3 月 29 日。

历程中对这些资源的利用和收效未能实现最大化。据 2003 年对中国传媒业的统计,各种介质的传媒大致数据如下:

报纸	2 119	期刊	9 074
广播电台	306	电视台	360
广播电视台	1 300	音像出版单位	292
录音制品	12 296	录像制品	13 576
电子出版物	4 713	出版社	568
出版书籍	170 962	互联网网民	8 700 万
上网计算机	3 630 万	手机用户	25 690 万
手机短信	2 000 亿	广告营业额	1 078 亿
广告经营单位	10.18 万[①]		

据近期公布的《世界报业趋势 2004》所载资料,进入世界日报发行 100 强的日报,日本 20 家,中国 19 家,美国 18 家,印度 17 家。日报发行量总数中国 8 500 万份,印度 7 200 万份,日本 7 000 万份,美国 5 500 万份。又据尼尔森公司最新媒体市场调查显示,中国已经成为全球第二大广播电台市场。调查同时显示,尽管电视和互联网目前在中国有很大的影响,电台广播作为一个重要的媒体,仍然是传播和广告的非常重要的渠道。

尽管有如此庞大的资源群,但中国传媒业对国民经济的贡献仍很有限。构成主要经营收益的是广告收益,2003 年实现 1 078.68 亿元,占 GDP 仅 0.92%。报纸的营业税,实行年终返税,又回流传媒,或作为当地文教事业发展的资金使用。相当数量的传媒未能实现有效传播,多人流传使用更做得不够。但不能简单地说中国传媒缺乏生产和扩大再生产能力,缺乏利润和税收再增产能力。传媒在这些方面拥有巨大的提升空间,只要体制改革,机制搞活,中国传媒会有良好的发展前景。

从 2003 年起,中国传媒业作为文化产业的重要部分所必须进行的体

[①] 这些数据收集自不同资料,大部分是 2004 年公布的关于 2003 年和 2004 年年初中国传媒发展的数据,个别是 2003 年年底公布的关于 2002 年传媒发展的数据。读者引用这些数据时请注意运用和核对新近公布的资料。

制改革业已启动。体制改革的第一步,是实现报刊结构的调整。调整结构,传媒根据市场分工重新定位,可以优化传媒资源的配置,为集约经营、品牌延伸和市场细分创造条件。为此,必须先行净化市场,淘汰那些依靠权力占据市场的传媒。2003年,根据中央的统一安排,停办党政机关、省和省级以下行业组织主办的报刊677种,实行管办分离的310种,停办免费赠阅的报刊94种,当年共为国家节约开支18亿。权力退出发行市场,有助于报刊发行的公正与公平,也便于市场因素在报刊发行中发挥作用。

按照文化产业改革调整的规定,现有传媒将按公益性文化事业、非经营性文化事业、经营性文化事业、经营性文化产业四种性质和类型进行分流、剥离与定位。出版社目前正在这样做,中央和各省市除人民出版社为公益性文化事业单位外,其他出版社均为经营性企业单位。先期组建的中国出版集团根据国务院的批文,已改称中国出版集团公司。这种体制改革,确定了新闻传媒改革发展的方向,为传媒体制改革突破扫清了思想障碍。中央对文化产业性质的认定和部分传媒单位企业化试点的展开,也坚定了中国传媒今后健康与规模发展的信心。

六、传媒内容将更具公开性和广泛性

已经拉开序幕的政治文明建设为中国传媒业的内容建设指明了主攻目标,开辟了新的报道领域。这必将大大推动传媒业的拓展与腾飞。

根据马克思主义的社会结构学说,人类社会由经济基础、国家机器和意识形态领域三层面构成。同这三层面相对应的基础性建设是物质文明、政治文明、精神文明三方面建设。政治文明建设的主要内容是一个制度、两种机制、三个规范,即营建现代民主政治制度,民主政治运行机制和社会监督机制,同政治文明相适应的观念规范、法律规范和道德规范。在当代社会,传媒业既是一种产业,具有经济活动的种种特征,但其主要劳动方式是精神劳动,其产品内容属于意识形态范畴,因此,传媒业从本质上看,又属于精神文明建设范围,是政治文明建设的重要内容之一。

党的十六大提出了三个文明协调发展的科学发展观。新的发展观提高了人们对政治文明建设重要意义的认识,也提高了人们对传媒业在政治文明建设中地位与作用的认识。传媒业应代表先进文化的前进方向，运用市场机制实现两个效应的最佳统一，走产业化之路，使之成为国民经济的重要支柱，同时又成为政治文明建设的舆论支持。用这种发展观，审视当前的内容建设与评价取向。

当前值得传媒业关注与倾力的报道内容新动向有三个。首先是舆论监督。2003年年底，中央颁布了党内民主监督条例和纪律处分条例，明确了党内监督的重要对象是各级领导机关和领导干部，中央委员会和中央政治局也在监督对象之列。政治文明的前提，是正确对待权力和使用权力，防止权力被滥用和被腐败，使权力真正做到为民所有、为民所用，而其中最有效、最可行的办法就是用权力监督权力，用权力制约权力。因此，中央的这些条例和此后一年来的切实步骤，给我们一个明确的信号，舆论监督将会展现新的景象，进入更为广泛、更为深入、更为有效的新阶段。这必将为中国新闻传媒业提供许许多多重要的政治信息和社会信息，有助于造就新闻传播更为宽松、更为自由、更有活力的新机制。

其次是言论自由。2004年年初胡锦涛访法时表示，中国政府正在积极研究《公民权利和政治权利国际公约》涉及的重大问题，一旦条件成熟，将向全国人大提交批准该公约的建议。这一承诺表明，中国公民的言论自由，将会更为开放和更有法律保障。众所周知，这个被世人称之为"人权B公约"的国际人权公约，其中最具挑战性的规定是：人人有权持有主张，不受干涉；人人有自由发表意见的权利，此权利包括寻求、接收和传递各种消息和思想自由，而不论国界，也不论口头的、书写的、印刷的，采取艺术形式，或通过他所选择的任何其他媒介。中国加入这一公约之后，对于公民通过传媒表达自己的主张与意愿，则将会采取相应的法律规范，采取更为宽容的心态，新闻传媒也将相应获得更多的言论自由、出版自由和新闻自由。这样，新闻报道不仅在内容上将会出现一场革命，而且新闻传播法制建设也将有一个大的进步。

再次是信息公开。非典事件既给中国政府带来巨大的压力，也提供了实施信息公开的良好契机。在国务院颁布《突发公共卫生事件应急条例》的推动下，各级政府纷纷将建构行为规范、运转协调、公开透明、廉洁高效的行政管理体制作为政府建设的目标。以《上海市政府信息公开规定》实施为标志,各地各部门在信息公开方面都有一定的举措与动作。政府行政公开,支持媒体问责政府,支持公民公开批评政府和官员的缺点错误,成为2004年以来中国政坛的新气象。这样,中国传媒业的内容建设也就有了新的信息源和有了以法律作保障的公开报道政治信息的权利。这对传媒业在更为开阔的社会视野上建构自己的社会使命,行使自己作为党、政府和人民喉舌的社会交流、沟通与监督功能,具有深远的时代意义。同时,这也将在更为深刻、同公民切身利益更为直接的内容层面上推进中外传媒业和中国传媒业之间的新闻竞争,从而把传媒业提升到一个崭新的水平。

入世三年,弹指一挥间。这三年,中外传媒业在中国领土上互有进退、互有输赢。总的说,中国传媒业已经经受了入世后外资传媒的第一轮挑战,我们已经变得较为理性、较为智慧,也初步显示出自己应对挑战的实力,方寸不乱,队伍稳定,事业和企业正在扎扎实实地发展,对于国际传媒的普适性规则和传统做法有了初步的了解,有了初次与之交手的经验和感受。但我们同时又应该清醒地认识到,这在很大程度上仍然依靠了我们的政府壁垒和政策门槛。我们在本文开头提到的WTO七项基本原则尚未真正、完全进入,我们还处于入世初期的保护伞之下。在未来的三年里,这种壁垒、门槛将进一步削减、降低,政府的保护伞将最终废弃,对中国传媒的挑战和考验将更为严峻。但我们充满信心,因为我们已经顺利地走完了第一步。冬天已经过去,春天还远吗?让我们进一步做好政策调整,将传媒做大做强,以体制改革为突破,去迎接中国传媒业发展的春天!

伟大的目标 神圣的使命*

——从新闻传播视角解读《国家人权行动计划(2009—2010)》

2009年4月13日,国务院新闻办公室发表了《国家人权行动计划(2009—2010)》(下文简称《计划》),这标志着新中国人权事业迈入了一个新的发展阶段:从陈述人权状况到建构人权目标。从新闻传播视角解读《计划》,我们清晰地认识到,中国新闻界将肩负起新的神圣使命,将面对一系列新的挑战和新的考验。

一、《计划》发表象征着中国人权事业可喜的进步

在很长的岁月里,在人权问题上,我们同其他国家是缺少共同语言的。不用说"文革"时期,"人权"前面都要加上"资产阶级"的标记;就是改革开放之初,我们的报纸上还常常说,"人权不是无产阶级的口号"。在新闻传播学的科学研究中,"人权"问题更是人人都望而却步的禁区。

1991年11月1日,国务院新闻办公室首次发表以人权为主题的官方年度报告《中国的人权状况》白皮书。报告破天荒地把"人权"称为"伟大的名词",强调实现充分的人权"是长期以来人类追求的理想",是"中国社会主义所要求的崇高目标",是"中国人民和政府的一项长期的历史

---

* 本文原刊于《新闻记者》2009年第6期。

任务"①。

1997年9月,党的十五大政治报告第一次使用了"人权"概念。报告中说:"共产党执政就是领导和支持人民掌握管理国家的权力,实行民主选举、民主决策、民主管理和民主监督,保证人民依法享有广泛的权利和自由,尊重和保障人权。"2004年,中国第一次将"人权"原则写入了宪法。经修改后的《宪法》第三十三条第三款申明,宪法关于公民各项权利的规定体现的就是"国家尊重和保障人权"的宗旨和原则。而此前一年即2003年,在党的十六届三中全会上,已经旗帜鲜明地提出"以人为本、全面协调可持续的发展观"的口号。从党的十六大到十七大,党代表大会和党的中央委员会始终强调要以人为本;强调立党为公,执政为民;强调人的全面发展;强调要着力营造权为民所用、情为民所系、利为民所谋的治国氛围;强调群众利益无小事,要多办得人心、暖人心、稳人心的好事实事,把党和政府的温暖送到群众心坎上。

对于上述中国人权事业的明显进步,每年一篇的中国人权状况报告都有全面、集中的总结和反映。而《计划》的发表,标志着国家对人权事业提出了更高的要求:从陈述变化和进步到主动地谋划与建构人权事业的新目标和新任务。第一份国家人权行动计划对今明两年的国家人权事业提出了下列新的目标和任务:

第一,从国际人权公约的视域出发,全面谋划人权事业的新目标。

从1991年发表第一份人权状况白皮书以来,中国对人权事业建设主要强调和突出一个成就:改革开放以来,我们用不到世界百分之七的耕地,养活着占世界几乎四分之一的人口,中国以往历届政府都难以做到这一点。而《计划》的目标则围绕国际两大人权公约的广大领域,着眼对经济、社会和文化权利以及公民权利和政治权利两大系列的人权在中国的落实,作了全面而详尽的规划,对少数民族、妇女、儿童、老年人、残疾人的权利作了重点的规划,对中国的人权教育和国际人权义务的履行、国际人权领域交流合作作了建设性的规划。

---

① 转引自李希光、郭晓科:《人权报道读本》,清华大学出版社2007年版,第3页。

第二，求真务实，不回避敏感问题和难点问题。

在经济、社会和文化权利保障问题中，在社会保障、健康、环境、农民权益等问题上，《计划》都有郑重的承诺和具体的目标设定。比如对四川汶川特大地震灾后重建中的人权保障承诺，除了农房重建、百万劳动力稳定就业、城镇居民人均可支配收入和农村居民人均纯收入、灾区学校医院重建外，还表示：尊重遇难者，对地震中遇难和失踪人员登记造册并予以公布。对被羁押者权利的保障，强调了人道待遇。据此，各地已着手开始对被羁押人员是否受到刑讯逼供或者体罚、虐待、侮辱等情况进行检查。这种雷厉风行的执政表现，充分体现了中国加快人权建设的决心和诚意。

第三，把执政宣言同人权事业结合起来，全面落实知情权、参与权、表达权、监督权建设。

党的十七大在十六届五中全会提出知情权、参与权、表达权、监督权"四权"建设的基础上，对"四权"进一步作了更为清晰的建构。但是这种重视和强调，更多的还停留在政治宣言的层面上，而宣言是需要实施细则跟进落实和深化完善的。《计划》正是在这一层面作出了贡献。谈到知情权，《计划》指出："积极推进政务公开，完善相关法律法规，切实保障公民的知情权。"谈到参与权，《计划》要求："从各个层次、各个领域扩大公民有序政治参与，保障公民的参与权。"其细则中特别强调要增加决策过程中公民的参与度，加强社会组织建设与管理，修订《社会团体登记管理条例》，即要进一步发挥NGO（非政府组织）的作用。谈到表达权，强调采取有力措施，发展新闻出版事业，畅通各种渠道，保障公民的表达权利。此细则更为详尽，比如提出"加强对新闻机构和新闻记者合法权利的制度保障，维护新闻机构、采编人员和新闻当事人的合法权益，依法保障新闻记者的采访权、批评权、评论权、发表权"。谈到监督权，《计划》要求"健全法律法规，探索科学有效的形式，完善制约和监督机制，保障人民的民主监督权利"。可见，《计划》把监督权的确立与保障，引向制度化、法制化所作的努力。

第四，建立人权教育体系，积极提高全民的人权意识。

《计划》提出要通过从小学、中学到大学、职业教育以及国家机关的各类培训机构,开展形式多样的人权教育,普及和传播法律知识和人权知识。在高校,还将开展人权理论的科学研究工作,并选择若干所高校建立人权教育与培训基地。

《计划》要求利用广播、电视、报刊、网络等多种媒体向公众进行人权知识的普及,鼓励中央和地方的新闻媒体开设人权专栏、专题,支持《人权》杂志、"中国人权网"和其他民间人权网站的发展,充分利用互联网等新媒体开展人权知识普及教育。《计划》还要求鼓励开发民众喜闻乐见的人权教育产品,通过灵活多样的形式,寓教于乐,建立人权教育的长效机制。

可以相信,通过以上几个方面的周全谋划和积极努力,中国的人权事业将会呈现崭新的局面。

二、在深度和难度上着力推进人权事业建设

《计划》不仅规定了长远的人权事业建设目标,还明确了近两年应该集中力量攻克的重大难题。根据笔者的观察与思考,这些重大难题大致有这样几个:

第一,《计划》承诺,国家要继续进行立法、司法和行政改革,使国内法更好地与《公民权利和政治权利国际公约》相衔接,为尽早批准加入这个国际公约创造条件。

我国政府已于1998年签署了这项公约,但全国人大至今尚未批准,主要原因不仅在于国内法诸多方面同该约有很大距离,而且在于现行理念和习惯做法也有相当的不同。

试以该公约第十九条为例。第十九条共三款,分别是:

一、人人有权持有主张,不受干涉。

二、人人有自由发表意见的权利,此项权利包括寻求、接受和传递各种消息和思想的自由,而不论国界,也不论口头的、书写的、印刷的、采取艺术形式的或通过他所选择的任何其他媒介。

三、本条第二款所规定的权利的行使带有特殊的义务和责任,因此得受某些限制,但这些限制只应由法律规定并为下列条件所必需:

（甲）尊重他人的权利或名誉。

（乙）保障国家安全或公共秩序，或公共卫生或道德。

研读分析上述文书条款可以得出这样的结论：由于（甲）和（乙）两个条件的需要，立法机构方可作出某些规定限制公民"持有主张"的权利。如果不是出于（甲）和（乙）两个条件的需要，立法机构则无权制定限制公民"持有主张"的权利。同样，司法机构和行政机构在执法和执政的时候，也同样要遵守这样的条件限制。如果能够实现第十九条一、二款赋予公民的持有主张、发表意见、接受和传递消息与思想的自由权利，则中国公民的言论、出版、新闻自由权利将会有一个大的飞跃。而要这样做，首先要转换理念，其次要对以往许多相关的法律、法规、政策、规定进行必要的清理。这显然需要政治体制改革有大的动作，也需要一定的时间和改革的过程。在这个条约中，第六条"人人有固有的生命权"，第九条"人人有权享有人身自由和安全"等条款，也都同我国现行相关法律法规有冲突，调整起来有相当难度。《计划》把批准《公民权利和政治权利国际公约》作为未来待批的重要条约之一，是有很大的勇气和下了很大的决心的。当然，这也是中国人权事业建设必须跨越的鸿沟之一。

第二，《计划》承诺，要完成《经济、社会和文化权利国际公约》第二次履约报告的撰写工作，并将报告提交相关条约机构审议。

众所周知，要完成一个体面的报告，前提是不折不扣地实施这个国际公约的全部条款。而要严格地按这些条款来指导与约束我们的经济、社会和文化方面的人权工作，是相当不容易的。试以第十五条为例。

第十五条共有四款：

一、本公约缔约各国承认人人有权：

（甲）参加文化生活。

（乙）享受科学进步及其应用所产生的利益。

（丙）对其本人的任何科学、文学或艺术作品所产生的精神上和物质上的利益，享受被保护之利。

二、本公约缔约各国为充分实现这一权利而采取的步骤应包括为保存、发展和传播科学和文化所必需的步骤。

三、本公约缔约各国承担尊重进行科学研究和创造性活动所不可缺少的自由。

四、本公约缔约各国认识到鼓励和发展科学与文化方面的国际接触和合作的好处。

上述四款的条文明确要求，缔约各国保障人民有权参与科学和文化活动，享受科学和文化活动所产生的成果和效益，各国政府必须尊重和保证该国人民人人拥有从事科学与文化活动必不可少的自由，即让人独立思考、自由创作、平等争论、求同存异。大家知道，在我国，无论是学术研究还是艺术创作，目前离这个境界尚有不小的距离。尤其是新闻传播学研究，泛政治化现象严重，研究禁区还不少，有的主管部门的负责官员，对新闻传播科学研究"不可缺少的自由"不仅尊重不够，而且常常颐指气使，以一孔之见取代科学规律。因此，要真正践约，还须假以时日，还要付出努力，还要做一系列政策上的调整。

第三，《计划》对目前的人权工作提出了进一步改进和完善的要求。

例如，在知情权条中，提出"完善政府新闻发布制度和新闻发言人制度，加强对新闻发言人和新闻发布工作人员的培训，积极开展多种形式的新闻发布，提高发布会质量，及时、准确、权威地发布政府信息，增强政府工作的透明度，提高政府的信息服务水平"。实际上，这几条要真正做好是相当不容易的。我国这几年开始实施政府新闻发布制度，已取得不小进步。但是，由于政府和新闻传媒、新闻记者分别是信息的监管者和信息的传播者两种不同的身份认同，政府设置的新闻发言人同新闻传媒、新闻记者必然是一对矛盾，有时还是一对难以调和的矛盾。我国的新闻发言人制度设立以来，已出现一些矛盾。例如，新闻发言人制度未设立之前，新闻记者要采访省府、市府的新闻，可以找省长和副省长、市长和副市长多人。我国有相关的制度规定这些省、市长有接受记者采访的义务和责任。设立新闻发言人之后，省长和副省长、市长和副市长把接受采访的责任推给了新闻发言人（而这样做是有法可依的）。在这种情况下，如果新闻发言人找不到，或者他寻个理由躲起来，或者以没有得到授权搪塞敷衍，那么实际上传媒和记者就会在一个时期，在一定程度上失去新闻源，这就在根本上侵害公民的知情权。而在目前要杜绝这种现象的发生,有一定的难度。可见,《计划》在知情权条中要求改进新闻发言人制度,既有强烈的针对性,又有一定的难度。

三、《计划》赋予新闻界的历史重任

完成《计划》规定的目标和任务,新闻界肩负着义不容辞的重任。

从总体上看,新闻传媒应该积极、全面、准确地向国内外传播国务院新闻办公室颁布的《计划》的具体内容,宣传《计划》的精神实质,运用多种形式对公民进行人权教育,主动参与国际人权领域交流与合作,为提升中国尊重和保护人权的国际形象作出贡献。

从传媒业自身职业使命看,新闻传媒和新闻记者根据《计划》规定的目标和任务,应着力做好以下几个方面的工作:

第一,新闻传媒要在《计划》规定的目标和普法活动统一安排下,开展多种形式的人权教育活动。

《计划》对人权教育规定的总要求是:2009—2010年期间,国家将结合普法活动,积极依托现有的义务教育、中等教育、高等教育、职业教育体系和国家机关内的培训机构以及广播、电视、报刊、网络等多种媒体,有计划地开展形式多样的人权教育,普及和传播法律知识和人权知识。

对新闻机构、新闻教育和新闻科研机构来说,具体的任务是:充分利用广播、电视、报刊、网络等大众传播媒体对公众进行人权知识的普及。中央新闻媒体和地方新闻媒体要主动积极开设以人权为主题的专栏专题。《人权》杂志和"中国人权网"以及其他民间人权网站要根据《计划》的要求安排,加快发展步伐。互联网等新媒体要为人权知识普及教育出点子、想办法,尽心尽责地多作贡献。

新闻院系要拓展同人权相关的专业领域,在教学内容上要增加人权问题的知识。在对社会公众,特别是中小学生开展媒介素养教育时要增加人权知识和新闻权利的内容。要广泛组织学生到以人权为传播主题的媒体和网站实习,输送优秀人才到同人权相关的新媒体机构工作。

新闻科研机构要积极开展人权理论研究和人权教育的调研咨询,为

有关部门开展人权教育、人权立法、人权执法和人权领域的国际交流合作提供智力支持和理论支持。

第二，为保障与拓展新闻传播相关权利提供研究成果与立法建议。

公民权利与政治权利保障是《计划》的主体内容之一。《计划》规定，2009—2010年年间，国家将继续加强民主法治建设，健全民主制度，丰富民主形式，拓宽民主渠道，强化行政执法和司法中的人权保障，提高公民权利与政治权利的保障水平。

同新闻信息相关的权利，《计划》对新闻法、出版法、广播电视法、新媒体法等专门法的制定尚未提及，但对知情权、参与权、表达权、监督权等"四权"建设的目标作了较为具体与明确的规定。就知情权而言，《计划》要求积极推行政务公开，完善相关法律法规，切实保障公民的知情权。对新闻界来说，有这样几件事要切实认真做好：督促和检查《政府信息公开条例》的落实与执行情况，对不公开依法必须公开的政务信息的责任单位和责任人曝光批评，通过坚持不懈的新闻报道与评论文章，推动地方性政务公开法规的出台与完善。推动政府开展多种形式的新闻发布，增加政府工作的透明度，为完善政府新闻发布制度和新闻发言人制度出谋划策。推动和参与自然灾害、突发公共事件和安全生产责任事故信息的发布，使这类信息的发布在依法、及时、准确、权威等方面有新的进步。

就参与权而言，《计划》要求从各个层次、各个领域扩大公民有序政治参与，保障公民的参与权。新闻界要在完善人民代表大会制度、提高各民主党派和无党派人士参政议政实效、健全落实群众自治制度、推动决策民主化科学化、保障人民团体依法开展工作、加强社会组织建设与管理等方面发挥舆论引导和舆论监督的作用，在积极主动深入地反映社情民意方面有新的突破。

就表达权而言，《计划》要求采取有力措施，发展新闻出版事业，畅通各种渠道，保障公民的表达权利。具体说，新闻界可以从这样几个方面积极主动地开展工作：推动政府对新闻机构和新闻记者合法权利的制度保障，积极维护新闻机构、采编人员和新闻当事人的合法权益，依法保障新闻记者的采访权、批评权、评论权、发表权，继续推动新闻事业的改革与发展。推动政府对治理互联网的法律、法规和规章的建设。推动政府采取有力措施,促进互联网有序发展和运用,依法保障公民使用互联网的权益。推动和参与新闻出版、广播影视相关法规的完善和修订,要求明确规定各级政府保护合法出版物的责任。引导舆论积极发挥社会组织在扩大群众参与、反映群众诉求方面的作用,增加社会自治功能。努力反映弱势群体利益诉求和需要,了解和反映社情民意,引导公众合理表达意见,有序参与公共事务,为有效化解和处置群体性事件献计献策。积极配合政府拓宽和畅通信访渠道,全面有效反映人民群众的疾苦和愿望。积极发表群众来信来电,协助政府等机构做好下情上达、化解矛盾的工作。

就监督权而言,《计划》要求健全法律法规,探索科学有效的形式,完善制约和监督机制,保障人民的民主监督权利。具体说,新闻界要做好这样几方面工作:反映和监督各级人民代表大会常务委员会监督法的贯彻落实,反映和报道各级人大在《计划》规定的期限内对工会法、畜牧法、食品安全法等法律实施情况的检查。及时反映和报道人民政协民主监督机制的运行和完善,及时反映和报道人民群众对国家行政机关、审判机关、检察机关的监督。通过新闻报道和新闻评论保障公民对国家机关和国家工作人员提出批评、建议、申诉、控告、检举的权利,积极发挥人民团体和社会组织对国家机关和国家工作人员的监督作用。新闻媒体更应带头,依法大力开展对国家机关和国家工作人员的监督和批评,报道和评论群众反映强烈的突出问题,确保权力的阳光运行。同时对于自身的缺点与不足,也应开展自我批评。

第三,以尊重人权的名义,大力推进新闻传播事业和产业的发展。

人权需要政治和法律的保障,也需要一定的物质基础的支持。《计划》虽然没有用很大篇幅论述谋划经济与产业发展的目标,但也有一些必要的基本的规定。

同新闻传播产业相关的规定,有这样几处:

《计划》在表达权一节,提出:"继续推动电视台、广播电台、互联网以及报业的改革与发展,到 2010 年,千人日报拥有量达到 90 份,报纸普及率达到每户 0.3 份。"

这个数据让我们的思绪回到1992年出台的一个研究报告。这个报告是"七五"期间国家哲学社会科学重点研究项目的成果,由当时的中央宣传部新闻局、国务院发展研究中心研究部牵头,组织全国有关部门、高等院校、科研单位共同完成。报告称:1985年每千人拥有日报数,世界平均是134份,亚洲平均是70份,我国是46份。到2000年,当时预计中国人口将达到12.5亿,报纸如按下列三种速度发展,届时千人占有日报数将分别为:

低速,年均递增3%,每千人可拥有日报72份,达到1985年亚洲平均数或美国1880年水平;

中速,年均递增6%,每千人可拥有日报112份,达到略低于1985年世界平均水平,或美国1890年水平;

高速,年均递增10%,每千人可拥有日报192份,相当于1985年罗马尼亚或美国1900年的水平。[1]

实际上,20多年来我国的千人日报拥有量指数增长极其缓慢。一方面,报纸的年总印数逐步增长(最近报道,2008年第一次出现了负增长),日报种数也有所增长,1996年全国出版日报657种,2003年达到迄今为止的最高数1 035种。另一方面,报纸读者市场规模萎缩的总态势始终没有改变。所以,每千人日报拥有量这些年一直徘徊在50～70份(其中党报15～20份)。所以,要完成计划,肯定会有一场攻坚战要打。

《计划》对发展偏远地区和少数民族地区的新闻传媒,尤其是广播电视普及提出了明确要求,要求基本实现具备条件的特困村通路、通电、通电话、通广播电视。要求扶持少数民族语言文字图书报刊的出版,提高少数民族语言广播电影电视节目的译制、制作能力,提高边境地区少数民族语言广播电视覆盖率等等。《计划》还提出,到2010年年底,国家财政投入11.15亿元,建成覆盖城乡的数字文化服务体系。所有这一切,对新闻界都是必须保质保量完成,又有条件做到的任务。新闻界同时又可以利

---

[1] 参见新闻事业与现代化课题组:《新闻事业与中国现代化》,新华出版社1992年版,第12—14页;童兵:《主体与喉舌——共和国新闻传播轨迹审视》,河南人民出版社1994年版,第230页。

用这一机会,把新闻事业和新闻产业化规模搞上去。

第四,为履行国际人权义务和推进国际人权领域交流合作积极工作。

《计划》提出,2009—2010年,国家将继续认真履行已参加的国际人权条约规定的义务,倡导并积极参与国际人权领域的交流与合作。《计划》表示,国家重视国际人权文书对促进和保护人权的重要作用。对于中国已参加的25项国际人权条约,国家将认真履约,及时向相关机构提交履约报告,与条约机构开展建设性对话。对此,我国传媒应及时报道相关信息,让国人和世界人民知晓,并不断增加报道的公开性和透明度,其中包括条约机构和缔约国家对我国的批评和意见。

《计划》表示要为尽早批准《公民权利和政治权利国际公约》抓紧进行立法、司法、行政改革,使国内法更好地与公约规定相衔接;要努力做好中国相关法律制度同《联合国反腐败公约》相衔接的工作。对此,新闻传媒应以更积极、更主动的姿态通过新闻报道去推进这些工作,为构建更开放的媒介生态环境作出贡献。

《计划》表示要致力于在平等和相互尊重的基础上,开展国际人权交流与合作,推动国际人权事业健康发展。对此,中国新闻传媒承担着重要责任。一方面,对中国参与的各项国际人权交流合作事务与活动,传媒应有更多的、及时的公开报道,对于各方建设性对话要有更为坦率、透明的信息传播。另一方面,中国新闻界应在有关方面支持下,放开眼界,制定规划,创办有国际水平的人权事业和人权教育的重量级传媒,培养有国际对话能力的人权新闻研究专家和一流新闻记者,使中国的人权传媒同中国正在蓬勃发展的人权事业同步前进,大大增强中国人权新闻的国际传播力和国际人权信息市场占有能力。

蓝图　规范　责任*

——从新闻传播视角解读第二期《国家人权行动计划(2012—2015)》

国务院新闻办最近公布了第二期《国家人权行动计划(2012—2015)》,为国家人权事业未来三年的发展制定了蓝图,为新闻传播业等相关行业在国家人权行动方面的可为与不可为提出了规范,为在推动和监督国家人权行动计划实施过程中新闻工作者的社会责任作了明确的阐述。

一

2009年首期《国家人权行动计划(2009—2010)》公布后,笔者曾从新闻传播视角对该计划认真解读,并在《新闻记者》上发表《伟大的目标　神圣的使命——从新闻传播视角解读〈国家人权行动计划(2009—2010)〉》的论文①。现在可以根据第二期《国家人权行动计划》,对过去三年我国推动人权事业发展中的成绩和不足,新闻传播界的贡献与差距,作一些简要的分析。

两期《国家人权行动计划》的公布,尤其是首期计划的颁布,明确而有力地向世界表明,进入新的历史时期以来,我国对于人权事业是重视的,

---

*　本文原刊于《新闻记者》2012年第9期。
①　发表于《新闻记者》2009年第6期。

并且将它放到党和国家的议事日程上予以落实。的确,在很长的岁月里,在人权问题上,我们同其他国家是缺少共同语言的。不用说"文革"及以前时期,"人权"前面都要加上"资产阶级"的标记;就是改革开放之初,我们的报纸上还常说,"人权不是无产阶级的口号"。在新闻传播学的科学研究中,"人权"更是人人都望而却步的禁区。人权行动计划的制定和公布,意味着中国的人权事业迈进了一个新的发展阶段:从陈述人权状况到主动建构与推进人权事业目标。

根据首期国家人权行动计划的规定,笔者曾对新闻传媒围绕人权事业目标自身的任务,以及新闻传播学研究工作,作了四方面的概括和设想:

第一,在人权行动计划规定的目标和随之开展的普法教育活动中,新闻传媒应开展多种形式的人权教育宣传。

第二,为保障与拓展新闻传媒相关权利,提供有质量的研究成果和立法建议。

第三,以尊重和发展中国人权事业的名义,大力推进中国传播事业和传媒产业的发展。

第四,为履行国际人权义务和推进国际人权领域交流合作提供新闻传播资源。

如今,首期人权行动计划已经完成,达到了预期的目标。国务院新闻办主任王晨回答《人民日报》记者问时指出:"2009年中国政府制定的首期《国家人权行动计划》,实实在在地促进了中国人权事业的发展,受到人民群众的普遍欢迎和国际社会的广泛好评。"[①]新闻传媒发展和新闻传播科学研究也基本上实现了上述四项目标,主要表现在:新闻传媒积极主动地参与人权教育和人权宣传,普及人权知识;推动与发展人权立法与司法,在文化立法规划的制定与落实人权重要组成之一的"四权"建设——知情权、参与权、表达权和监督权——上做了大量有益工作;新闻传播事业和传媒产业有了重大发展,已经成为国民经济支柱性产业。截至2011年年

---

① 参见《人民日报》2012年6月13日。

底,全国出版、印刷和发行服务实现营业收入14 568.6亿;对于中国参与的各项国际人权交流合作事务及活动,传媒有了更为及时、充分和公开的报道,同时又创办具有国际水准的推动人权教育的对外传媒,培养有国际对话能力的人权新闻记者和人权新闻研究专家。

二

同首期计划一样,第二期《国家人权行动计划》的目标仍是保障和推进人权事业。新计划强调加大以下五个方面的工作力度:

第一,全面保障公民经济、社会和文化权利。

第二,依法有效地保障公民权利和政治权利。

第三,充分保障少数民族、妇女、儿童、老年人和残疾人的合法权益。

第四,广泛开展人权教育,进一步普及人权知识。

第五,积极开展国际人权交流与合作。

同首期计划相比,第二期《国家人权行动计划》(以下简称《行动计划》)呈现一系列新的特点。其中,新一期计划特别强调新闻传媒在推进中国人权事业发展中的重要作用。《行动计划》明确提出:"鼓励新闻媒体在《行动计划》的宣传、实施和监督方面发挥积极作用。"[①]为此,《行动计划》为新闻传媒在未来三年中推进人权事业应承担的任务作出明确的规定,实际上也是为新闻传媒自身的发展与改革划定了蓝图。这个蓝图,举其要者有:

第一,继续把保障人民的生存权和发展权放在首位。

为此,要采取积极措施,切实保障和改善民生,着力解决关系群众切身利益的问题,提高经济、社会和文化权利保障水平,努力使发展成果惠及全体人民。《行动计划》的这些要求,正是新闻传媒今后的使命和任务,在经济权利方面的核心要求,正是"改善民生"。

在保障人民的文化权利方面,《行动计划》要求实施《国家"十二五"时期文化改革发展规划纲要》,具体举措是:

---

① 参见《人民日报》2012年6月12日。

文化立法方面,要求推进公共图书馆法和博物馆条例的制定,推进著作权法和文物保护法的修改,完善同非物质文化遗产法相关法规和规则的建设。值得注意的是,新闻法、出版法、广播电视法、新媒体法等为各界尤其是新闻传播界关注的法律,仍没有列入《行动计划》。新闻传播学界同仁应从中思考:制定新闻法等的时代条件为何尚未成熟?未来岁月出台这类法律,我们今天应做些什么准备?

文化设施建设方面,要求广播电视村村通工程覆盖20户以下已通电自然村。全国广播电视人口综合覆盖率达到99%。文化信息资源共享工程数字资源总量达到530百万兆字节,入户率达到50%。农村流动银幕达到5万块,每个行政村每月放映一场数字电影。把农民工纳入城市公共文化服务体系,引导企业和社区积极开展面向农民工的文化活动。

文化覆盖和科技普及方面,要求到2015年,实现人均年拥有图书5.8册,期刊3.1册,千人拥有日报100份,万人拥有出版物发行网点1.3个,国民综合阅读率达到80%。加快农家书屋、城乡阅报栏(屏)工程建设。

互联网建设方面,要求到2015年,互联网普及率超过45%。互联网固定宽带接入端口超过3.7亿个,城市家庭带宽接入能力基本达到20兆位/秒以上,农村带宽接入能力基本达到4兆位/秒以上,实现2亿家庭光纤到户覆盖。建设宽带无线城市。

第二,创造条件推进公民权利和政治权利建设。

《行动计划》的规划是,在发展社会主义民主政治、完善社会主义法治、扩大公民有序政治参与的条件下,全面推进公民权利和政治权利建设。其中,在知情权、参与权、表达权、监督权"四权"建设中,争取有切实成效。

在知情权建设方面,要求深入推进政务公开,继续从法律法规政策层面规范和拓展知情权范围,不断提升公民知情权的保障水平。要求做到:凡是不涉及国家秘密、商业秘密和个人隐私的政府信息,都向社会公开;所有面向社会服务的政府部门全面推进办事公开制度,依法公开办事依据、条件、要求、过程和结果,充分告知办事项目有关信息;推进审计工作信息公开;不断完善政府新闻发布制度、新闻发言人制度和党委新闻发言人制度；建立健全领导干部任免信息向社会公开制度，依法公开事业单位信息和进一步推进厂务、村务公开。

在参与权建设方面，要求扩大公民有序政治参与，在制定涉及重大公共利益和人民群众切身利益的法律、法规、规章时，向社会公开并征求意见。

在表达权建设方面，要求畅通各种渠道，依法保障公民的言论自由和表达权，加强对新闻机构和新闻从业人员合法权益的制度保障，依法保障新闻从业人员的知情权、采访权、发表权、批评权、监督权，维护新闻机构、新闻采编人员和新闻当事人的合法权益。

在监督权建设方面，要求不断完善监督体系，加强对权力运作的制约和监督，切实保障公民的民主监督权利，鼓励新闻媒体发挥舆论监督作用，畅通公民对国家机关及其工作人员提出批评、建议、申诉、控告、检举的渠道。

此外，《行动计划》还对少数民族、妇女、儿童、老年人和残疾人的权利建设，以及人权教育、国际人权条约义务的履行和国际人权交流与合作等方面作出了具体和可操作的规定。其中，依法保障少数民族学习使用和发展本民族语言文字的权利，推进少数民族语言文字的规范化、标准化和信息处理，建设中国少数民族濒危语言数据库；丰富老年人精神文化生活；扩大盲文出版物出版规模，开发盲文期刊出版等有声读物；鼓励新闻媒体传播人权知识，提高全民人权意识，形成全社会重视人权的舆论氛围等内容，无不同新闻传播紧密相关。这些规定，同样是对未来三年新闻报道和新闻改革的要求，是《行动计划》为新闻传媒人权宣传所规划的蓝图的一部分。

三

《行动计划》对于新闻传媒在人权新闻报道中的业务规范和新闻从业人员的社会责任，作了明确的规定。业务规范大致有三方面：

第一，在新闻报道重点的把握上，就人权而言，应把保障人民群众的生存权和发展权放在首位，殚精竭虑，使发展成果惠及全体人民。

早在20世纪80年代，新闻报道经常提到，我们用占世界不到7％的耕地,养活全球五分之一的人口,以往历届中国政府都没有做到。经过几十年发展,中国民众的生活水平有了相当的改善。在这种背景下,有些新闻工作者认为,今天中国民众面临的问题,不再是解决温饱,而是争取更多的政治权利。为此,第二期《行动计划》再次强调,中国人权发展的首要目标,依然是生存权和发展权。不仅如此,该计划还详细地指出当前的民生改善,主要包括以下各项:

工作权利:实施更加积极的就业政策,完善工资制度,改善劳动条件,强化劳动安全。

基本生活水准权利:调整收入分配格局,实施扶贫开发攻坚工程,完善基本住房保障制度,依法保障农民的土地权益。

社会保障权利:完善各类社会保险制度,促进社会救助制度城乡均等覆盖。

健康权利:初步建立覆盖城乡居民的基本医疗卫生制度,完善公共卫生服务体系和医疗服务体系。

受教育权利:推进义务教育均衡发展,发展学前教育和职业教育,普及高中教育,提高高等教育质量,促进教育公平,提高公民总体受教育水平。

文化权利:加快公共文化设施建设,促进文化事业发展,丰富人民文化生活。

环境权利:加强环境保护,着力解决重金属、饮用水源、大气、土壤、海洋污染等关系民生的突出环境问题。

《行动计划》指出上述这些关系民生保障和发展的重点内容,应引起新闻传媒的全面关注,并有重点地给予报道和引导。这些方面,是规范当前民生报道不可偏缺的重点,是衡量和评估民生报道不可忽略的标准,是进一步开展"走、转、改"活动的指针。

第二,尊重和遵守中央关于当前国家人权事业建设的战略部署,在目标设置和重点安排上同中央保持一致。

我国政府曾于20世纪90年代分别签署加入《经济、社会和文化权利国际公约》和《公民权利和政治权利国际公约》。前者已经全国人大讨论通过并付诸实施。首期《行动计划》已将撰写此公约的第二次履约报告列入议程。本期《行动计划》进一步提出,更新该履约报告并参加联合国经济、社会和文化权利委员会对报告的审议。而《公民权利和政治权利国际公约》自1998年签署以来,至今未获全国人大批准。对此,首期《行动计划》规定,国家要继续进行立法、司法和行政改革,使国内法更好地与该公约相衔接,为尽早批准该国际公约创造条件。自2009年以来,无论是法律体系的调整、刑法等法律的修改,还是赖昌星等人的成功引渡,都说明了政府的努力。第二期《行动计划》提出:"继续稳妥推进行政和司法改革,为批准《公民权利和政治权利国际公约》做准备。"

新闻传媒和新闻工作者必须服从《行动计划》上述部署和安排,克服司法改革报道中的急躁、轻率和随意性,不搞立法改革的"大胆设想",不搞加入国际公约时间上的无据猜测,力求稳妥,也反对消极观望。这是对待加入国际公约必须有的职业规范,也是人权报道的基本要求。

第三,因势利导,把握全局,坚持新闻传媒发展的高标准,开创人权事业新闻报道的新局面。

前面提到的《行动计划》对于未来三年中国人均拥有新闻资源的一系列数据,读来的确令人欢欣鼓舞。拿千人日报拥有量来说,首期《行动计划》要求,到2010年,千人日报拥有量达到90份。鉴于这些年我国千人日报拥有量长期徘徊在50~70份(其中党报15~20份),笔者曾指出,要完成这一指标,当有一场攻坚战要打。但从2009年至2011年,我国报业种类增加不多,平均年增0.10%,平均期印数增长却有长足进步,达2.88%,总印数年增长也有2.97%[①]。虽然有关统计部门至今未公布千人日报拥有量的新数据,估计离首期《行动计划》的要求相差不会太远。但新一期计划提出要达到100份,肯定是一个不低的要求。从全局看,在互联网和移动互联网的挑战下,报纸媒体处于式微阶段。从国外看,包括《纽约时报》等著名大报的发行量也不断下滑。但在我国,报纸仍保持着向上发展态势。世界报业和新闻出版物协会不久前发表的《世界报业趋

---

① 参见崔保国:《2012年:中国传媒产业发展报告》,社会科学文献出版社2012年版,第22—29页。

势2011》报告认为,一个国家的市场越繁荣,报纸越有可能成为新闻的主要来源,而在市场不太繁荣的国家,电视占据新闻来源的统治地位①。据此,到2015年千人日报拥有量达到100份,应该是一个经过论证、可能实现的指标,我们要为此而努力。实现这一指标,对于未来三年各类传媒发展的宏观调控,对于各方面尤其是报纸主管部门支持纸质媒体的举措,无疑有许多工作要做。

《行动计划》对于新闻机构和新闻从业人员在推进人权事业发展,落实行动计划的各项任务肩负的社会责任,也有提及和阐述。王晨指出,新一期《行动计划》强调社会组织和新闻媒体在推进人权事业发展中的重要作用,鼓励新闻媒体在《行动计划》的宣传、实施和监督方面发挥积极作用。首期《行动计划》公布以来的经验表明,新闻传媒在开展人权教育、普及人权知识、形成尊重和保障人权的社会文化方面,大有作为。我们期待我国百万新闻工作者在新一期《行动计划》的实施中,为我国人权事业的再发展,作出新的贡献。

---

① 参见《参考消息》2012年6月29日。

新闻媒体推进中国人权事业的责任和使命*

——读第三期中国人权行动计划的体会与建言

中华人民共和国国务院新闻办公室于 2016 年年底颁布了《国家人权行动计划(2016—2020)》,这是继 2009 年以来的国家第三期人权事业的行动纲领。同前两期人权行动计划不同,第三个人权行动计划明确要求:鼓励新闻媒体广泛宣传行动计划的内容,并在行动计划的实施中发挥监督作用。

一、媒体应有更多的担当

第三期国家人权行动计划在充分肯定前两期人权行动计划①对于中国人权事业发展所发挥的巨大信息服务的功能,并促使中国特色社会主义人权事业迈上新台阶的同时,用清晰的语句实事求是地指出:应该看到,我国经济发展方式粗放,不平衡、不协调、不可持续的问题仍然突出,城乡区域发展差距仍然较大,与人民群众切身利益密切相关的医疗、教育、养老、食品药品安全、收入分配、环境等方面还有一些困难需要解决,人权保障的法治化水平仍需进一步提高,实现更高水平的人权保障目标

---

* 本文原刊于《新闻记者》2017 年第 3 期。
① 第一期《国家人权行动计划》和第二期《国家人权行动计划》分别于 2009—2010 年、2012—2015 年颁布实施。童兵关于这两期《国家人权行动计划》的评述文章分别见之于《新闻记者》2009 年第 6 期和 2012 年第 9 期。

尚需付出更多努力。

为此,新的人权行动计划要求在总结第一、二期《国家人权行动计划》实施经验的基础上,依据国家尊重和保障人权的宪法原则,遵循《世界人权宣言》和有关国际人权公约的精神,结合实施第十三个五年规划纲要,确定2016—2020年尊重、保护和促进人权的目标和任务。其中,对新闻权利和媒介责任也作了明确和具体的规定。

就公民的基本权利而言,人权计划从经济、社会和文化权利,公民权利和政治权利,特定群体权利三方面分别作出规定。

在经济、社会和文化权利方面,人权行动计划强调把保障人民的生存权和发展权放在首位,将增进人民福祉、促进人的全面发展作为人权事业发展的出发点和落脚点。自然,这也是向新闻传媒提出的要求,即在今后一段时间,同前两期人权行动计划一样,媒体要继续把人民的生存与发展问题作为自己关注和报道的重点。把握这样的新闻导向和报道重点,相信在今天不会有政治压力和法律障碍。因为早在20世纪90年代,我国政府就向联合国表示,承认和参加《经济、社会和文化权利国际公约》,我国立法机构于2001年批准加入该公约,并于2003年向联合国提交了首次履约报告,2010年又向联合国提交第二次国家履约报告。

中国政府还在实际工作中加大了缩小贫富差距、提升人民生活水准的力度。2016年开始的第十三个五年规划规定,到2020年国内生产总值和城乡居民人均收入比2010年翻一番,到2020年实现特色产业脱贫3 000万人,转移就业脱贫1 000万人,实施易地扶贫搬迁1 000万人,对其余完全或部分丧失劳动能力的贫困人口实行社保政策兜底脱贫1 000万人。实现现行标准下的农村贫困人口全部脱贫,贫困县全部摘帽。

在这样的开放态势下,今后经济、社会、文化发展方面的公开报道和评论分析,总体上看不会有太大的阻力。但还不能说,新闻传媒和新闻舆论工作就不必有所担当,就不会遇到困难。实际上,媒体对于政府的经济、社会和文化发展的方针政策的质疑与批评空间仍嫌狭小。比如,当前的发展阶段究竟是新常态还是转型期,敞开讨论仍有不便;当前的经济形势究竟是风险还是危机,大胆分析还有困难;供给侧改革究竟姓西还是姓马,会上议论尚可,报刊载文尚未见到;当前中国教育改革如何评价,文化产业如何布局,养老业能否作为产业大力推进,诸多问题,媒体公开报道和舆论放开辩论遇到的障碍还是不少。由此可以得出结论,为推进第三期《国家人权行动计划》的真正落实与顺利操作,在新闻改革上应有更大的动作,媒体也应有更多的担当。

二、期待有所突破

第三期《国家人权行动计划》在推进中国公民权利和政治权利建设方面,作了比前两期计划更全面、更开放的规划。第三期人权行动计划推进中国公民权利与政治权利建设总的思路是:深入推进依法行政,加强人权司法保障,扩大公民有序政治参与,切实保障公民权利和政治权利。公民权利与政治权利建设所规划的范围包括:人身权利,获得公正审判权利,宗教信仰自由,知情权和参与权,表达权和监督权。仔细分析行动计划对这五方面权利建设内容的设计,每一方面都同新闻舆论工作息息相关,都要求新闻舆论工作有相应的改革和跟进。

在人身权利方面,行动计划要求规范涉及公民人身的执法行为和司法行为。采取措施防范刑讯逼供。规范监管场所,保障各类被限制公民人身自由的权利。针对这些要求,中国这几年存在的问题之多、之严重,实令中国传媒汗颜,到今天仍有许多"欠债"未还;有一些案件至今没有公开报道,对有些未了的人与事没有做出连续报道,不少人对此还翘首以待。

在获得公正审判权利方面,行动计划要求尊重司法运行规律,建立以审判为中心的诉讼制度,提高司法公信力。行动计划提及的如确保法院依法独立行使审判权、规范司法解释和案例指导等11个部分,每个部分都同新闻传媒自身的公信力、透明度、公正性以及传播效果和功能紧密相关。从这个角度可以说,没有新闻传媒的公信力、透明度、公正性的改进和提升,在中国就不会有真正的司法公正。由此可见,中国传媒的担当和责任是多么重大!

在宗教信仰自由方面,《国家人权行动计划》要求提高宗教工作法治化水平,落实宗教信仰自由的宪法规定。从这些年新闻舆论工作看,中国传媒对宗教界的公益慈善活动的报道少了一点,对宗教界加强自身建设的支持少了一点,对宗教院校建设和宗教人才的培养几乎没有公开报道。在第三期《国家人权行动计划》的实施中,这些方面必须要切实改进和大力加强。从最近召开的中央宗教工作会议报道看,我们对此是有期待和信心的。

在知情权、参与权、表达权和监督权的"四权"建设方面,笔者认为,传媒从业人员和新闻研究人员首先应该弄清楚,为什么《国家人权行动计划》将我们所习惯的"四权"建设分为知情权和参与权以及表达权和监督权两组,分别加以规范。这两组权利在立法和司法方面有哪些不同?行动计划在陈述知情权和参与权一组权利的规划时强调,要多渠道多领域拓宽公民知情权的范围,扩展有序参与社会治理的途径和方式。在规范表达权和监督权一组权利时强调,要扩展表达空间,丰富表达手段和渠道,健全权力运行制约和监督体系,依法保障公民的表达自由和公民监督权利。从文字上看,前一组权利着重强调拓宽知情权范围,强调公民依法有序参与。后一组权利着重强调扩展表达权空间,健全监督体系。期待传媒业界和新闻学界在今后五年实施人权行动计划的实践中,对此有新的认知和新的体悟。

更为重要的是,新的人权行动计划对这两组权利的实施范围和空间的规范,比前两期人权行动计划更为具体、更有力度,也更加开放。在知情权和参与权方面,行动计划规定未来五年要进一步推进权力清单和责任清单公开,方便公民获取和监督。推行行政执法公示制度,加强互联网政务信息数据服务平台和便民服务平台建设,提高政务公开信息化、集中化水平。完善突发事件信息发布制度。推进警务、狱务、审判、检务公开。建立生效法律文书统一上网和公开查询制度。提高立法公众参与度,探索建立有关国家机关、社会团体、专家学者等对立法中所涉及的重大利益调整的论证咨询机制。落实人民陪审员、完善特约检察员和人民监督员等人民参与制度。发挥社会组织、乡规民约、行业规章等作用,确保民众有效参与民主管理。在表达权和监督权方面,强调依法保障公民互联网言论自由,继续完善为网民发表言论的服务,重视互联网反映的社情民意。建立对各级国家机关违法行为投诉举报登记制度,发挥社会监督作用。实行网上信访,保障公民依法诉求能够得到合理结果。修改行政复议法,加大对公务员违法违纪行为的检察力度。发挥报刊、广播、电视等传统媒体监督作用,重视运用和规范网络监督。依法保障新闻机构和从业人员的知情权、采访权、发表权、批评权、监督权。对人大、政协的监督协调作用以及审计监督,也作了更为开放、更易操作的规范。所有这些规范,几乎每一部分、每一条,都同新闻传媒的工作和改革紧紧相关。行动计划将倒逼新闻改革,在这里表现得格外显明。

令人兴奋和充满期待的是,第三期《国家人权行动计划》特别规定,要为尽快批准《公民权利与政治权利国际公约》创造条件①。

联合国大会于1966年通过《公民权利与政治权利国际公约》,并于1976年起生效。前述《经济、社会和文化权利国际公约》通常被称为国际人权A公约,本公约则被称为国际人权B公约。我国政府于1998年签署了B公约,但全国人大至今没有批准这一申请。究其原因,主要是这个公约有的条款在当下的中国执行起来不仅有难度,而且同一些现行中国法律有冲突。所以第三期《国家人权行动计划》提出要"继续推进相关法律准备,为批准《公民及政治权利国际公约》创造条件"。比如,B公约第十九条规定:(1)人人享有保持意见不受干预之权利。(2)人人有表达自由之权利。此种权利包括以语言、文字或出版物、艺术或自己选择的其他方式,不分国界,寻求、接受及传播各种消息及思想之自由。(3)本条第二项所载权利之行使,附有特别责任及义务,故得予以某种限制,但此种限制以经法律规定且为下列各项所必要者为限:A.尊重他人权利或名誉;B.保障国家安全或公共秩序,或公共卫生或风化。从这些规定可以看出,我国现行法律,特别是监管新闻舆论工作的相关法规政策要同《公民权利与政

---

① 第三期《国家人权行动计划(2016—2020)》提到该公约时将名称定为《公民及政治权利国际公约》,而一般法律文书均译为《公民权利与政治权利国际公约》,国务院新闻办负责人就此期人权行动计划答记者问时也将公民权利和政治权利分列,故本文从法律文书惯称,使用《公民权利与政治权利国际公约》。

治权利国际公约》接轨,确实有许多法律上的修改与建构工作要做,这些准备工作的完成目前尚有很大的难度。现在第三期《国家人权行动计划》将这项任务提上日程,是个极大的、可喜的突破。我们期待着最终的突破,能够在第三期《国家人权行动计划》实施期间,令中国加入《公民权利与政治权利国际公约》的最后程序走完并获得批准。

三、责任和使命

新闻传媒业在实施第三期《国家人权行动计划》中负有重要责任。作为社会生活宣传者、践行者和监督者的新闻传媒业,它要通过自己的传播和宣传,让全国人民了解这个计划,把握这个计划,并且带头实施和完成这个计划。同时,新闻传媒业还负有一种责任,要监督各方力量,包括各级政府和各级党委,不折不扣、严格按照计划的规范和要求实施好这个计划。

对于像中国这样的从事人权事业建设时间不长、经验不多、人权状况又较复杂的国家,关于人权意识、人权构成、人权特点、人权同新闻传媒的关系、新闻舆论工作者的人权知识修养与人权报道能力等等,有大量的研究工作和培训任务,等待着新闻业界与新闻学界去完成。

根据本文开头提到的《国家人权行动计划》对新闻媒体提出的要求,笔者认为在学习和实施第三期《国家人权行动计划》中,新闻业界和学界可以做四方面的工作:学习、教育、实施、监督。

认真仔细地学习第三期《国家人权行动计划》,正确认知第三期《国家人权行动计划》的目标、重点、原则和特点。同时为深入了解和把握第三期《国家人权行动计划》的新特点和新要求,还应该回顾从2009年开始的前两期《国家人权行动计划》,以便在此基础上有新的突破和新的发展。

新闻媒体应该针对政府和公民在《国家人权行动计划》实施中的不同认识和不同心态,开展深入的解释和教育活动。要强调把人权知识作为国民教育的重要内容抓紧抓实抓好。特别应该针对在校新闻传播学专业的学生,对他们进行较为系统的人权理论和人权实务的教育。有条件的新闻院校应建立人权报道专业,开展人权理论的研究,培养对人权事业有系统知识和较强的人权工作能力的新闻舆论工作者。

新闻业界和新闻学界应该成为实施新的《国家人权行动计划》的骨干,应该在落实经济、社会和文化权利,公民权利和政治权利,特定人群权利(少数民族、妇女、儿童、老年人、残疾人权利)的种种权利建设中起模范带头作用,要以马克思主义人权观反对一切违背人权法律和人权道德的言行。

新闻传媒业要根据《国家人权行动计划》的要求,加强对行动计划的学习、教育、实施的全程监督,加强对各级党委和政府实施人权行动计划的人权意识和人权工作的监督,加强对新闻媒体实施行动计划的自觉性和责任感的监督,加强对国民教育中纳入人权理论教育和新闻传播专业开展人权理论研究的监督。

对我国的新闻学理论与实务研究来说,人权理论和人权工作业务是一门较为生疏、缺少经验和案例、同国际交流合作很少的新的专业领域,充满着紧迫性和挑战性。我们应以光荣的使命感和高度的责任心,挑好人权理论研究、人权事业推进、国际合作开拓的重担,为第三期《国家人权行动计划》的有效实施提供充分的理论指导和舆论支持。

试析跨文化传播中的认识误区 *

从学理上说,跨文化传播(intercultural communication)指属于不同文化体系的个人、组织、国家之间所进行的信息传播与文化交流活动。跨文化传播的核心是它的"跨文化"。这种跨越不同文化体系的传播行为在其发生、发展的过程中,参与者不仅依赖自己的代码和编解码方式,而且同时也了解并参与对方的代码和编解码方式,是一种互动的传受活动。在这个过程中,输入方(个人、组织、国家)对输出方所提供的信息及其输出方式感到陌生和新异。因此,"跨文化"包括所有的自我特征和陌生新异性、认同感和奇特感、随和性和危险性、正常事物和新异事物一起对参与者的行为、观念、感情和理解力起作用的复杂关系。简言之,"跨文化"是指通过越过体系界限来经历文化归属性的所有的人与人之间的互动关系①。

"通过超过体系界限来经历文化归属性"这样一种传播行为,对于参与跨文化传播的各方,尤其是新异文化输入方来说,涉及同自己切身利益有关的许多问题:对新异文化输出方的文化代码、文化身份、习惯观念、行为方式的认同,新异文化输入后对本土文化可能出现的冲突及其利弊程度的预测,本土文化政策和文化心理的自我调适及内外文化的整合等等。

改革开放 26 年来,中国对于来自海外,尤其是来自西方发达国家的

---

* 本文原刊于《新闻大学》2004 年第 3 期。
① 参见马勒茨克:《跨文化传播》,潘亚玲译,北京大学出版社 2001 年版,第 31 页。笔者引用该书论述时按照自己的理解做了部分改动。

跨文化传播无论在文化政策、社会心理层面,还是在传播实务层面都发生着巨大的变动,取得了长足的进步。但在许多方面依然存在着认识上的误区,对一些基本问题还缺乏应有的共识。不纠正这些认识误区,难以应对全球化、市场化、文化多元化态势下跨文化传播的新局面,难以在日趋频繁、广度和深度都比以往有极大拓展的跨文化传播新浪潮中做到沉着主动、积极有效,也难以在跨文化传播中发展民族的文化产业和锻炼自己的从业队伍,出精品、出人才、出理论。

为此,笔者意欲通过拙文,就上述有关问题谈一些看法,以求教于各位学者。

一、跨文化传播不是"文化侵略"

有的学者把信息时代的全球化看作跨文化传播的必要前提。这种学术主张基于这样的理论假设:现代科学技术的发展与应用,使信息、事物和人的运动成本持续下降。这些成本的降低使产品战略、政治战略和市场战略得以实施,而以前由于高昂的通信代价这些战略是不具可行性的。

然而笔者更赞成这样的看法:在新闻业进入技术高度发展的20世纪之前,跨文化新闻传播就作为一种精神交往现象而存在了,它不是现时代特有的景象,不是仅仅由卫星技术、网络技术等现代技术制造出来的"人体延伸"景观,而是植根于人的物质生活的生产与精神交往需要的历史现象①。

一部中国历史,就足以为上述观点作佐证。我们不说张骞通西域、郑和下西洋、海陆两条丝绸之路连结欧亚各国这些铭记于史书的古代跨文化传播的个案;也不说玄奘印度取经、马可·波罗游历中国等发生于千年前后接受跨文化传播的事例;就说1815年英国人马礼逊、米怜在马六甲编辑出版《察世俗每月统记传》,1822年葡萄牙人安东尼奥在澳门编辑出版《蜜蜂华报》,这两份报刊都是以信息传递为手段并且使用中文的典型的跨文化传播。这两份报刊的先后问世,依笔者所见,主要还不是科学技

---

① 参见单波:《浅议跨文化新闻传播》,《湖北大学学报(哲学社会科学版)》2003年第2期。

术发展使然,而是英国人和葡萄牙人有传播的需求和南洋华人或澳门华人有接受传播的需求,后者是这两份报刊出版的动因。

从地缘政治看,中国地貌呈现西高东低的特点:东北、西北、西南或为高山峻岭,或为沙漠戈壁,唯东南是连绵一万八千公里的海岸线。因此,历代封建统治者均实行禁海政策。在他们看来,只要守住沿海,中国就固若金汤。朱元璋在洪武十四年下令"禁濒海民私通海外诸国"。到嘉靖(1522—1566)年间,英国都铎王朝大力实行拓海政策的时候,中国的海禁达到登峰造极的地步,朝廷以严刑峻法镇压敢于出海通商的国人。在这种严密的控制下,要想实施跨文化传播,自然难似上青天。

及至今日,不少人对于外人来华举办新闻事业,仍然认定其为"文化侵略"、"文化征服",仍主张继续奉行"经济上可以开放,文化上严守国门"的政策。他们对于政府加入WTO之后,根据承诺批准一部分跨国公司来华开办新闻事业,实施跨文化传播的做法,明确地表示不满。

其实,倒退200年看,即便是19世纪外国人来华办报刊,也应作具体分析。一部分外人出于"征服中国人的心"而来华办报。这种征服,是一种宗教的征服、文化的征服。上面提到的米怜,他谈到来华办报的目的时说,为了"阐扬宗教"。有人问马礼逊:"中国六亿兆,先生思化之乎?"这位传教士回答:"余不能,然上帝能之。"创刊于1833年的《东西洋考每月统记传》被选为"在华实用知识传播会"机关报,该会宣称自己的办会宗旨是:"在将这个天朝王国带进世界文明民族联盟的一切努力失败之后,看它是否会屈服于智力的大炮,给知识以胜利的棕榈枝。"①

但另有一些报刊并不抱有上面的目的,甚至包括上面提到的意欲征服中国人的心的这些报刊在中国实施了跨文化传播后的实际效果,对于中国来说也不能简单地说它们是"文化侵略"。台湾学人李瞻先生对此有公正的评价,他说:

> 中西文化交流,虽汉唐有之,然交融会合,则自基督教东来始。外报本为外人在华传教、经商之媒介,惟至鸦片战争前后,我国朝野

---

① 参见《中国丛报》1834年第3卷。

对当时之世界,仍属懵懵懂懂。故外报侵入后,对我国社会及国人之观念,均有重大深远之影响,兹举数点如下。

1. 外报为我国近代报业及政论报纸之序幕;

2. 外报对我国近代思潮具有启蒙作用,进而促成清末"维新"及"革命"运动;

3. 外报注重工商业之报道及其发展,直接刺激我国近代工商业之诞生;

4. 外报主张废除科举,建立新式教育制度,此有助于清末教育制度之改革;

5. 外报鼓吹科学新知,直接引起国人对科学研究之兴趣。

上述均外报之功绩。然外报系以本国利益为前提,言论鲜难符合我国之利益。又因我国处于次殖民地之地位,固常常因外报淆乱视听,挑拨离间,而妨碍国策,动摇国本,尤其因外报遍布我国,操纵我国舆论,此对我国民族自信心之戕丧,实在无法估计。[①]

根据以上分析,我们可以得到下面几点结论:跨文化传播实际上是一柄双刃剑,出自不同文化体系的异类文化进入,固然难免有不服本土文化的"水土",甚至会同本土文化产生碰撞冲击,但对它可能产生的积极作用和正面影响,应有足够重视和实事求是的评价。

跨文化传播得以顺利实施,一切现代科学技术的利用固然不可缺少,但更为重要的是政治的开放和传播管制的宽松。输入国对于通过跨文化传播而进入的异类文化,要有足够的消化能力,用其长,避其短,使之为我所用,采用禁止围堵的政策是不可取的。

同 20 多年前相比,今天的中国对于西方文化的传入,无论社会心理还是消化机制,已有很大强化。对此,我们应有信心。我们应该摈弃那种把跨文化传播简单地看作"文化侵略"的看法,从一听到"跨文化传播"就视同"和平演变"的认识误区中解脱出来。

---

① 李瞻:《世界新闻史》,台湾"国立政治大学"新闻研究所 1966 年版,第 948 页。

二、重视西方政治文明的积极功能

通过跨文化传播而为中国受众收受的文化信息中,政治文化是一种十分重要的亚文化。如何正确评价西方政治文化?邓小平在一次会议上有一段意味深长的讲话:

> 我们今天再不健全社会主义制度,人们就会说,为什么资本主义制度所能解决的一些问题,社会主义制度反而不能解决呢?这种比较方法虽然不全面,但是我们不能因此而不加重视。斯大林严重破坏社会主义法制,毛泽东同志就说过,这样的事件在英、法、美这样的西方国家不可能发生。他虽然认识到这一点,但是由于没有在实际上解决领导制度问题以及其他一些原因,仍然导致了"文化大革命"的十年浩劫。①

邓小平的这段话以及他所转达的毛泽东的看法,表明了党的两代领导核心这样几个观点:一是英、法、美这些发达的西方国家,在政治文明制度建设上,有比中、苏这样的社会主义国家高明的地方(当然不是全部,而是其中有生命力的部分),我们不要轻易否定资本主义国家政治文明建设的做法与经验。二是对于一个国家来说,光有正确的观点是不够的,还必须落实到行政程序和行政实践上,使政治文明理论真正演变为政治文明实践。

了解西方发达国家政治文明建设的理论观点和实践经验,有许多途径。这些年中央组织干部部门组织各地干部去发达国家考察即是方法之一。但是,其中较为方便、有效而成本又不高的方法,是广泛运用跨文化传播。而要能够这样做,一个重要的前提是,为跨文化传播敞开大门(不言而喻的是,要成功地完成双边或多边谈判,输出国要遵守相关的国际法和中国的国内法),同时,允许政治文化作为跨文化传播的重要内容,改变目前一些已进入的海外传媒只能播出娱乐类节目的状况。但是,一谈到这里,我们马上就会碰到一系列认识上的误区。

---

① 邓小平:《党和国家领导制度的改革》,《邓小平文选》第二卷,人民出版社1994年版,第333页。

这首先就是对"大众传媒"、"传播"等基本概念是否认同。14年前，就有人在一张大报上对这些名词大加挞伐。这些年情况有所好转，但仍有人顽固地坚持陈旧落后的观念不放。2003年，当政治局委员同专家学者一起学习文化产业知识的时候，有人几乎同时对新闻传媒的文化产业性质提出了指责和批评。

其次是分清跨文化传播同国家安全、国家主权的相互关系。因为有人认为，实施跨文化传播，就是让西方国家的意识形态进入我方"舆论阵地"，就是拱手听便西方国家对我进行"西化和洋化"，实行"和平演变"。

如前所述，跨文化传播既是一柄双刃剑，就有可能对国家安全和国家主权构成挑战。美国有个传播学者在美国报纸上公开讲过这样的话："西方世界为寻求瓦解共产主义的方法，花费了半个世纪的时间和亿万美元，却忽然发现答案就在电视新闻里。这些新闻使苏联和中国人开了眼界，他们于是起来要求民主、自由。这就是这两个国家发生动乱的原因。"[①]这篇报道，对美国政府利用跨文化传播的政治阴谋暴露无遗。第二次世界大战以来的无数事实表明，信息是一种战略资源，谁在跨文化传播中掌握制导权，谁就在制度竞争、国家竞争和人心竞争中占有主动性。

这只是问题的一个方面。全面考察跨文化传播可以发现，实施这种传播的主体常常有两种媒介集团。一种是国家传媒集团，一种是国际传媒大亨控制的跨国传媒公司。后者以赢利为主要追求，它与国家传媒集团主要区别是，它要占据世界传媒市场的最大份额，而国家传媒集团则主要为了夺取国际传播中的话语权和政治影响力。换言之，跨国公司的意识形态导向较之国家传媒集团来说，要少得多，次要得多。中国加入WTO以来批准进入的主要是国际传媒集团，而且对方对于进入自律都是有所承诺的。这些国际传媒公司的进入，对于国家安全不会造成威胁。

国家主权是个庄严的字眼，是一个国家的生命。在国际关系准则中，国家主权受到尊重和保护。联合国和平利用外层空间委员会宣布，直接的广播活动的发展应以尊重它国主权为基础。联合国大会第3148号决

---

① 参见《华盛顿邮报》1989年5月24日报道。

议(1973年)指出,各国拥有根据自己的情况与需要,来制定和实施增进其文化价值和民族遗产的政策与措施的主权。这是在法理方面,而在实际上,随着跨国金融流通、国外电子市场以及世界范围的文化产品销售等推动的全球化进程,各国独立的决策能力正在受到影响。也就是说,全球化的加剧,削弱了国家主权。布朗特兰委员会曾指出,世界各国在生态上和经济上越来越强地相互依赖,给目前的国家主权概念带来了挑战①。联合国教科文组织在1998年首次发表的《世界文化报告1998》也有类似的看法。这个报告说,由于国家的政策和机构日益被全球金融市场所制约,财政和劳工管理要屈从于国际竞争规则,国家主权的概念在逐渐地减退,国家控制文化的权力正在被削弱,而分权于国际组织、国内组织和国民个人②。

之所以会出现跨文化传播同国家主权两者之间的落差,以笔者之见,首先主要是因为,跨文化传播的理论前提是文化的多元化,以及人们对那些普世性文化准则的认同和尊重。孤独的文化是要消亡的。其次是因为,文化共存是通用的全球规范。随着多元文化的发展和文化管理的民主化,要求国家分权给一些国际组织、学术团体和文化人士。在跨文化传播中,这种分权是十分正常的。

当然,我们不应该说,跨文化传播同国家主权是根本对立的。这两者,既有冲突的一面,又有互存的一面。有的时候,强化国家主权不仅不会妨碍,而且还有助于跨文化传播的健康发展。这是因为,作为当代跨文化传播主体的跨国传媒公司同其所在国家保持着总体上的共生关系,国家主权有利于跨国公司避免建立有可能控制其商业行动的真正的超国家管理机构。同时,国家主权也有利于维持各种跨文化传播的平衡发展和公平竞争。

总之,在认识和分析西方国家政治文明功能的利弊方面,我们对于其功能的有利一面应有积极的评价。对于跨文化传播对国家安全和国家主权可能带来的损害要保持警惕,但同时又应该清楚,当代实施跨文化传播

---

① 希斯·哈姆林克:《全球化、主权与国际传播》,李银波译,《现代传播》2002年第5期。
② 参见联合国教科文组织:《世界文化报告(1998)》,北京大学出版社2000年版,第136页。

的两大主体中,跨国公司是最大的主体。跨国传媒公司的主要追求是市场和利润的最大化,主要不是争夺话语权和政治影响力。我们要在这种考察与评价中建构跨文化传播的基本立场,克服认识误区,争取化害为利,避害趋利,并且创造条件,让我们自己的传媒走出国门,实施对西方发达国家的跨文化传播。

三、积极探索跨文化传播的规律

这也许是一组比较陈旧的数字,但依然可以说明问题。

就国际广播而言,美、英、德、法等西方国家在中国周边的10个国家部署了26个广播发射基地,形成了一个对中国四面包抄的广播发射网。

在电视方面,全世界目前有卫星电视节目300多套,其中一半以上来自美国。全世界共有137个国家接收美国的CNN昼夜新闻节目。

许多国家为建设国际互联网投入大量资金。日本的"曼达罗计划",准备投入45万亿日元,到2010年力争使日本成为第一流的信息大国。欧盟计划10年投入1 200亿美元实现"神经网络计划"。新加坡也有"智能岛计划"。由美国的信息高速公路计划领头,德、法、英等国也都先后推出各国的信息高速公路计划[①]。

这样,西方国家在广播、电视、国际互联网以及书、报、刊等领域全方位构筑起对中国完整的、周密的跨文化传播网。

自改革开放以来,遵循邓小平关于加强国际宣传,为中国现代化建设创造良好的国际舆论环境的指示,我们积极开展跨文化传播,取得了一定的成绩。但同西方发达国家强大的跨文化传播能力相比,我们还是相当弱小的。资料表明,世界上有三分之二的消息来源于只占世界人口七分之一的西方发达国家。世界上每天传播的国际新闻大约80%来自西方大通讯社。西方发达国家流向发展中国家的信息量,是发展中国家流向发达国家的100倍。在国际互联网流通的信息中,使用英语的占90%,法语占5%,西班牙语占2%,包括汉语在内的其他许多语种只占3%。在跨文

---

① 此处数据大部分来自夏林:《传媒全球化时代的国家安全》,《中国传媒报告》2003年第1期。

化传播中,西方发达国家的传媒业无论数量、覆盖面、信息量,还是社会影响力方面,均据主导地位①。

西方发达国家的这种明显的优势,除了它们拥有雄厚的资金之外,把跨文化传播作为一门学问,重视发现和驾驭跨文化传播的规律,也是十分重要的原因。据学者杨瑞明介绍,早在20世纪初,文化人类学者在文化传播研究中即开始注意到不同文化传播与文化族群之间的相互影响。他们发现,不仅在同一文化体系内人们互相沟通时有时会产生误解;在不同文化体系的互动交往中,尤其是人们试图跨越那些价值体系差异较大的文化进行沟通时,产生误解的机会就更多,误解的程度也更大。这不仅给人与人之间带来心理情感的隔膜和文化身份的疏离,而且还引起文化族群之间的关系失谐和冲突。1959年,美国文化人类学者霍尔在其著作《无声的语言》中第一次使用了"跨文化传播"这一术语。20世纪后半期以来,随着经济全球化的发展,以及传播科技促进下全球文化交流的日益频繁,跨文化传播已成为广泛涉及各个社会领域的一种社会行为。目前,对跨文化传播的研究沿着微观和宏观两个层面展开。在微观层面,人们着重于对有效传播及沟通能力、行为调适能力的探索;在宏观层面,则致力于不同文化间的理解和对话的研究,以寻求消除因文化差异造成的传播歧义和文化冲突的途径与策略②。

相比之下,中国既没有西方国家这样大规模的跨文化传播活动,也没有在学术研究中达到西方业已达到的深度。

同时,我国对于国际上同跨文化传播相关的研究动态和已达成的共识了解也少,吸纳其中的研究成果更少。1998年联合国教科文组织的《世界文化报告1998》明确指出,经济全球化对文化的发展产生了巨大和深远的影响,文化正在成为一种主导产业。参与这个报告写作的法国作者说:"本世纪末有两个变化:文化产业和世界经济。"日本作者说:"预计,伴随传媒工业的增长,文化部门不久将会发展成日本经济中最大的部门之一。

---

① 这些数据除互联网部分来自国务院新闻办一位负责同志报告外,其他均来自夏林的论文《传媒全球化时代的国家安全》。
② 参见杨瑞明:《跨文化传播》,《新闻传播》2003年第3期。

由于艺术和文化构成了传媒节目的主要部分,传媒政策将在文化政策的发展方面发挥重要作用。文化的发展只是为了文化的看法,正在日益难以维持。"①而当国际上正以这样的共识讨论文化产业时,国内还在为文化是不是产业激烈争论,个别主管部门的领导人甚至还公开指责主张文化是产业的论文作者。

由此看来,要想中国的跨文化传播有根本的改观,必须先做一番相关的学识启蒙和教化工作。这令笔者想起邓小平在《坚持四项基本原则》一文中提到的一个判断:"我们已经承认自然科学比外国落后了,现在也应该承认社会科学的研究工作(就可比的方面说)比外国落后了。"②从跨文化传播研究来看,邓小平的这一评价是相当准确的。江泽民在十六大报告中也提出,要坚持"引进来"和"走出去"相结合,全面提高对外开放水平。为提高我国跨文化传播的规模及水平,我们既要引进和学习西方国家先进的理论,又要走出去了解和掌握人家成功的经验。同时,还要及时总结自己的经验教训。中央主管思想意识工作的负责同志最近在谈到研究马克思主义时指出,必须正确地回答哪些是必须长期坚持的马克思主义基本原理,哪些是需要结合新的实际加以丰富发展的理论判断,哪些是必须破除的对马克思主义的教条式的理解,哪些是必须澄清的附加在马克思主义名下的错误观点,用科学的态度对待马克思主义。对于我国已有的跨文化传播的理论、观点和规定,也应取这样的态度和方法。

当代世界各国激烈的综合国力竞争,不仅包括经济实力、科技实力、国防实力等方面的竞争,还包括文化实力、信息传播实力的竞争。经济全球化的迅速发展,不仅促进着货物、服务、资金、人力、信息等在各地和各国的频繁流动,而且带来了思想意识、价值观念、思维方法和行为方式在全球范围的碰撞和冲击。就跨文化传播而言,我们不仅在设施、资金、人力等方面总体上处于劣势,在价值取向、话语权、文化体系、操作机制等方面也面临着巨大压力。作为世界上最大的发展中国家,我们必须高扬自己的文化理想,又不失时机地把世界各国尤其是西方发达国家的先进理

---

① 联合国教科文组织:《世界文化报告(1998)》,北京大学出版社 2000 年版,第 28、136 页。
② 邓小平:《坚持四项基本原则》,《邓小平文选》第二卷,人民出版社 1994 年版,第 181 页。

论和成功经验吸纳过来,在世界文化交流和竞争中把我国建设成文化强国,成为全球跨文化传播的主力军,使中国文化不仅在中国人民中间,而且在全世界人民中间都具有强大的吸引力、感召力和影响力。

参考文献

[1]《邓小平文选》第二卷,人民出版社1994年版。
[2]《十六大报告辅导读本》,人民出版社2002年版。
[3] 马勒茨克:《跨文化传播》,潘亚玲译,北京大学出版社2001年版。
[4] 联合国教科文组织:《世界文化报告(1998)》,北京大学出版社2000年版。

经济全球化、跨文化传播和
本土传播政策的调适*

一

"经济全球化"的概念,出现于20世纪80年代,意指在市场力量的推动下,全球正实现着整体性的经济变动与发展。换言之,随着全世界社会经济和科学技术的高速发展,各国、各地区之间的经济联系与相互依存日益紧密,一个开放的世界市场正在加速形成。今天,在经济全球化的态势下,任何一个国家和地区都必须从全球经济大局出发,规划和实施自己的发展战略和经济目标。

经济全球化是20世纪最后20年世界经济变动和经济发展的最终结果。全球货币市场,每天的成交额达1万亿美元。12家跨国公司,掌控着世界食品生产行业的主体。500家公司控制着33%的全球国民生产总值、75%的世界贸易。世界上有7 500万人就职于外资公司,美国境外至少有2 500万人在为美国公司工作,其中1 200万人来自发展中国家[①]。

受到经济全球化影响的一个重要领域是各国、各地区的本土文化。经济全球化浪潮直接冲击和制约着本土文化的消长、开放与融合。其中一个突出的景观是:富国文化向穷国文化的单向倾斜。据联合国开发计划署(UNDP)2000年发表的《人文发展报告》披露,美国大众文化——电

---
* 本文原刊于《新闻爱好者》2005年第12期。
① 据英国《焦点》杂志2000年8月号报道。

影、音乐和电视——主导了世界。1997年,好莱坞影片在全世界的票房收入超过300亿美元,《泰坦尼克号》一片独占18亿美元。近几年的统计表明,英语在互联网上的优势是其他语言无法匹敌的。互联网上的信息,90%使用英语,5%使用法语,2%使用西班牙语,包括汉语在内的众多国家的语言仅占3%。墨西哥过去每年摄制100多部影片,而现今的年产量却不到10部。中国历年电影放映的热潮,都是由进口大片掀起的。据中美达成的中国加入WTO的协定,美国每年可以向中国出口20部影片。难怪伦敦经济学院的安尼·吉登斯教授说,这种不平等的文化交流表明,世界坠入了一种崭新的全球秩序,所有的人都已经感觉到了它所带来的影响。UNDP的报告公正地指出,当今的文化传播已打破昔日的平衡,呈现从富国向穷国传播一边倒的趋势。

其实,对于目前已呈汹涌澎湃之势的经济全球化潮流的必然性的预见,早在19世纪乃至更早的18世纪就出现了。马克思和恩格斯在1848年2月出版的《共产党宣言》中就以天才的洞察力和鲜明的语言,向人们揭示了经济全球化的未来。他们指出:

> 大工业建立了由美洲的发现所准备好的世界市场。世界市场使商业、航海业和陆路交通得到了巨大的发展。这种发展又反过来促进了工业的发展,同时,随着工业、商业、航海业和铁路的扩展,资产阶级也在同一程度上得到发展,增加自己的资本,把中世纪遗留下来的一切阶级排挤到后面去。
>
> 不断扩大产品销路的需要,驱使资产阶级奔走于世界各地。它必须到处落户,到处开发,到处建立联系。①

随着经济全球化对中国的撞击,包括新闻文化在内的西方文化也跟着货物贸易和坚船利炮步步深入进入中国。受到西方新闻文化的碰撞和融合,原本根基不固的中国新闻文化发生了很大的变化。传统的政党报刊向现代政党报刊转移,新型的同西方大众化报纸较为接近的民间报纸登台亮相。中国的报纸,从内容到形式都有了不小的改观,但总体而论,

---

① 马克思、恩格斯:《共产党宣言》,《马克思恩格斯选集》第1卷,人民出版社1995年版,第273、276页。

中国新闻文化始终以自身的理念和方式缓慢地演进着。这一方面是由于中国历来在"体用取向"上毫不动摇地坚持中学为体、西学为用的定规;另一方面则是由于"老师总是欺侮学生"的无数事实时时告诫国人,对于外来文化要十二倍地小心。再就是长年的战乱妨碍了中国经济同世界经济的接轨。国共两党及其政权分别集结于美国资本主义阵营和苏联社会主义阵营,也影响着同经济全球化更多地靠近,妨碍着中国新闻文化同西方新闻文化相似观点的形成和发展。

这种情况直到1978年以后才有重大突破。邓小平在一次讲话中强调指出:"社会主义要赢得与资本主义相比较的优势,就必须大胆吸收和借鉴人类社会创造的一切文明成果,吸收和借鉴当今世界各国包括资本主义发达国家的一切反映现代社会化生产规律的先进经营方式、管理方法。"①

邓小平这里说的文明成果,既包括经济,又包括文化。他在另一次讲话中讲得更为明确:"我们已经承认自然科学比外国落后了,现在也应该承认社会科学的研究工作(就可比的方面说)比外国落后了。我们的水平很低,好多年连统计数字都没有,这样的情况当然使认真的社会科学的研究遇到极大的困难。因此,我们的思想理论工作者必须下决心,急起直追,一定要深入专业,深入实际,调查研究,知彼知己,力戒空谈。四个现代化靠空话是化不出来的。"②

邓小平领导的中国,利用经济全球化的大潮,在国民经济领域展开了全面的改革。在市场经济建设的过程中,中国的新闻文化建设也有所突破,取得了新的进展。中国的新闻文化,无论是新闻观念中的诸如新闻价值、新闻特性,还是新闻运作中的双向传递、沟通对话、新闻新秩序,以及新闻体制调整中的所有权、经营权、管理权等的转型与演革,都同经济全球化和西方新闻文化的深刻影响是分不开的。从某种意义上可以说,今天中国新闻文化的变动,今天中国跨文化传播的重大发展,正是经济全球化冲击与推动的结果。

---

① 《邓小平文选》第三卷,人民出版社1993年版,第373页。
② 《邓小平文选》第二卷,人民出版社1994年版,第181页。

二

跨文化传播指属于不同文化体系的个人、组织、国家之间所进行的信息传播与文化交流活动。跨文化传播的核心是它的"跨文化"。这种跨越不同文化体系的传播行为在其发生、发展的过程中,参与者不仅依赖自己的文化代码和编解码规则,而且同时也必须了解并掌握对方的文化代码及编解码规则,是一种互动的传受活动。简言之,"跨文化传播"是指通过越过体系界限来经历文化归属性的人与人之间的互动关系①。

有的学者把信息时代的全球化看作跨文化传播的必要前提。这种学术主张基于这样的理论假设:现代科学技术的发展与应用,使信息、事物和人的运动成本持续下降,而成本的降低则使产品战略、政治战略、市场战略得以实施。在以前,由于高昂的通信代价,这些战略是难以实施的。

其实,早在新闻传播业进入技术高度发展的20世纪之前,跨文化传播就已经作为一种精神交往现象而面世。它不是现时代特有的景象,不是由卫星技术、网络技术等现代技术制造出来的"人体延伸"景观,而是根植于人的物质生活的生产与精神交往需要的普遍的历史现象②。

一部中国历史,可以为上述观点佐证。我们不说张骞通西域、郑和下西洋、海陆两条丝绸之路连结欧亚各国这些铭记于史书的古代跨文化传播的个案;也不说玄奘印度取经、马可·波罗游历中国等发生于千年前后接受跨文化传播的事例;就说1815年英国人马礼逊、米怜在马六甲编辑出版《察世俗每月统记传》,1822年葡萄牙人安东尼奥在澳门编辑出版《蜜蜂华报》:这两份报刊都是以信息传递为手段,并且使用中文的典型的跨文化传播。这两份报刊的问世,依笔者所见,主要还不是科学技术发展使然(当然,现代印刷术在这里十分重要),而是英国人和葡萄牙人有传播的需求以及南洋华人、澳门华人有接受传播的需求,后者才是这两份报刊出

---

① 笔者这里对跨文化传播的概述参阅了马勒茨克:《跨文化交流》,潘亚玲译,北京大学出版社2001年版,第31页中的相关论述。
② 相似观点可参阅单波:《浅议跨文化新闻传播》,《湖北大学学报(哲学社会科学版)》2003年第2期。

版的真正动因。

在中外跨文化传播的历史上,中国曾经有过骄人的记载。以中日之间的文化交流为例,其间有过三次高潮。第一次在唐代,日本朝廷于公元630—894年间曾先后派来遣唐使13批,每批包括大使、副使、留学生、留学僧及随员多名,学习中国的典章制度和文物知识。这是华夏文化东渡扶桑的光辉记录。第二次是辛亥革命前后。日本由于明治维新成功,向西方资本主义学习,政治革新,经济腾飞,学术大兴。中国许多有识之士东赴日本,刻意效法,期待在中国实行维新改革,推进洋务运动。这次交流以日本文化西移为特征。第三次是中国改革开放以来的20多年。同前两次不同,这20多年来中日文化交流以交互性很强为特征,中日两国文化互相学习、扬长避短,既有许多中国学人东渡日本,也有不少日本学者西来中国,研究切磋,实现着日益深入的跨文化传播。

中西文化交流,虽汉唐有之,然真正实现交融会合、互动共进,则自基督教东来始。前面提到的外报外刊,主要还是外人在华传教、经商之媒介,我国朝野对于当时之世界,直至鸦片战争前后,仍属懵懵懂懂。台湾学人李瞻教授对外报予中国的巨大影响,有较为详全的论述。他指出:

1. 外报为我国近代报业及政论报纸之序幕;

2. 外报对我国近代思潮具有启蒙作用,并最终促成清末维新及革命运动;

3. 外报注重工商业之报道,直接刺激我国近代工商业之诞生;

4. 外报主张废除科举,建立新式教育制度,此有助于清末教育制度之改革;

5. 外报鼓吹科学新知,直接引起国人对科学研究之兴趣。

李瞻也分析了当时外报对于我国的危害。他说,外报系以本国利益为前提,言论鲜难符合我国之利益。又因我国处于次殖民地之地位,故常常因外报淆乱视听,挑拨离间而妨碍国策,动摇国本,尤其因外报遍布我国,操纵我国舆论,此对我国民族信心之戕丧,实在无法估计①。

---

① 李瞻:《世界新闻史》,台湾"国立政治大学"新闻研究所1966年版,第948页。

根据以上分析,我们可以得出以下几点结论:

跨文化传播实际上是一柄双刃剑。出自不同文化体系的异类文化进入,固然难免有不服本土文化的"水土",甚至会同本土文化产生碰撞冲击,但对它可能产生的积极作用和正面影响,应有足够重视和实事求是的评价。

跨文化传播得以顺利实施,一切现代科学技术的利用固然不可缺少,但更为重要的是政治的开放和传播管制的宽松。输入国对于通过跨文化传播而进入的异类文化,要有很强的消化能力,取其长,避其短,使之为我所用,采取禁止围堵的政策是不可取的。同20多年前相比,今天的中国对于西方文化的传入,无论社会心理还是消化机制,已有很大改变。对此,我们应有信心。我们应该摈弃那种把跨文化传播简单地看作"文化侵略"的看法,从一听到跨文化传播就视同"和平演变"的认识误区中解脱出来。

通过跨文化传播而为中国受众收受的各类文化信息中,政治文化是其中一种十分重要的亚文化。如何正确地评价西方政治文化?邓小平在一次会议上有一段意味深长的讲话:

> 我们今天再不健全社会主义制度,人们就会说,为什么资本主义制度所能解决的一些问题,社会主义制度反而不能解决呢?这种比较方法虽然不全面,但是我们不能因此而不加重视。斯大林严重破坏社会主义法制,毛泽东同志就说过,这样的事件在英、法、美这样的西方国家不可能发生。他虽然认识到这一点,但是由于没有在实际上解决领导制度问题以及其他一些原因,仍然导致了"文化大革命"的十年浩劫。[①]

邓小平的这段话以及他所转达的毛泽东的看法,表明了党的两代领导核心这样几个观点:

第一,英、法、美这些发达西方国家,在政治制度建设上,有比中、苏这样的社会主义国家高明的地方(当然不是全部,而是其中正确的、有生命

---

① 参见邓小平:《党和国家领导制度的改革》,《邓小平文选》第二卷,人民出版社1994年版,第333页。

力的部分),我们不要轻易否定这些国家的一些有用的经验,而应实行"拿来主义"。

第二,对于一个国家来说,光有正确的认识是不够的,还必须落实到制度建设和立法程序上,使政治文明理论真正变为政治文明实践。

了解西方发达国家政治文明建设的理论观点和实践经验,有许多途径。这些年中央组织干部部门召集各地干部去发达国家考察即是方法之一。依笔者之见,其中较为便捷、有效且成本又不高的方法,是广泛运用跨文化传播。而要能够这样做,一个重要的前提是,为跨文化传播敞开大门。同时,允许政治文化作为跨文化传播的重要内容,逐步改变目前一些进入的海外传媒只能播出娱乐类节目的状况。

我国要下决心、发韧劲,经过一段时间的努力,改变目前跨文化传播中海外文化入超而本土文化无法进入对方领土的落后状态。就国际广播而言,美、英、德、法等西方国家在中国周边的 10 个国家部署了 26 个广播发射基地,形成了一个对中国四面包抄的广播发射网,而我们自己的广播在世界上的声音相当弱小。在电视方面,全世界目前有卫星电视节目 300 余套,其中一半以上来自美国。全世界有 130 多个国家接收美国 CNN 昼夜新闻节目。中国各地每天播出的电视节目有三分之一购自海外电视节目制作机构。许多国家为互联网建设投入大量资金,日本的"曼达罗计划",准备投入 45 万亿日元,到 2010 年力争使日本成为第一流信息大国。欧盟计划 10 年投入 1 200 亿美元实现"神经网络计划"。新加坡也有"智能岛计划"。由美国的信息高速公路计划领头,德、法、英等国也都先后推出自己的信息高速公路计划①。这样,西方国家在广播、电视、国际互联网以及书、报、刊等领域全方位构筑起对中国完整的、周密的跨文化传播网。

自改革开放以来,遵循邓小平关于加强国际宣传,为中国现代化建设创造良好的国际舆论环境的指示,我们积极开展跨文化传播,取得了一定的成绩。但同西方发达国家强大的跨文化传播能力相比,我们还是相当弱小的。资料表明,世界上有三分之二的消息来源于只占世界人口七分

---

① 此处数据大部分来自夏林:《传媒全球化时代的国家安全》,《中国传媒报告》2003 年第 1 期。

之一的西方发达国家。世界上每天传播的国际新闻大约80%来自西方大通讯社。西方发达国家流向发展中国家的信息量,是发展中国家流向发达国家的100倍。在跨文化传播中,西方发达国家的传媒业无论媒体总量、覆盖面、信息量,还是社会影响力,均居主导地位。

总之一句话,跨文化传播于国于民都占有重要意义。不断通过学术研究、产业化建设和提供政策支持来大力推动中国的跨文化传播,是当前亟待加强的一项不可等闲视之的重要工作。

三

面对经济全球化的汹涌大潮,面对西方国家跨文化传播的巨大优势,中国当前首先要做的是调整本土传播政策,使之同经济全球化合拍,同跨文化传播适应。

我国实行改革开放基本国策以来,不断有西方传媒进来。加入WTO以后,外国传媒进入的数量与规模有很大发展。但及至今日,依然有一些人对于西方来华举办新闻传媒,仍视其为"文化侵略",仍主张继续奉行"经济上适当开放,文化上严防死守"的政策。

其实,倒退200年看,即使对19世纪外国人来华办报,也应作具体分析。一部分外人确是出于"征服中国人的心"而来华办报。这种征服,是一种宗教上的征服、文化上的征服。前面提到的米怜,他谈到来华办报的目的时说,为了"阐扬宗教"。有人问马礼逊:"中国六亿兆,先生思化之乎?"这位传教士回答:"余不能,然上帝能之。"创刊于1833年的《东西洋考每月统记传》被选为"在华实用知识传播会"机关报,该会宣称自己的办会宗旨是:"在将这个天朝王国带进世界文明民族联盟的一切努力失败之后,看它是否会屈服于智力的大炮,给知识以胜利的棕榈枝。"[1]

另有一些报刊则并不抱有上面的目的。对于这些报刊,不能简单地说它们是"文化侵略"。前文引述的李瞻先生对外报若干作用的分析,取的就是这样一种客观评价的立场。

---

[1] 参见《中国丛报》1834年第3卷。

对于跨文化传播同国家安全、国家主权的关系,也应有正确的认识和相应的政策。有人认为,实施跨文化传播,就是让西方国家的意识形态进入我方"舆论阵地",就是拱手听便西方国家对我进行"西化"、"洋化",实行"和平演变"。

诚然,如前所议,跨文化传播是一柄双刃剑,它有可能对国家安全和国家主权构成挑战。美国有个传播学者在美国报纸上公开写过这样的话:"西方世界为寻求瓦解共产主义的方法,花费了半个世纪的时间和亿万美元,却忽然发现答案就在电视新闻里。这些新闻使苏联和中国开了眼界,他们于是起来要求民主、自由。这就是这两个国家发生动乱的原因。"①这篇文章,对美国政府利用跨文化传播的政治阴谋暴露无遗。第二次世界大战以来的无数事实表明,信息是一种战略资源,谁在跨文化传播中掌握了制导权,谁就在制度竞争、国家竞争和人心竞争中掌握了主动权。

这是问题的一个方面。全面考察跨文化传播可以发现,实施跨文化传播的主体常常有两类媒体集团:一类是国家传媒集团,一类是国际传媒大亨控制的跨国传媒公司。后者以赢利为主要追求,它与国家传媒集团的主要区别是,它要占据世界传媒市场的最大份额,而国家传媒集团则主要为了夺取国际传播中的话语权和政治影响力。换言之,尽管跨国公司也会受到政府、政党的影响而具有一定的意识形态导向性,但这种意识形态导向性较之国家传媒集团,要少得多、次要得多。中国加入WTO以来批准进入的主要是国际传媒集团,而且它们对于进入自律是有所承诺的。这些国际传媒公司的进入,对于国家安全一般情况下不会构成很大的威胁。

国家主权是个庄严的字眼,是一个国家的生命。在国际关系准则中,国家主权受到尊重和保护。联合国和平利用外层空间委员会宣布,直接的广播活动的发展应以尊重他国主权为基础。联合国大会第3148号决议(1973年)指出,各国拥有根据自己的情况与需要,来制定和实施增进其

---

① 参见《华盛顿邮报》1989年5月24日报道。

文化价值和民族遗产的政策与措施的主权。这是在法理方面,而在实际上,随着由跨国金融流通、国外电子市场以及世界范围的文化产品销售等推动的全球化进程,各国独立的决策能力和自主权利正在受到影响。也就是说,全球化的加剧和跨文化传播的发展,实际上已经削弱并在不断地削弱国家主权。布朗特兰委员会认为,世界各国在生态上和经济上越来越强地相互依赖,正在挑战目前的国家主权概念。联合国教科文组织在1998年首次发表的《世界文化报告(1998)》也有相似的看法。这个报告说,由于国家的政策和机构日益被全球金融市场所制约,财政和劳工管理要屈从于国际竞争规则,国家主权的概念在逐渐地减退,国家控制文化的权力正在被削弱,而分权于国际组织、国内组织和国民个人[①]。

之所以会出现跨文化传播同国家主权两者之间的落差,首先主要是因为,跨文化传播的理论前提是文化的多元性以及人们对那些普世性文化准则的日益认同。孤独的文化是要消亡的。其次是因为,文化共存是通用的全球规范。随着多元文化的发展和文化管理的民主化,要求国家分权给一些国际组织、学术团体和文化人士。在跨文化传播中,这种分权是十分正常的。笔者认为,应该根据这样的思路来调适国家主权与跨文化传播的诸种关系,形成相对合理的本土文化政策。

政府自觉地实现身份转换,是适应与推动跨文化传播的重要条件。政府的角色改换,第一应从直接办文化向管文化转换,或者说,由直接办文化向主要管文化转变。这里说的"主要",指政府还是要办一点文化,即公益性文化事业。但今后大量的要靠社会力量来办,支持一批社会投资主体参与。第二要从直接由政府所属机构管理文化向由社会管理文化转变。第三政府要从微观管理向宏观管理转变,从审批式管理向执法管理转变。在政府角色转换中,当前要做好两件事。首先是建立文化市场体系,切实解决事业性的文化单位主体无法从部门和地方利益中剥离出来的问题。其次要在市场体系的框架下,建立一整套法律法规和行政规则。长期以来我国文化领域的法律法规十分薄弱,现在要一边建立和健全市

---

① 参见联合国教科文组织:《世界文化报告(1998)》,北京大学出版社2000年版,第136页。

场经济体制,一边加快文化立法、新闻立法。一些目前一时尚不具备立法条件的,要完善行政规则。要在尽可能短的时间内,更多地将政策变为行政法规,行政法规成熟了的要尽快上升为国家法律。

十六大政治报告提出:"一切妨碍发展的思想观念都要坚决冲破,一切束缚发展的做法和规定都要坚决改变,一切影响发展的体制弊端都要坚决革除。"①要想在经济全球化态势下加大跨文化传播的步伐,必须进一步解放思想,先行做好相关学识的教化与观念更新工作。中央主管思想意识工作的负责同志在谈到马克思主义研究时强调,必须正确地回答哪些是必须长期坚持的马克思主义基本原理,哪些是需要结合新的实际加以丰富发展的理论判断,哪些是必须破除的对马克思主义的教条式的理解,哪些是必须澄清的附加在马克思主义名下的错误观点,用科学的态度对待马克思主义。在跨文化传播中,既有一些打着马克思主义理论旗号的错误观点,也有一些对马克思主义的教条式理解,还有一些无端排斥西方传播学理论的错误做法。不克服这些障碍,跨文化传播就难以更大规模地开展起来,开展起来也难以收到积极的效果。在经济全球化的形势下,面对多元化的国际格局和日益频繁的中外新闻学术交流,关注并引入西方新闻文化有意义的新名词新概念,势在必然;而对原有的术语与概念,或弃之,或添加新的内涵,或给予修正更新,也属理所当然。我们的政策,应该鼓励人们解放思想,大胆创新,敢于接触与接受有生命力的西方新闻传播学说。

高校新闻传播学学科是跨文化传播理论研究和参与跨文化传播实践的重要力量。据统计,新闻传播学专业的教师和研究生占全国从事新闻传播学研究人员的75%以上,发表的著作与论文占全国80%以上。但是,目前这支研究团队存在着教学和学习任务过重、研究经费偏紧等困难。同时,高校新闻研究还有一种倾向,一些教师与研究生搞科研,仅仅为了晋升职称或获取学位。他们不是从我国文化建设与加强对外文化交流的大局需要选择课题,设计研究思路,论文写作过程中也很少做深入的

---

① 江泽民:《全面建设小康社会 开创中国特色社会主义事业新局面》,人民出版社2002年版,第14页。

调研和思考，论文发表，"帽子"到手，即"大功告成"。高校的科研导向与政策，要有利于克服这种错误倾向。要引导师生从深化新闻改革，推进中国跨文化传播的高度出发，思考、选题和研究。

当代世界各国的综合国力竞争，不仅包括经济实力、科技实力、国防实力等方面的竞争，而且包括文化实力、信息传播实力的竞争。收集、消化、整合与传播信息的能力，是一个国家重要的综合国力。经济全球化的迅速发展，不仅促进着货物、服务、资金、信息等在各地和各国的频繁流动，而且带来了思想意识、价值观念、思维方法和行为方式在全球范围的碰撞与冲击。就跨文化传播而言，我们不仅在设施、资金、人力等方面总体上处于劣势，在价值取向、话语权、文化体制、操作机制等方面也面临着巨大压力。作为世界上最大的发展中国家，我们必须高扬自己的文化理想，又不失时机地把世界各国尤其是西方发达国家的先进理论和成功经验吸纳过来，在世界文化交流与传播竞争中把我国建设成文化强国，成为全球跨文化传播的主力军，使中国文化不仅在中国人民中间，而且在全世界人民中间都具有强大的吸引力、感召力和影响力。

对我国跨文化传播的思考与展望[*]

全球化发展的态势之一是20世纪80年代末开始的由经济领域、政治领域向更深层次的文化领域延伸。20多年来,文化帝国主义正被文化的全球融合日渐取代,跨文化传播成为当今全世界普遍的文化景观。全球化背景下的文化交流、互融、合作,有力地提升着各国、各民族、各文化族群的文化自觉,共享着人类创造的现代文明成果。在同一时期,中国经济借助社会主义市场经济体制的构建和加入WTO(世界贸易组织)有了长足发展,中国的文化建设无论是本土文化传播还是跨文化传播,同样有了突飞猛进的进步。其中,不乏成功的经验和体会,也有不少教训和鉴戒。

一、授方选择:跨文化传播切忌一边倒

跨文化传播的功利取向是毋庸置疑的。跨文化传播的前提之一,是正确选择授方,即确定向哪个国家或地区请教、学习,借鉴这些国家或地区的哪些文化为我所用,然后从政策上开"绿灯",从物质上提供方便条件,确保该国或地区的文化能够顺利地进入、传播和推广。众所周知,我们在20世纪50年代在这方面是有深刻教训的。当时,我们实行单向度的文化交流政策,"一边倒"倒向苏联,而对英美等西方国家的文化传播则采取抵制、批判甚至完全排斥的立场。现在看来,"一边倒"、全方位倒向

---

* 本文原刊于《中国地质大学学报(社会科学版)》2013年第4期。

苏联的这种单向度的跨文化传播,起初是迫不得已,且获得一定的好处。向苏联学习,使年轻的中国新闻工作者有机会系统地了解马克思、恩格斯、列宁、斯大林,特别是列宁的新闻观和苏联的新闻制度,了解和继承无产阶级新闻工作传统。但是这种单向度的跨文化传播,确实给中国新闻界带来很多危害。首先是不看具体条件,不分中国外国,只要是苏联的经验,只要是《真理报》和塔斯社的经验,都机械地照抄照搬。其次是绝对化、教条化,一切唯苏联是从,唯《真理报》和塔斯社是从,对苏联新闻界的经验不作历史的、批判的分析,结果是对一些错误的指导思想,不适合中国特点的机制和方法也盲目崇拜、照单全收。这种情况,到1956年已明显表现出不妥和有害,直到毛泽东指出,对苏联和人民民主国家的经验,要有批判地接受,不能无条件地接受。刘少奇对此也有分析和批评。

20世纪50年代初中国对于跨文化传播中授方国选择出现的这种"一边倒"现象,有深刻的历史的和政治的原因。"一边倒"倒向苏联,实行单向度的跨文化传播方针,首先由新中国的外交路线所规定。毛泽东强调,"一边倒,是孙中山的四十年经验和共产党的二十八年经验教给我们的,深知欲达到胜利和巩固胜利,必须一边倒。积四十年和二十八年的经验,中国人不是倒向帝国主义一边,就是全身社会主义一边,绝无例外。"①其次是美国等西方大国,不欢迎也不支持中国倒向他们。美国的军舰在台湾海峡游弋,又发动了朝鲜战争,怎么可能进行有规模的中美或中英之间的跨文化传播?

但是,类似向苏联"一边倒"这样的单向度跨文化传播的失误,这些年来我们也时有重犯。改革开放以来,在跨文化传播的过程中,我们有时过多地偏向美国。在有些学科和文化层面,人们言必称美国,以美国的学术标准为准则,以美国的是非好恶为依据。美国文化和美国的生活方式影响了不少人。这种现象,可能会导致又一种新的单向度跨文化传播,值得我们警觉。

全球化的经济、政治、文化交流与合作,为跨文化传播克服单向度,坚

---

① 毛泽东:《论人民民主专政》,《毛泽东选集》第4卷,人民出版社1991年第2版,第1472—1473页。

持多元化提供了路径和机遇。新兴媒体——互联网和移动互联网络的普及与发展,使每个国家的政治力量和商业力量已无法强行推广单向度的跨文化传播,为跨文化传播的多元化和去政治化开拓了巨大的空间。今天,在全球化的背景下,我们能够全面衡量利弊,正确地选择授方,更加有效地推进现时代的跨文化传播。我们应该珍惜和利用好时代给予我们的这个条件和机遇。

二、文化的东学西渐新态势正在出现

大凡一种文化能够从本国传向他国,或者一种文化能够从他国进入本国,最根本的动因,是这种文化于进入方有用,有价值,有意义。近代中国,最早的一批留学生由清廷派往美国,其中一位名为容闳的学生(1828—1912)是学成回国的第一人。他之后一生奔波于太平洋两岸之间,其目的,就是为了实现他心中的理想:"以西方之学术,灌输于中国,使中国日趋于文明富强之境。"[①]他的自传出版时用了这样一个书名:西学东渐记。

"西学东渐",成为当时西方文化向中国实行跨文化传播的代名词。报纸的传入和西方新闻学走进中国大学的课堂,是这种跨文化传播的重要亚文化之一。1807年9月,英国基督传教士罗伯特·马礼逊受伦敦布道会派遣,辗转来到中国。他怀着"征服中国人的心"的使命来到东方这块陌生的土地,利用报刊作媒介,将基督教思想秘密地渗透到中国的各阶层人士中去。另一位传教士郭士立谈到他创办《东西洋考每月统纪传》的目的时说:"这份月刊是为保护广州和澳门的全体外人的利益而创办的,其目的在于使中国人了解我们的技艺、科学以及道义,从而打消他们高傲排外的观念。……本刊编者更愿意采用摆事实的方法,使中国人确信他们还有很多东西要学。"[②]

中国的西学东渐,就是在这样的内外共同需要的情况下起步、延展、深化的。

---

① 转引自樊洪业、王扬宗:《西学东渐——科学在中国的传播》,湖南科学技术出版社2000年版,第1页。
② 参见《中国丛报》1835年第4卷。

新闻学最初也是从西方传入中国的。1918年北京大学成立新闻学研究会,研究会聘有两位主要的导师:徐宝璜和邵飘萍。徐宝璜1912年从北京大学毕业后,考取公费留学生,赴美国密歇根大学攻读新闻学和经济学。1916年归国,先任北京《晨报》编辑,后任北京大学教授兼校长室秘书,在文法科系开授新闻学。北京大学新闻学研究会成立后,任副会长、新闻学导师,主编学会会刊《新闻周刊》,开我国新闻学正规教育之先河。所著讲义整理出版《新闻学大意》一书(后改为《新闻学》),是国人自著第一部新闻学著作。蔡元培为这部书写的序说:"新闻事业,在欧美各国,均已非常发展,而尤以北美合众国为盛。自美国新闻家Joseph Pulitzer君创设新闻学校于哥伦比亚大学,而各大学之特设新闻科者,亦所在多有。新闻学之取资,以美为最便矣。伯轩先生(徐宝璜)游学于北美时,对于兹学,至有兴会,归国以来,亦颇究心于本国之新闻事业。今根据往日所得之学理,而证以近今所见之事实,参稽互证,为此《新闻学》一篇,在我国新闻界实为'破天荒'之作。"①方汉奇教授也称这部著作"多数观点,渊源于西方"②。

自《新闻学》开始,国人通过自己的著述把欧美新闻学与传播学学术观点逐步介绍到中国来。西方新闻学与传播学代表人物及代表性著作多数被我国译介出版。改革开放以来,特别是进入新世纪以来,这种译介、传播以至推广欧美新闻学与传播学著作的出版活动不断拓展。这里仅以2005—2010年六年间的译作出版为例。2005年有中国人民大学出版社的"当代世界学术名著·新闻与传播学译丛·大师经典系列",新华出版社的"西方新闻传播学经典文库",商务印书馆的"文化与传播译丛",清华大学出版社的"新闻与传播系列教材·翻译版",北京大学出版社的"世界传播学经典教材中文版"。2006年增加了华夏出版社的"传播·文化·社会译丛",中国传媒大学出版社的"国外传媒经济管理经典译丛"。2007年,又推出北京大学出版社的"未名社科·媒介环境学译丛",中国传媒大学出版社的"'我知道什么'丛书·传媒卷"、"媒介经济大视野丛书",复旦

---

① 徐宝璜:《新闻学》蔡元培序,中国人民大学出版社1994年版,第7页。
② 徐宝璜:《新闻学》方汉奇序,中国人民大学出版社1994年版,第3页。

大学出版社的"新世纪传播研究译丛"。2008年推出华夏出版社的传媒理论和传媒实务两大系列译丛，北京大学出版社继续推出媒介与社会译书系列，上海世纪出版集团推出"西方传媒与西方文化丛书"，上海社会科学出版社推出西方新闻传播学名著选译，中国广播电视出版社和中国社会科学出版社也有新的译作出版。2009年，北京大学出版社的"未名社科·新闻媒体与信息社会译丛"又有几部重要著作出版，华夏出版社和复旦大学出版社也有几部新闻传播学代表性译作出版，中国传媒大学出版社则推出"欧洲新闻传播学名著译丛"，该社"传媒经济管理经典译丛"也有新作问世。武汉大学出版社、人民邮电出版社分别推出新闻学与传播学译丛、新媒体经营与法律系列丛书。社会科学文献出版社则推出"全球化译丛"。2010年各出版社的新闻学与传播学译作出版不减往年，中国传媒大学的"欧洲新闻与传播学名著译丛"继续推出多种新作，清华大学出版社的"新闻与传播系列教材"推出一系列新作，如清华传播译丛和媒介经营与管理前沿译丛。中国人民大学出版社和华夏出版社的新闻传播学新视野译丛也有多种作品问世，中国时代经济出版社的"当代英美新闻传播高级实务译丛"推出新的译作，南京大学出版社推出了"政府新闻学译丛"。

上面列举的六年间各出版社推出的新闻学与传播学译作，据不完全统计，当在600种以上。仅以新闻传播学而言，作为全球化背景下的西学东渐，达到了一个新的热潮。

现在需要调转视角，看看东学西渐的新态势。

最近五年，东学西渐的一个突出标志，是300多所孔子学院在海外的积极拓展。中国的传统文化、东方文化、中国儒学，正在"润物细无声"，通过汉语、汉字，进入海外学子的心田。实际上，中国文化引起西方注意，已有悠久的历史。乐黛云教授认为，18世纪以来，中国文化通过伏尔泰、莱布尼兹、荣格、白璧德、庞德、布莱希特、奥尼尔、米肖等主流文化的哲学家、思想家、文学家的吸收，包括误读和改写，才真正进入西方文化。中国文化在进入西方国家的过程中，有时还曾获得很高的评价。1938年，林语堂用英文写的向西方介绍中国文化的《生活的艺术》一书出版，引起了轰动，位居美国畅销书排行榜第一名，且持续时间长达52个星期之久。后来,此书在美国重印了40余次,并被译为十多种不同的语言①。

德国哲学家雅斯贝尔斯提出过"轴心时代"的观念。他说:"人类一直靠轴心时代所产生的思考和创造的一切而生存,每一次新的飞跃都回顾这一时期,并被它重新燃起火焰。轴心期潜力的苏醒和对轴心期潜力的回忆,或曰复兴,总是提供了精神力量。对这一开端的复归是中国、印度和西方不断发生的事情。"汤一介教授认为,中华文化当下正面临着新的复兴,"我们正在从传统中找寻精神力量,以便创造新的中华文化,以'和谐'的观念贡献于人类社会"②。

这些分析足以说明,一种跨文化传播的新态势,东学西渐的新时代,正在出现。不仅如此,我们还可以预料,这种全球化背景下出现的新的跨文化传播潮流,将具有更强的更具活力的文化势能。

三、中华文化复兴的关键:吐故纳新

从传播的角度看,所谓现代化至少有两个特点,一是传播领域的全球化,二是传播手段的数字化。而数字化传播又有两个基本的特征,一是被传递信息的海量化。现代传媒单位时间内传送的信息,比10年、20年前同一单位时间内传送的信息,不知要多几十、几百倍。其中新兴媒体如互联网所传递的信息,又比传统媒体即报刊、广播、电视要多出几百、几千倍。二是被传递的信息质量多元化、复杂化,可谓良莠不分、真伪混杂,精华与糟粕共生,鲜花和野草齐长。

基于这样的分析,对于无论是西方文化还是中华文化,我们都应该坚持一分为二的立场,对具体的文化作品和具体的文化经验,都应该实行具体分析对待的方法。学者单波在分析全球化背景下了解和借鉴西方国家的大众传媒时,这样评价跨文化传播的意义:"当人们在分析媒介全球化而使全球化成为一种观念、一种意识、一种认识方法时,思想前所未有地向西方世界敞开:一是尝试走进西方新闻媒体,仔细体会媒体碎裂化、分众化、整合化、集团化、巨型化的趋势以及经营全球化的理念,通过对话式

---

① 参见乐黛云:《中国文化引起世界性的重视》,《社会科学报》2013年3月28日。
② 参见汤一介:《迎接中华文化的复兴》,《社会科学报》2009年9月24日。

交流，了解媒介运作和新闻报道的观念；二是全方位分析西方新闻媒体的结构、所有制形式及运行模式、新闻专业主义在市场模式下的困境、媒体做大做强的路径、媒体与民主政治的关系、媒体与公共领域等问题，更加全面地把握西方媒体的观念体系；三是探讨全球化背景下中国媒体与西方媒体的关系，在比较中反思社会公器与利润最大化的矛盾、市场选择与政府规制的冲突、境外传媒对中国媒介市场的冲击、中外媒介运作方式的差异等问题，寻找中国媒体的应变之道。"①

中国学者在全球化背景下通过跨文化传播学习和借鉴西方新闻传媒经验的同时，也实事求是地指出了后者的不足与缺陷，并作了不同程度的分析与批评。值得指出的是，其中的一些分析与批评，还是取自西方学者自己的研究成果。例如，德国传播学者 Peter Hahne 十分深刻地分析过西方一些学者对公共舆论的操纵手段。这位学者结合某些美国学者制造"中国威胁论"时使用的一些手段，作过这样的分析：

第一，制造恐惧气氛。断言中国即将超过西方，中国非民主的制度携带经济成功将威胁到西方制度的安全，有意忽视中国崛起可以为西方带来的巨大机会和市场繁荣。

第二，扩散这种非理性的恐惧和敌视感觉，通过媒体的轰炸报道，在短时间内打造信息屏蔽长城，降低公众的判断力、分析力和理性思考能力。

第三，掩盖事实真相，或者只报道部分事实，扭曲整个事件的前因后果。

第四，利用概念占据荧屏和报刊。当民主、自由、人权等概念失去了内在基本含义而成为概念重复和概念"通货膨胀"时，概念本身已不重要，而使西方能够运用这种概念妖魔化中国。

第五，制造"一言堂"，屏蔽不同的声音，让心理暗示的效果最大化，使人们的理智最小化和最弱化。

---

① 参见单波：《西方新闻传播观念的导入与中国新闻改革》，载童兵：《技术、制度与媒介变迁：中国传媒改革开放30年论集》，复旦大学出版社2009年版，第272页。单波文中引用了辜晓进等人分析这一议题的相关资料。

第六,实施头条效应。长时间将丑化报道配合耸人听闻的题目放在报刊头条,加强宣传效果。

第七,提供虚假信息。在信息战中,关键是信息量的庞大和快捷,以及目的性和效果性,而真实性则完全退居其次。

第八,掩盖真实意图。谈论的是"侵犯人权",真实意图却是颠覆别国,图谋不轨。

这位德国传播学者由这八条分析得出这样结论:"在西方媒体长期垄断世界新闻来源和新闻报道的情况下,西方媒体不仅可能实现对本国民众的暗示和心理催眠,也可能对别国受众进行暗示和催眠,争取不战而屈人之兵,当然更有可能实现全球范围的虚假信息构建和全球心理操纵。尤其是在西方媒体组成的国际媒体和国际信息来源中,西方世界俨然成为世界话语权的主宰,可以主导世界舆论。"[①]

这位德国学者的分析与结论给我们的启示是,在全球化背景下,通过跨文化传播接触形态各异的西方传媒是必要的,了解西方媒体的运行模式和宣传手段对于和平崛起的中国构筑自身的话语体系,建立自身的国际道义形象,维护国家利益以及提升中国在国际社会的话语权份额和软实力具有重要意义。

在跨文化传播中,对于外来文化,特别是西方文化必须持有一分为二的立场。将中华文化向海外推介,也应有这种一分为二的立场。我们要坚持向海外荐介的是中华文化的精品,而对糟粕和劣品则坚决"把关",决不让它们走出国门。在我们中国,几千年里诞生了许多"轴心时代"所产生的思考和所创造的精神财富。中华文化形成发展的长河中有许多璀璨的奇葩异草。但不可否认,其间也有不尽如人意的作品,甚至有荒谬绝伦、沉渣浮沫之类的糟粕。远的不说,就说近一年来从央视到各地电视台播出的多种"抗日雷剧",什么徒手撕鬼子、飞刀灭重炮、手榴弹炸飞机、美女色诱敌人等等粗制滥造、令人捧腹的"作品",怎么能拿到境外去传播呢?

---

① 参见刘涛:《头等强国:中国的梦想、现实与战略》,中国友谊出版公司2009年版,第259—260页。

由此可见，在全球化背景下加大跨文化传播的步伐和力度，争取更好的传播效果，十分重要的一点是，实现中华文化复兴的前提，是吸收他国先进文化，扬弃自己文化的落后东西，即《庄子·刻意》中所说的："吹呴呼吸，吐故纳新。"我们必须对几千年的华夏文化，对新中国 60 余年的社会主义文化，对改革开放以来 30 多年的市场经济下的新文化，来一番认真的清理，排除封建的、极左的、低俗的文化糟粕，汲取外国和本国各民族创造的有益的文化精华，才能使我们的华夏文化、新中国文化和同社会主义市场经济相适应的新文化有新的面貌、新的水平，才能使当下中国的跨文化传播，有新的进展、新的成就。

新闻传播学学科体系的观察与思考*

习近平《在哲学社会科学工作座谈会上的讲话》中指出:"要按照立足中国、借鉴国外,挖掘历史、把握当代,关怀人类、面向未来的思路,着力构建中国特色哲学社会科学,在指导思想、学科体系、学术体系、话语体系等方面充分体现中国特色、中国风格、中国气派。"习近平对哲学社会科学发展的期待,也包含着对新闻传播学学科发展的企待。

仔细研读习近平的讲话,对新闻传播学的发展创新考察,对这门学科有直接和重要影响的涉及学科体系、学术体系、话语体系、教材体系和评价体系五个主要体系。笔者在本文中主要讨论新闻传播学的学科体系构成和创新发展的相关问题。

一、中国新闻学学科的渊源

从源流考察,中国新闻传播学的学科体系有三个渊源,它的形成和发展也有同样的三种资源。

1966年,台湾政治大学新闻研究所李瞻教授竭八年之精力,完成百万字的《世界新闻史》,请新闻耆老马星野先生作序,马公写下这样一段文字:"中国提倡新闻教育,已有50余年的历史,而新闻学术仍滞留在启蒙时期,拓荒时期,凡是办新闻教育的人,受新闻教育的人,都有一个共同的感觉:新闻学还是一片荒原,新闻学校中虽有不少进步,但仍是师资缺乏,

---

* 本文原刊于《南京社会科学》2017年第1期。

教材缺乏,设备缺乏,与其他学科比较,如法律,如工程,如教育,相去不可以道里计。此中原因,当然是新闻学的历史太短,实也由埋头苦干,从事新闻学研究的人太少所致。许多学新闻学的,教新闻学的,都实际从事于新闻事业,生活紧张,工作繁重,没有时间与心力,再来致力于研究工作。"①

这段话颇能概括海峡两岸新闻学研究的基本状况。又是50年过去了,两岸新闻教育和新闻学研究都有了相当的改进,但同其他学科相比,包括同一些历史不长、"资格"不老的新学科相比,中国的新闻学研究,还是不尽如人意。

其实,对于信息传播来说,中国人有着厚重的文化积累。中国历史号称"上下五千年",这其中有许多关于传播活动的睿智成果。中国自黄帝立国迄今4 600余年,朝代更易,国家分合,但始终维持一个统一的民族群体,屹立于世界民族之林,其中一个重要的原因是,统一的华夏文化将亿万人聚集成一体。这种文化是由天从人欲的民本思想、沟通上下的民意制度和以仁为本的伦理道德三种因素组合而成的,其中民意的畅达,是几千年传播活动生生不息的最根本的制度保证。

大量古籍记载,自三代开始,便有各种途径,使天命与民意相通,使统治者得以博采众议,庶民意图亦能上达,例如:

询于四岳,僻四门,明四目,达四聪。②

黄帝立明台之议者,上观于贤也;尧有衢室之问者,下听于人也;舜有告善之旌,而主不蔽也;禹立谏鼓于朝,而备讯唉;汤有总街之庭,以观人诽也;武王有灵台之复,而贤者进也。此古圣帝明王所以有而勿失得而勿亡者也。桓公问:吾欲效而为之,其名云何。对曰啧室之议。③

台湾王洪钧教授主编的《新闻理论的中国历史观》有一段论述:"民本思想及民意制度诚应视为对我国古代新闻及传播研究之重要课题,也应视为中国传播哲学之基础。但我国古代,尤其是儒家思想中所蕴含的言

---

① 李瞻:《世界新闻史》,台湾三民书局1994年版,马星野序第3页。
② 《尚书·虞书·舜典》。
③ 《管子·桓公问》。

责观念及言论,弥足珍贵。西方对传播研究,在理念上,在制度上,在方法上极为进步。西方文化,尤其重视言之权利。在商业广告及政治说服之诱因下,传播之效果研究更借行为科学及心理学之理论及实务,卓有成就。但如我国古代传播思想中,如此强调言责之重要,与西方对言权之提倡,则成为强烈对照。因此,古代之言责精神也是作为基于中国文化研究新闻理论之依据。"①

中国古时不仅把言责看得比言权更重要,而且非常重视言的真实与明确,所以自古以来历朝历代都有史官之设。有学人指出,中国文化在科技方面之最大贡献,雕版及活字印刷术可称其一;在人文科学方面,史官制度则具有独特的意义,更为世界各古老国家所仅见。史官制度乃是世代相传,由专业化的史官对天道神事,降及人事,尤其是天子之事,作及时而真实之记载。这种记事法,在当时固可传之于远近,重要者在为后世留下记录。

长久以来,中国史官形成了自己特有的工作方法和记史传统。就工作而言,史官的工作主要有两种,一是逐日记录当时发生的天下之事,以后又延及修史;二是访查考证史料真伪以明今鉴外。史官最可歌颂与发扬之传统,就是不虚善不隐恶之直书精神,"宁可兰摧玉折,不作瓦砾长存"。史官的这种传统,被认为是当代新闻记者不可缺乏的基本素质。因此,在中国新闻学研究刚刚起步的时候,人们就指出新闻记者和史官的工作是密不可分的,中国的历史记事传统可以滋润中国新闻事业。

包括新闻传播在内的源远流长的中国文化,是中国人的骄傲。传播学大师施拉姆对于中国文化曾有极高的评价。他说:"我们在西方的文化背景中学习科学研究方法与理论的人,看见中国长春的文化,和她悠久的传的艺术传统,总免不了会肃然起敬。我们常想,中国人那种深邃的智慧和洞达,要是有一天能用来帮助西方人多了解自己的工艺知识,增深我们在实验方面的体会,该是多么好的事。许多人已注意到现代中国人在传的学问上认识的深刻与精到,不但反映了悠久的历史传统,且常能推陈

---

① 王洪钧:《新闻理论的中国历史观》,台湾远流出版事业股份有限公司1998年版,第11页。

出新。"①

中国新闻学科的另一个渊源,是西方现代新闻传播思想的传入。

如果说,从先秦至明清中国已经发生着一般传播思潮的衍变,使这一漫长的数千年成为中国新闻传播思想的孕育期;那么,从清朝后期至进入20世纪的半个多世纪的时期,则是中国新闻传播思想的萌芽期,国人的新闻传播思想在这几十年中外报刊实践的基础上,已有不少光辉的、富有启迪性的但又不系统不完整的论述与阐发。

如果说,以往几千年的传播思想的孕育,多数情况下是对一般性的传播实践的诠释与阐发,那么接近世纪之交的许多传播观点,基本上是对以报纸杂志为对象的研究性结论,新闻理论的色彩已相当深厚。

近代中国新闻传播思想的发生,同中国最早的现代报业的出现——首先是外国传教士的报刊活动是紧紧结合在一起的。外国传教士怀着各自复杂的目的,为中国带来第一批现代报刊,也传递着西方早期的办报理念。

不少传教士是遵奉"征服中国人的心"的使命到中国办报的。清廷实行严厉的锁国闭关政策。嘉庆帝曾说"自此以后,如有洋人秘密印刷书籍,或设立传教机关,希图惑众,如有满汉等受洋人委派而传播其教,或改称名字,扰乱治安者,应严为防范,为首者立斩;如有秘密向少数人宣传洋教而又改称名字(洗礼也)者,斩监候;信从洋教而不愿反教者,充军远方。"②在这种条件下,传教士改为在接近中国边境地区办报,力图通过报刊,将基督教思想秘密地渗透到各阶层人士中去。1815年米怜在马六甲出版的《察世俗每月统记传》,就是在这种背景下问世的。

随后,教会势力开始同各国资本势力公开结合。传教士郭士立于1833年创办《东西洋考每月统记传》,他在谈到该刊宗旨时说:"这份月刊是为保护广州和澳门的全体外人的利益而创办的,其目的在于使中国人了解我们的技艺、科学以及道义,从而打消他们高傲排外的观念。"

---

① 宣伟伯:《传学概论》,余也鲁译述,香港海天书楼1977年版,序、第6页。
② 《中华最早的布道者梁发》,《近代史资料》1979年第2期。

"智力的大炮"在华普遍设立,其目的十分明显。西谚云,播下的是龙种,收获的却是跳蚤。反其意而观之,传教士办报刊为了传播"西方文明",却也为中国带来了国人过去闻所未闻、见所未见的新的办报理念和见识了西方的新报。最初由传教士传来的现代报刊思想大致有:报刊文章必须通俗易懂,推介西方出版自由观念和天赋人权学说,阐述报刊的社会功能在于开民智传文明。

在传教士和西方报人的影响下,国人也开始独立办报。林则徐办《澳门新闻纸》、魏源出版《海国图志》,其目的都是"放眼看世界"、"师夷长技以制夷"。及至19世纪60—70年代,出现了几家国人自己办的报刊,办报人也发表若干报业与传播的观点,但几无分量,也无大的影响。真正称得上具有办报思想的第一人是王韬。他分析报纸性质功能的三篇文章《论日报渐行于中土》、《论省会城宜设新报馆》、《论中国自设西方日报之利》,有资格称为最早研究新闻思想的论文。

维新立法运动极大地推动了中国新闻传播思想的发展。其中,以康有为、梁启超的新闻思想最有影响力,也最具代表性。如果我们将孙中山等革命党人的新闻思想看成20世纪中国新闻学研究起始时期的成果,那么可以说,康梁的新闻思想则是19世纪中国新闻思想的集大成者,是半个世纪中国人探索新闻传播规律的最高成就,因其标志着资产阶级报刊思想萌芽期的结束。

20世纪初叶,中国出现大众化报刊,除了以其特有地鲜明地通俗性外,还有着不同于过去旧报刊,尤其是文言报刊和政论报刊的新的办报方针和办报理念。这批新型报刊中,具有代表性的是《大公报》、《时报》和《申报》。这些报刊的主办者根据新世纪的办报实践,指出当代新闻业的几个重要特征,大致是:现代报纸不同于"史记百家",不同于"宫门辕门之抄"和"京报官报",不同于进谏采风,不同于"一地之记载",不同于"志怪志书"和"稗局小说",不同于过去的一般传媒,也不同于传统传媒。他们指出的这"七个不同于",表明中国进入20世纪以后,新闻传媒尤其是现代报纸的社会功能已经十分广泛,人们对之也已有相应的认识。这也为中国新闻学科的破土而出准备了一定的条件,提供了学科的土壤。

中国新闻学科的另一个渊源,是马克思主义学说,特别是马克思主义新闻观在中国的传播。

马克思主义以《共产党宣言》出版为标志,诞生于19世纪40年代。半个多世纪之后,1899年英人李提摩太在上海广学会机关报《万国公报》上发表了用中文节译的英国社会学家颉德著的《社会的进化》,译名为《大同学》,同年出版了单行本,文中提到马克思和恩格斯的名字。中国人在自己的著述中最初提到马克思的,是改良派代表人物梁启超。1902年9月,他在《新民丛报》第18号上发表的《进化派革命者颉德之学说》一文中,对马克思作了简要介绍"麦喀士(即马克思)日耳曼人,社会主义之泰斗也"。

中国第一批无产阶级报刊的先声当数创刊于1915年9月15日的《新青年》。1918年11月,《新青年》编撰之一李大钊在杂志上发表了两篇政论《庶民的胜利》和《布尔什维主义的胜利》,标志着在中国传播马克思主义的开端。"五四"前夕,李大钊又将由他轮值主编的《新青年》6卷5号编成《马克思研究》专号,目的是向国人介绍"世界改造原动的学说"。这从一个方面,说明了马克思主义思潮对中国先进知识分子和报刊工作者的影响。1920年,陈独秀在筹建中国共产党上海发起组的过程中,把《新青年》7卷6号编成《劳动节纪念号》,体现出报刊工作者实现马克思主义与工人运动结合中的努力。

在这种氛围中,不少报刊的创刊词等文字,表达出以往中国不曾有过的新闻学观点。如陈独秀以"新青年同人"名义发表的《本志宣言》一文中写道:"我们因为要实验我们的主张,森严我们的壁垒,宁欢迎有意识有信仰的反对,不欢迎无意识无信仰的随声附和。但反对的方面没有充分理由说服我们以前,我们理当大胆宣传我们的主张出于决断的态度;不取乡愿的、紊乱是非的、助长惰性的、阻碍进化的、没有自己立脚地的调和论调;不取虚无的、不着边际的、没有信仰的、没有主张的、超实际的、无结果的绝对怀疑主义。"①

---

① 《新青年》1919年12月1日,第7卷第1号。

毛泽东写就的《湘江评论〈创刊宣言〉》有一段文字气势磅礴,内容独到:"时机到了!世界的大潮卷得更急了!洞庭湖的闸门动了,且开了!浩浩荡荡的新思潮已经奔腾澎湃于湘江两岸了!顺他的生,逆他的死。如何承受他?如何传播他?如何研究他?如何施行他?这是我们全体湘人最切最要的大问题。即是《湘江》出世最切最要的大任务。"①

1921年7月23日中国共产党成立。第一次党代表大会通过的文件表明,马克思主义新闻观已经对中国共产党及党的报刊产生了直接的影响。党的一大通过的中国共产党第一个决议关于宣传部分的规定:

> 杂志、月刊、书籍和小册子须由中央执行委员会或临时中央执行委员会经办。
>
> 各地可根据需要出版一种工会杂志、日报、周报、小册子和临时通讯。
>
> 无论中央或地方的出版物均应由党员直接经办和编辑。
>
> 任何中央地方的出版物均不能刊载违背方针、政策和决定的文章。②

上述规定的内容甚至行文的方式,都同列宁拟定的加入共产国际的条件极为相似。至党的二大通过的《中国共产党加入第三国际决议案》,则完全承认并照录了共产国际关于无产阶级报刊党性原则的要求。中国共产党的历届领导人,都忠诚地接受了马克思主义新闻思想,并最终形成了有中国特色的党报理论。这些理论的主要内容是:唯物主义新闻观,党报的性质,党报的特性,党报的办报方针,党报的作风,党报与党委、与群众、与实际工作的三个关系,党报的业务指导思想和文风,党报工作者的修养。

这里必须提及,在接受马克思主义新闻思想影响的过程中,我们也有教训,其中最严重的,是20世纪50年代"向苏联新闻界学习"运动。

---

① 《湘江评论》1919年7月14日创刊号。
② 参见《中国共产党的第一个决议》,载中国社会科学院新闻研究所:《中国共产党新闻工作文件汇编》(上),新华出版社1980年版,第1页。据记载,中共一大召开日期为1921年7月23日至31日。

"北方吹来十月的风。"新闻界学习苏联新闻界的理论和经验,早在抗日战争时期就开始了。共和国成立不久,1950年1月,《人民日报》即开设"新闻工作"专栏,旨在介绍苏联新闻界的经验。1954年至1955年,中苏新闻界多次互访,向苏联新闻界学习的活动达到高潮。

向苏联新闻界学习,使年轻的中国新闻工作者得以有机会系统了解马克思、恩格斯、列宁、斯大林,特别是列宁的马克思主义新闻理论观点,全面了解无产阶级新闻工作传统。通过学习,对于加强党性修养,提升新闻批评自觉性,开展工农通讯员活动,有很大启发。在新闻体制方面,也使中国同行找到了样板。但在学习过程中,也存在着一些严重的问题。一是教条主义形式主义影响深重;二是提倡一切唯苏联是从,迷信苏联,盲目依赖。对此,后来中央负责同志有过检讨和批评。

回看中国新闻学学科体系的渊源,主要就是以上三个:历史悠久的中国文化积累,西方现代新闻传播思想的传入,马克思主义特别是马克思主义新闻观在中国的传播。这三支文化的交融、互补、冲突,推动着中国新闻学科的发生、演革和发展。

二、中国新闻学学科的发生发展与曲折历程

学科者,按照学问的性质而划分的门类,而学问则是正确反映客观事物(即学问所研究的客体)的系统知识。由是观之,一门学问积累到一定程度,即对该客观事物的研究有了相当的深度和广度,累积了一定的认知成果,便有可能开始形成相应的学科。新闻学学科体系的发生和发展,行走的正是这样一条道路。

从维新变法到辛亥革命,从19世纪末期到1911年辛亥革命以后的一段时间,是中国新闻学研究的萌芽期,历经了从报业活动到报业理论的学术开拓和学术初立的衍变,也显示出由术入学的学科建设之路。自1918年到1919年北京大学新闻学研究会的举办,延请徐宝璜主讲新闻学和邵飘萍主讲实际应用新闻学,1926年戈公振撰成《中国报学史》(1927年出版)。这样,新闻学科由新闻理论、新闻业务、新闻史三部分构成的学科体系已告初步形成。

徐宝璜的《新闻学》一书，原系徐为北京大学新闻学研究会及政治系四年级开设选修课的讲稿。1919年初版时校长蔡元培作序说："新闻学之取资，以美为最便矣。伯轩先生（徐宝璜）游学于北美时，对于兹学，至有兴会，归国以来，亦颇究心于本国之新闻事业。今根据往日所得之学理，而证以近今所见之事实，参稽互证，为此《新闻学》一篇，在我国新闻界实为'破天荒'之作。"①

尽管是新闻学学科初立，但学科体系各部分的内容已大致框定。试看《新闻学》一书，便大概可以看到新闻理论研究的内容是：新闻学以新闻纸为研究对象，新闻纸的社会功能，新闻价值，应用新闻学的几个原则，新闻纸之广告，新闻社之经营与管理，新闻通讯社之组织。从徐书看，新闻理论研究的边界还是模糊的，它既把广告、经营管理列于其中，也把业务应用当成自己研究的内容。

再来分析邵飘萍的《实际应用新闻学》，它是我国第一本主要研究采访的学术著作。这本书的主要内容包括：新闻在报纸上的重要地位，新闻记者是社会、国家和世界之耳目，新闻记者之资格与准备，新闻价值及其测定标准，采访心理研究。即便同当下的应用新闻学加以对照，邵飘萍对于应用新闻学的把握也是相当精准的。这可能一则得益于他长期主持报业管理，二则多是为学生和业界讲授新闻业务。既有经验，又有理论，一进入学术研究领域，就把握得十分老道和有水准。

最后看戈公振的《中国报学史》。戈公振长期在多所高校新闻系任教，而且一边教学，一边著述，致使这本新闻史著作史论结合，理论与史实并重。他在这本著作中研究的问题主要有：报刊史是一门科学，从文化学角度考察报刊史，研究报学以改进新闻工作，主张实行言论自由积极反映舆论。

我们从新闻学学科三部分的三位代表性学者和他们颇具代表性的著作分析中可以看出，中国新闻学学科建设一起步就位于较高的研究水准，各自的学科特点又相当突出。由于著述者多数有从事报业工作的实际经

---

① 蔡元培：《新闻学蔡序》，《新闻学》，中国人民大学出版社1994年版，序文部分第5—6页。

验,又长期执教于大学新闻系,使得中国的新闻学学科建设水平从起始时就有明确的定位和鲜明的特色。

20世纪20—40年代,是中国新闻学学术研究蜂起和新闻教育勃兴的时期。就全国总体而言,由于西学东渐的学术路径使然,美英新闻学观点及研究方法在当时新闻学术界占据主要地位。由于马克思主义的传入和对马克思主义奠基人报刊活动了解的增多,使得马克思主义新闻观点和研究方法也渐有影响,在革命根据地则占据主要地位。随着日本加快入侵中国的步伐,法西斯新闻观点也有所滋长。这一时期,国民党统治全国,形成较完整的新闻统制体系。总之,这20多年是中国新闻学形成以来发展最活跃,各种新闻观点形成、传播和交锋最激烈的时期,是流派纷呈、学术繁荣的时期。

(一)新闻学学科的最初分类

这一时期新闻学著述甚丰,七个方面的内容初步架构新闻学学科体系的七个方面：

新闻学概论,理论新闻学的基础理论研究部分;

新闻事业概论,理论新闻学的媒体研究部分,其中有同媒体运作相关的新闻法、新闻自由等内容;

新闻记者与通讯员,理论新闻学的从业者研究部分;

新闻业务,应用新闻学的采访、写作、摄影、编辑、评论、新闻资料工作、新闻作品分析等部分,广告学和报刊发行及读报用报等也列入该部分;

世界新闻事业历史与现状,历史新闻学的世界史部分;

中国新闻事业历史与现状,历史新闻学的中国史部分,新闻界人物、报刊史及广播史也列入此部分;

参考工具书,应用新闻学的一部分。

(二)美英新闻思潮的进入和新闻学研究的展开

这一时期,美英新闻思潮随着新闻事业的发展得到较快的延展,重要的新闻观点有这样几个方面：

报纸起源于人的"新闻欲";

报纸的性质是公共性和营利性；

新闻定义和新闻价值；

新闻自由、新闻法制与新闻伦理；

新闻学是一门科学。

当时许多中国新闻学者经过对上述五个方面观点的讨论，终于得出结论：新闻学是一门科学。最具代表性的学者是刘元钊，他的代表性著作是《新闻学讲话》。刘元钊在这本书中指出："新闻学到现在，确实已经是能够独立成为一种专门性的学术了，虽然在现在还没有充分的发育完全，但到将来他的本身系统一定会完成的。换句话说，新闻学在目前，或者是不能说它是一种科学，但到最近的将来是一定可以成为一种科学的。""新闻学乃是研究新闻现象与新闻事业者也。"①

刘元钊的论述讲清了三个问题：新闻有学，新闻学应该是一门独立的科学，新闻学在当时还没有成熟为一门成熟的科学。

但也有学者认为，新闻学尚处于萌芽时期。例如储玉坤认为，新闻学研究虽始于20世纪，但总的说来，"新闻学尚在萌芽时期"，在欧美研究新学的人数很多，但也没有什么伟大的成就，"所以新闻学至今没有具体的有系统的理论"。他举例说，对于何谓"新闻"的问题，也难有切实的解答。

可惜的是，储玉坤所说的这种"萌芽时期"的状况，直到今日也仍存在。中国的新闻学学科建设遇到各种阻力和障碍。开始是国民党新闻统制的确立和法西斯新闻思潮的影响。后来是新中国成立后极左思潮的干扰，使得新闻学学科建设难以在平和的学术环境下展开，直至1968年7月22日《人民日报》传达最高领导人的"最新指示"，干脆取消新闻教育。在这种指导思想下，加上又有人批评大学新闻系培养不出新闻记者，新闻又"无学可言"，所以在《人民日报》开展关于"社会主义大学应当如何办"的讨论时，驻复旦大学工人、解放军毛泽东思想宣传队发表文章说，我们主张彻底革命，有些系，如新闻系，根本培养不出革命的战斗的新闻工作者，可以不办。1969年，在这种舆论导向下，北京广播学院被停办。1972

---

① 刘元钊：《新闻学讲话》，乐华图书公司1936年版，第1—25页。

年,包括新闻系在内的我国第一所文科大学——中国人民大学被停办。在此前后,许多学校的新闻专业被迫下马,新中国历经艰辛发展起来的社会主义新闻教育事业由此步入低谷,新闻学科建设实际上处于完全停顿,甚至倒退的状况。

三、传播学的进入和新闻传播学学科体系建设

"文革"结束,共和国新闻事业面临着重建家业、再塑新闻形象、恢复学科建设的紧迫任务。党的十一届三中全会之后,经济改革启动,在它的推动下,新闻改革开始酝酿和出台。新闻改革怎么进行?它的指导思想是什么?改革的重点又在哪里?对一些重大理论分歧怎么认识?对一些传媒方针和新闻原则怎么取舍?实践呼唤着新闻学研究。

新闻改革的主力军是数十万新闻工作者。由于新闻事业的急速发展,这支庞大的队伍还来不及进行严格的训练和培养,而其中个别人的新闻素质以至政治素质又不符合要求。这些,也给新闻改革带来不少困难。对这支队伍进行思想教育和业务培训,也要求新闻教育和新闻学研究有大幅度的进展。

改革开放为西方新闻学的引进提供了良好条件,中外新闻学学术交流活动日益活跃。1981年11月,中国和澳大利亚新闻界人士在北京联合举办新闻学研讨会,中国和西方国家的同行第一次坐在一起,探讨新闻学问题。1982年5月,传播学集大成者之一、美国著名学者施拉姆在其弟子、香港中文大学教授余也鲁陪同下来华访问,此行被称为传播学进入中国的"破冰之旅"。这年11月,全国第一次传播学座谈会在北京召开,会议确定了"系统了解,分析研究,批判吸收,自主创造"的我国研究传播学的基本态度。现在看,这个方针还是正确的、可取的。这年年底,出版了《传播学(简介)》,这是中国大陆公开出版的第一本传播学著作。

1982年6—8月,由北京新闻学会发起,中国社会科学院新闻研究所(现改名新闻与传播研究所)、人民日报社等参加,实施大规模的"北京市读者、听众、观众调查",这是中国第一次采用传播学的受众调查方法进行的受众调查。以此为开端,新时期的受众研究和受众学建设上马,以后每

年都有一批相当规模的传媒与受众调查活动展开。1986年5月,在安徽黄山召开了首届全国新闻受众研究学术讨论会。同年10月,中国第一所舆情与传媒调查研究机构——中国人民大学舆论研究所成立,该所于1988年实施了影响广泛的"首都知名人士龙年展望"调查。至此,新闻学在拓展了传播学以及受众学之后,又延拓了舆论学原理与方法的学科研究。

1983年3月,在北京举行"纪念马克思逝世100周年全国新闻学术讨论会"。这是我国第一次举行大规模的马克思主义经典作家新闻思想研讨会。这年年底,在长沙举行纪念毛泽东90诞辰全国新闻学术讨论会。这两次会议,摒弃了过去研究马克思主义经典作家著作的"十三经注疏"式的方法,联系实际,敞开思想,倡导以马克思主义的立场、观点和方法解决中国实际问题,深化新闻学研究的新学风。

1985年4月,"世界新闻新秩序讨论会"在北京举行,这是中国新闻学术界最早关注和研究自20世纪60年代以来全球新闻传播秩序,呼吁发展中国家联合起来,打破西方新闻霸权的一次会议。这次会议,对于开拓国际新闻传播新学科建设,具有积极意义。

从1986年起,全国哲学社会科学规划领导小组设立社会科学基金,其中新闻学科在"七五"、"八五"、"九五"15年间,对经申请和批准的新闻学课题总支持力度达150万元以上。教育部(原国家教委)从1996年开始,组织人文社会科学研究规划项目申报工作,新闻学和传播学也列于其中。应该指出,这两个规划及经费支持,对新闻传播学学科建设的拓展,发挥了重大作用。

1988年10月,由华中理工大学(后改名华中科技大学)发起,在武汉召开全国首届新闻学新学科学术讨论会,大会交流的多篇论文涉及多种新闻学新学科和交叉学科,如新闻哲学、新闻心理学、新闻经济学、新闻管理学、新闻伦理学、新闻法治学、新闻社会学、新闻美学、新闻统计学、新闻广告学等30门学科。这次会议和会后相关学者的持续努力,对新闻传播学学科的拓宽和深化有着重要意义。

这里还有必要指出,改革开放以来的新闻传播学教育的持续发展,极大地推动着新闻学学科自身的拓展。1983年5月,中宣部和国家教委在北京召开新中国建立以来第一次全国新闻教育工作会议,规划新闻教育发展和讨论新闻教育改革。在会议推动下,一批新的专业和新的课程出台,如国际新闻、新闻摄影、播音、电视编辑、电视导演、广告学等专业,传播学、公共关系学、新闻美学、新闻管理学等课程。

1984年,中国人民大学、复旦大学开始招收新闻学专业博士研究生,当年招收2名,于1985年入学。1988年首批博士生毕业,中国开始有自己培养的最高层次的新闻专业人才,表明中国新闻学的学科层次有了新的提升。

1997年,国务院学位委员会颁布研究生专业目录,新闻学由过去的二级学科调升为一级学科,列为"新闻传播学",下设新闻学和传播学两个二级学科。这标志着经过近20年努力,我国新闻教育水平和新闻学学科建设水平均有重大提升,也预示着新闻传播学在21世纪将有新的发展。

同研究生专业目录改革相比,新闻学本科的专业目录没有作相应的改变。从那时到今日,研究生目录中最高层次或者说这一学科的最高称谓是"新闻传播学",而本科目录中相应的是"新闻学与传播学",这集中反映出新闻学学科结构与体系的边界不清和概念不明,突出说明新闻传播学的学科框架有待清晰、调整和厘清。

进入21世纪以来,这种状况基本没有改变。从学科体系看,多数学校的学科架构是新闻传播学下设置新闻学与传播学,新闻学下设置新闻理论、中外新闻史、应用新闻学(新闻采访学、新闻写作学、新闻编辑学、新闻评论学、新闻摄影学、广播电视学等)。传播学下设置传播理论、中外传播史、应用传播学(广电采写、广电编辑、广电评论、播音主持等)、广告学、公共关系学、网络传播学。

这样的学科体系架构,存在不少矛盾和逻辑上的混乱。广播电视专业,是以传媒介质而分的,它同新闻或传播是什么关系?广告学和公共关系学列于传播学是否合适?还有一些其他学科在新闻传播学中占有的分量越来越多,比如舆论学原理和方法,舆论引导、舆论监督、舆情调研等实务知识,要不要设置在新闻传播学中?这些都需要认真地对待,下功夫进行研究和调整,尽快梳理出一个新闻传播学学科体系的路线图。

新闻传播学学科体系中之所以存在其他学科所没有的种种问题,有着历史的和现实的原因。传播学进入新闻学学科时,由于它是由西方传入的新学科,不少人心有余悸,因此在批准设立时在传播学后面加了一个"安全尾巴",叫"传播学(网络传播专业)"。互联网技术进入中国的时候,因为同新闻传播存在天然相关的联系,作为新媒体全方位进入新闻与传播两个学科,而实际上无论是新闻学还是传播学在学科接纳上并没有做好应有的学科知识和学科架构上的准备。

习近平关于构建中国特色哲学社会科学,在学科体系、学术体系和话语体系方面要充分体现中国特色、中国风格、中国气派的要求,为我们调整和构建新闻传播学学科体系指明了方向。期待新闻传播学的学者和新闻传播学各种学术组织要明确指导思想,组织团队攻关,力争经过艰苦有效的研究和探讨,使新闻传播学学科水平有一个大的改观和提升。

在文化合力中推进新闻学话语体系建设*

话语和话语权是近年哲学社会科学研究的热词和热门概念。习近平总书记在哲学社会科学工作座谈会上的讲话中提出"发挥我国哲学社会科学作用,要注意加强话语体系建设"的指示以来,积极扎实推进新闻学话语体系建设正成为新闻学研究工作者和广大新闻专业师生的研究热点和教学重点。

一、话语和话语权

《辞海》对"话语"的阐述是:言语交际中运用语言成分建构而成的具有传递信息效用的言语作品。现代语言中的话语语言学和语篇分析等学科,主要研究从对话片段到完整语篇的超句语言结构。《辞海》对"话语权"的界定则是:指人们所享有的发表见解的权利,特指话语所具有的强制性和排他性的影响力。

然而,习近平所说的"话语"和"话语权",显然超出了《辞海》仅从语言学视角出发的诠释。他强调:"在解读中国实践、构建中国理论上,我们应该最有发言权,但实际上我国哲学社会科学在国际上的声音还比较小,还处于有理说不出、说了传不开的境地。要善于提炼标识性概念,打造易于为国际社会所理解和接受的新概念、新范畴、新表述,引导国际学术界展开研究和讨论。这项工作要从学科建设做起,每个学科都要构建成体系

---

* 本文原刊于《现代传播》2017年第6期。

的学科理论和概念。"①这段话讲得很清楚,习近平在这里所谓的"话语"和"话语权",主要讲的是哲学社会科学领域的新概念、新范畴、新表述,特别是经过科学研究后提炼出来的标识性概念。

在此之前我们所说的"中国话语",是从加强中国软实力建设出发的一种权力话语。"中国话语"概念的提出和推介,受到约瑟夫·奈的"软实力"(或"软权力")的直接影响。更早时还提出过"中国元素"、"中国故事"。把话语看作一种权力,把话语权看作国家、政府和执政党掌控意识形态工作的领导权,还受到法国哲学家福柯的影响。《马克思主义"三化"与话语权问题》的作者韩庆祥指出:"法国后结构主义的主要代表人物米歇尔·福柯在1970年当选法兰西学院院士就职演说《话语的秩序》中,提出的著名论断,话语即权力,其外在功能就是'对世界秩序的整理'。因此,谁掌握了话语,谁就掌握了世界秩序的整理权,也就掌握了'权力'。"②尽管有学者不完全赞同韩庆祥的分析,但多数人仍坚持把话语权同加强对意识形态工作的领导权紧紧联系在一起。2013年8月19日,习近平总书记在全国宣传思想工作会议上指出,"意识形态工作是党的一项极端重要的工作","能否做好意识形态工作,事关党的前途命运,事关国家长治久安,事关民族凝聚力和向心力"。历史和现实反复证明,只有物质文明建设和精神文明建设都搞好了,国家物质力量和精神力量都增强了,全国各族人民物质生活和精神生活都改善了,中国特色社会主义事业才能顺利向前推进。在集中精力进行经济建设的同时,必须一刻也不放松和削弱意识形态工作,把意识形态工作领导权和话语权牢牢掌握在手里,不断巩固马克思主义在意识形态领域的指导地位,巩固全党全国人民团结奋斗的共同思想基础。

以上的梳理和分析表明,当前我们所说的"话语权",大致可以分为两类:一类是政治话语权,即取得对意识形态工作的领导权;另一类是学术话语权,即构建成体系的学科理论和概念,也就是习近平所要求的打造易

---

① 习近平:《在哲学社会科学工作座谈会上的讲话》,《人民日报》2016年5月19日。
② 韩庆祥:《马克思主义"三化"与话语权问题》,《上海师范大学学报(哲学社会科学版)》2015年第2期。

于为国际社会理解与接受的新概念、新范畴、新表述,提炼学科体系中的标识性概念。对在哲学社会科学大体系中具有学理支撑功能的新闻学来说,无论就政治话语权还是就学术话语权的构建来说,都有着重要的理论价值和迫切的现实意义。就前者而言,新闻执政需要有一整套不同于已有新闻学理的话语体系。而就后者而言,新闻学体系中的概念、范畴和表述各部分,既要对中国新闻学问世以来近百年的原有概念、范畴和表述进行剖析、评估、反思、调整,又要根据全球传播的新趋势和中国新闻改革的新业态进行探讨和研磨,力求构建有充分学理支撑的新闻学新概念、新范畴、新表述。换言之,用习近平的话说,构建新闻学话语体系是个系统工程,非下大功夫不成。但我们不畏征程艰险,充满成功的信心。正如习近平所言:"当代中国正经历着我国历史上最为广泛而深刻的社会变革,也正在进行着人类历史上最为宏大而独特的实践创新。这种前无古人的伟大实践,必将给理论创造、学术繁荣提供强大动力和广阔空间。这是一个需要理论而且一定能够产生理论的时代,这是一个需要思想而且一定能够产生思想的时代。"在一个立志培育并一定能够培育出理论家和思想家的中国,也一定能够成功构建哲学社会科学大厦的学科体系和学术话语体系。

二、中国新闻学话语体系建设的文化资源

话语体系是一个国家特定文化的产物。习近平指出,文化自信,是更基础、更广泛、更深厚的自信。在5 000多年文明发展中孕育的中华优秀传统文化,在党和人民伟大斗争中孕育的革命文化和社会主义先进文化,积淀着中华民族最深层的精神追求,代表着中华民族独特的精神标识。话语体系的形成、运作和张力,便是这种精神标识之一。纵观从1918年北京大学新闻学研究会成立以来近百年历史,可以明显地发现,现代中国新闻话语体系的奠基和拓展,得益于中华优秀传统文化、革命文化和社会主义先进文化这三大文化资源。

马克思认为,人们自己创造自己的历史,但是他们并不是随心所欲地创造,并不是在他们自己选定的条件下创造,而是在直接碰到的、既定的、从过去承继下来的条件下创造。中国的新闻话语体系也是这样,中国

5 000余年的优秀传统文化,是生成和拓展中国特色新闻话语的重要文化源泉。因为中华民族千古传承的民族特色和精神文化优势始终蕴含在博大精深的优秀传统文化之中。习近平在哲学社会科学工作座谈会上对中华文明和中华传统文化进行了详尽的梳理。他说,中华文明历史悠久,从先秦子学、两汉经学、魏晋玄学,到隋唐佛学、儒释道合流、宋明理学,经历了数个学术思想繁荣时期。在漫漫历史长河中,中华民族产生了儒、释、道、墨、名、法、阴阳、农、杂、兵等各家学说,涌现了老子、孔子、庄子、孟子、荀子、韩非子、董仲舒、王充、何晏、王弼、韩愈、周敦颐、程颢、程颐、朱熹、陆九渊、王守仁、李贽、黄宗羲、顾炎武、王夫子、康有为、梁启超、孙中山、鲁迅等一大批思想家,留下了浩如烟海的文化遗产。

  在中国传统优秀文化所积淀的大量鸿篇巨制中包含着丰富的哲学社会科学和中华文明的重要内容,为中国新闻话语体系的形成提供了重要的文化基因和话语养分。比如"新闻",据考证,中国唐代就有"新闻"一词的使用。李咸用《披纱集·春日喜逢乡人刘松》一诗中有句"旧社久抛耕钓侣,新闻多说战争功";《新唐书》中有文人孙处玄有句"恨天下无书以广新闻";唐人尉迟枢更编有《南楚新闻》一书。再如"舆论",从语义考察,在中国,"舆"字原为车厢或轿,"舆人"则为推车之人或抬轿之人。随着语义的变化,"舆人"又具有"众人"的含义。《左传·僖公二十八年》中有句:"晋侯患之,听舆人之诵。"再往后,中国古籍中直接有了"舆论"一词。《三国志·魏·王朗传》中有句:"设其傲狠,殊无入志,惧彼舆论之未畅者,并怀伊邑。"以上文字中的舆人或舆论,虽同现代舆论学中的舆论主体或舆论有一定区别,但毕竟已具备了大体的意味和含义,而且这是具有中国特色的语义表达,且早于国外文献许多年。

  还比如对报纸性质功能的认知,中国早期知识分子也已有相当的积累。例如王韬办《循环日报》时即主张:"韬虽身在南天,而心乎北阙,每思熟刺外事,宣扬国威。日报立言,义切尊王,纪事载笔,情殷敌忾,强中以攘外,诹远以师长,区区素志,如是而已。"① 其中的"立言",即主张报纸要

---

① 王韬:《弢园尺牍》,中华书局1959年版,第206页。

议论时政,使"民隐得以上述"。他认为报纸是政府"唯恐下情壅于上闻"的"博采舆论"的工具,"今新报指陈时事,无所忌讳,不亦类于讪谤乎!非也……直陈时事,举其利弊,不过欲当局采择之而已"①。这里,把报纸采集与舆论、下情上达与上情下达、报纸批评与社会监督等功能,论述得多么清楚。另一位改良派人士对这些议论得更加简洁和明了,他说,"日报与议院,公议如秉炬",报纸是"通民隐,达民情"的工具,所以,"欲通之达之,则莫如广设日报矣"②。在维新变法中起着擎旗鼓荡作用的梁启超,直接把报纸当作"耳目喉舌",当作进行政治活动的思想武器。他指出:"有一人之报,有一党之报,有一国之报,有世界之报。以一人或一公司之利益为目的者,一人之报也;以一党之利益为目的者,一党之报也;以国民利益为目的者,一国之报也;以全世界人类之利益为目的者,世界之报也。"他形象地把报纸喻为国君的耳目,臣民的喉舌。他说:"无耳目,无喉舌,是曰废疾。今夫万国并立,犹比邻也。齐州之内,犹同室也。比邻之事,而吾不知,甚乃同室所为不相闻问,则有耳目而无耳目;上有所措置不能喻之民,下有所苦患不能告之君,则有喉舌而无喉舌。"而如果有了报纸,则情况就会有所不同,"其有助耳目喉舌之用,而起天下之废疾者,则报馆之为也"③。梁氏的这些新闻观念以及他所使用的这些新闻话语,同当时全球特别是美国的新闻观念水平及话语体系已十分靠近。由是可以看出,中国优秀传统文化对于中国新闻学建设和中国特色新闻话语培育的作用是多么巨大。

笔者理解,习近平讲话中提出的中国三大文化资源之一的革命文化,是指中国近代革命以来,以孙中山为代表的资产阶级革命派所形成发展的以反帝反封建斗争为内容的旧民主主义革命时期的文化,更指以中国共产党和中国人民所形成发展的新民主主义革命时期的文化。关于后者,毛泽东在《新民主主义论》中有明确说明,他说,"所谓新民主主义的文化,一句话,就是无产阶级领导的人民大众的反帝反封建的文化",其特点

---

① 王韬:《论各省会城宜设新报馆》,《申报》1878年2月19日。
② 郑观应:《郑观应集》(上册),人民出版社1982年版,第345页。
③ 梁启超:《论报纸有益于国事》,《时务报》第1册,1896年8月9日。

是"民族的科学的大众的文化。"这种分析如果能够成立,则中国的革命文化有两个重要特点,一是中国的革命文化是对中国优秀传统文化的继承。也是在《新民主主义论》中,毛泽东强调,"中国现时的新文化也是从古代的旧文化发展而来,因此,我们必须尊重自己的历史,决不能割断历史","清理古代文化的发展过程,剔除其封建性的糟粕,吸收其民主性的精华,是发展民族新文化提高民族自信心的必要条件"。二是革命文化的含义较之红色文化范围要广,内容要丰富,历史也更悠久。革命文化的主体红色文化诸如"红船精神"、"井冈山精神"、"长征精神"、"延安精神"、"西柏坡精神"、"南京路上好八连精神"、"雷锋精神"等等,革命文化还应包括不列入红色文化的诸如"武昌首义精神"、"台儿庄精神"、"上海淞沪抗战精神"等等。

革命文化对于中国新闻学观念和新闻话语体系的形成与发展,提供了直接的精神文化资源和普及深化的动力。应该看成是"五四"新文化运动先声之一的北京大学新闻学研究会的新闻学普及活动,对于中国现代新闻观念和新闻话语的生成、推广功不可没。在这个研究会上,文科教授徐宝璜开讲新闻学,讲稿后来编为《新闻学》公开出版,校长蔡元培称之为"我国新闻界的破天荒之作"。徐氏演讲和著作虽大量引进推介他从美国学来的新闻观念和新闻话语,但经其译解评点,也有不少在当时来说是"中国式的新闻话语"。他自己也说:"讨论新闻纸之性质及其职务,及新闻之定义及其价值,自信所言,颇多为西方学者所未言及者。"徐氏对于当时报界的混乱不当,也多有批评,极力倡导新思想新观念新话语。他说:"吾国之报纸,现多徘徊歧路,即已入迷途者,亦复不少。此书发刊之意,希望能导其正当之方向而行,为新闻界开一新生面。"

在革命文化中,中国共产党及其党报党刊,特别是党的领袖们,对于中国现代新闻观念和新闻话语的生成发展,作出了重大贡献。这里试以毛泽东新闻观与新闻话语为例略作论证。在《〈政治周报〉发刊理由》中,毛泽东极其简洁地提出:为什么出版《政治周报》? 为了革命。从此,为革命办报,成为最首要的新闻观和新闻话语。如何办好党报?"我们反攻敌人的方法,并不多用辩论,只是忠实地报告我们革命工作的事实。"此后,

"请看事实",成为十分有力的新闻话语。根据自己从事农村调查的体验,毛泽东提出,"没有调查没有发言权",既是新闻工作的基本规范,又是铿锵有力的新闻话语。"反对党八股",既是文风戒条,又是写作圭臬。关于新闻真实性,毛泽东提出:"讲真话,不偷、不装、不吹。"多么具体、深刻,又多么便于操作与监督。"开门办报",既是新闻政策,又是对群众路线在新闻领域落实的通俗表达。"用钝刀子割肉,是半天也割不出血来的。"把新闻批评的尖锐性,讲得多么通俗和深刻!"把地球管起来,让全世界都能听到我们的声音。"把我党广播工作的使命和政策,讲得多有气魄!"新闻有新闻、旧闻、不闻。"既有理论话语的创新,又有操作经验的点拨。凡此种种,让我们从中看出,以毛泽东等领导人为代表的革命文化,对于中国现代新闻观念的拓深和新闻话语的发展,起了多么重大的作用。

这里还必须指出,在革命文化的洪流中,党领导下的知识分子也为中国新闻观念的拓深和新闻话语的发展作出了自己的贡献。这里且以新中国新闻理论的奠基者之一甘惜分教授为例,略作分析。他对新闻事业性质的分析出于一种新的视角,认为新闻事业是表达社会意识的一种形式,是社会舆论机关,它以新闻报道、时事评论以及其他形式反映舆论、影响舆论和组织舆论,每日每时对群众施加思想影响。甘惜分还对新闻工作中"左"的表现进行实事求是的揭露和无情的批判。"左"的表现之一是,片面强调报纸是阶级斗争的工具,而忽视它也是调节人民内部矛盾的工具,是调节阶级关系的工具;表现之二是,片面强调是党的报纸,不同程度地忽视它也是人民的报纸;表现之三是浮夸之风;表现之四是重实践,轻理论,轻视新闻理论的研究;表现之五是不注意发挥新闻工作者的积极性和独创性。这篇批判极"左"的长文是甘老1981年在中共中央党校新闻班上的一次讲话,改革开放之初有这样思想解放分析全面的论文是十分难能可贵的。

作为研究新闻理论的大师,又有几十年在新华社等传媒采编第一线工作的经验积累,甘老对辩证法十分尊重且严格遵循。他强调,辩证法是研究事物内部对立的两个方面怎样相互联系、相互斗争以及在一定条件下相互转化的发展过程。他特别重视辩证法对新闻工作的指导与制约,认为对立统一规律是新闻宣传工作最基本的规律。所以,他多次给学生和进修班干部讲授《对立统一规律在我们笔下》,分析论证新闻宣传工作中的 20 对范畴,要求辨利弊、分敌我、观全局、明冷热、务虚实、判真伪、兼褒贬、顾上下、操攻守、表主客、见点面、察快慢、求异同、论质量、定正反、审动静、掂轻重、重奇突、别内外、通古今。讲清对立统一规律这 20 个要点后,甘老赠我们一句话:留心身前身后诸事,敢写浪起浪落奇文。为篇幅所限,笔者在这里不能全面展现甘老等老新闻工作者在新闻观念和新闻话语创新方面的实例和功绩,但就这些已足以表明,我国专家学者在革命文化资源方面对发展新闻话语所作出的重大贡献。

作为中华民族独特的精神标识之一的社会主义先进文化,根植于中华优秀传统文化,又是 100 多年来中国革命文化直接孕育和培植的伟大文化结晶。

马克思和恩格斯在《共产党宣言》中指出:代替那存在着阶级和阶级对立的资产阶级旧社会的,将是这样一个联合体,在那里,每个人的自由发展是一切人的自由发展的条件。笔者理解,这是社会主义先进文化的本质和保证。在当今社会主义中国,党和国家为每个人的自由发展提供了最好的物质条件和精神条件。而当全国人民都能够实现自由发展之后,全国的物质文明和精神文明也一定会有新的提升。正如习近平所言:"当高楼大厦在我国大地上遍地林立时,中华民族精神的大厦也应该巍然耸立。"社会主义先进文化的生存和发展,必须坚守社会主义核心价值体系和核心价值观,后者是决定文化性质和方向的最深层次的要素,是一个国家的重要稳定器。

社会主义先进文化及社会主义核心价值观,是我国新闻观念和新闻话语生成发展的重要源泉和推动力。比如,政治传播生活中的议程设置、协商民主、民众反馈等话语群的形成和调整;民生传播生活中的健康传播、经济改革、金融发展等话语群的提出和变动;文化教育生活中的传统媒体、新媒体、自媒体、融媒体等一系列过去不曾有过的新话语群的问世和交融,全球沟通和外交生活中的诸如中国梦、人类命运共同体、一带一路、文化自信、"修昔底德陷阱"等新话语群的交流和推介,都为当今中国新闻观念的拓展和新闻话语的构筑注入了强劲的推动力和丰富的新元素。

综上分析,中国新闻话语的建构,就是在历史悠久的中国优秀传统文化、底蕴深厚的中国革命文化、活力四射的社会主义先进文化的三种文化资源的合力中推进的。

三、建构中国新闻话语体系的路径选择

哲学社会科学学术话语体系的构建,特别是社会应用性很强的新闻话语体系的构建过程,不仅是科学方法的探索,也是理论研究的深化。我们建设中国新闻话语体系的理论与思想资源,不仅要向从西方国家的新闻学舶来品学习,更要从中国自己的文化思想源泉获取。所以我们在本文的第二部分,用很多篇幅梳理分析了组成当代中国文化的三个方面——长期累积的中国优秀传统文化、百年来中国的革命文化和当代社会主义先进文化,以及这三大文化资源对中国新闻话语体系建设的贡献。在本文的最后一部分,我们将侧重从方法论的角度,讨论建构中国新闻话语体系的路径选择与突破重点。

首先,在建构中国新闻话语体系的过程中,始终要坚持以马克思主义新闻观为指导和灵魂,而不能充当西方新闻理论的"搬运工"。

西方国家在当代新闻话语体系的创建中,做了大量有益的工作,如美国新闻学者约斯特、德国新闻学者道比法特、日本新闻学者小野秀雄,值得我们认真学习,有的新闻话语应该借鉴致用。但诚如恩格斯所言,一门科学提出的每一种新见解都包含这门科学的术语的革命。我们在引进和接受西方新闻学时,如果既不对理论体系进行验证考量,又不对学术话语作一定的分析和价值判断,那就只能充当西方新闻学的"搬运工",从而从根本上丧失以"术语的革命"为生命力的学术话语权。为此,在建构中国自己的新闻话语体系过程中,我们首先要扎扎实实地学习和掌握马克思主义新闻观,以此为灵魂和指导,开展当代中国新闻话语体系的创建,对来自西方国家的新闻话语进行验证和鉴别,对西方新闻话语既有所吸纳,又有所扬弃。科学地创建和合理地借鉴,应该成为中国特色马克思主义新闻学建设的原则。

其次,坚持既从中国已有的文化资源出发,又立足于时代的高度来构建中国新闻话语体系。

中国拥有优秀传统文化、革命文化和社会主义先进文化三大宝贵的文化资源,近百年来,中国新闻学者利用这三大文化资源建构中国新闻话语已有一定的学术积累,取得了不错的经验。但是,我们不能躺在这三大文化资源上寸步不前,更不能把它们变成包袱不思创新。"中国传统文化源远流长、博大精深,其中最核心的内容已经成为中华民族最基本的文化基因。传承和弘扬中华优秀传统文化就是把中华文化中跨越时空、超越国度、富有永恒魅力、具有当代价值的文化精神和思想理念弘扬起来。挖掘和阐释就是要以这样的文化观为基础。"[1]以这样的原则来衡量,建构中国新闻话语体系过程中对中国三大文化资源的解读和运用还是很不够的,甚至还留有不少空白。

如果我们站在时代的高度,审视全球的哲学社会科学话语布局,可以发现不少问题。习近平去年在哲学社会科学工作座谈会上指出:"在解读中国实践、构建中国理论上,我们应该最有发言权,但实际上我国哲学社会科学在国际上的声音还比较小,还处于有理说不出、说了传不开的境地。"这表明,中国新闻话语体系的建设,既要从中国现有文化资源和新闻话语水平出发,又要站在时代的高度来观察、设计和推进。富有学术魅力的中国新闻话语体系,既是中国文化的充分体现,又是能同国际对话的当代中国新闻的宏伟之音。

再次,推进当代中国新闻话语建设,要始终关注新闻话语和政治话语的分工与协调。

当代中国的新闻话语体系,是关于新闻传播规律、理念和方针政策的话语呈现,是马克思主义新闻观指导下的为千万新闻传播工作者所遵循和亿万人民群众所理解的新闻领域符号沟通。当代中国的新闻话语体系,应该洋溢着新闻精神,含有丰富的中国元素,具有一定的批判意识。有的学者主张,在话语和话语权的构建上,要把思想性话语同学术性话语

---

[1] 陈来:《中华优秀文化的传承和发展》,《光明日报》2017年3月20日。

融合起来。我的意见不同,我认为新闻话语应同政治话语有适当分工,同时二者又有较好的协调。新闻学自问世以来,由于强烈的意识形态属性,无论在西方国家还是在东方国家,新闻话语的政治色彩都极其鲜明。在这种情况下,新闻话语和政治话语有时难以区分甚至不予区分。所以中外新闻话语体系中的某些话语,也可以看作是政治学、社会学、宣传学、心理学、文学等学科的话语。我们现在既以创建中国新闻话语体系为己任,就应该一开始就注意和努力,争取把新闻话语同政治话语等区分开来,尽量把不同学科的话语边界划清楚一些。

最后,当代中国新闻话语体系的建构要积极推动人文主义和科学主义的融合,人文性话语和科学性话语的融合,建设科学与人文并重的"共有文化"。

哲学家陈先达指出:"两种文化,即科学技术文化与人文文化主导地位的嬗变,是资本增值和市场需要流向的必然表现。在资本迅速增值的推动下,一切与资本和市紧密相关的学科得到发展,人文学科尤其是哲学开始褪去它在前资本主义社会的神圣光环。"[①]有人把这两种文化对立的出现,怪罪于技术,尤其是互联网技术的普及。这就是当前反科学反技术思潮抬头的思想动因。但是更多的人从自然的惩罚,从物质生产和精神生产的失衡中清醒过来,提出要构建"共有文化"即科学与人文并重和结合的新型文化。只有在这种新型的"共有文化"的基础上,我们建构而成的中国当代新闻话语体系,才能既有深厚的人文主义思想,又具有严谨的科学主义方法。也唯有这样的中国特色新闻话语体系,才能处处闪耀着马克思主义新闻观的光芒,又能切切实实指导我们新闻传播实践和推动培养新闻人才的新闻教育事业发展。

在建构当代中国新闻话语体系过程中如果正确实施以上四个方面的路径选择,我们就有可能事半功倍,较好地推进当代中国新闻话语体系的建设,为有中国特色的马克思主义新闻学的建设打好扎实基础,为在全球新闻交往中掌握更多的新闻话语权做好准备。

[①] 陈先达:《哲学的困境与中国哲学的前景》,《光明日报》2017年2月13日。

政治文明:新闻理论研究的新课题*

一、政治文明与新闻理论研究新课题

党的十六大政治报告提出了政治文明的新概念。江泽民在报告中提出,发展社会主义民主政治,建设社会主义政治文明,是全面建设小康社会的重要目标。必须在坚持四项基本原则的前提下,继续积极稳妥地推进政治体制改革,扩大社会主义民主,健全社会主义法制,建设社会主义法治国家,巩固和发展民主团结、生动活泼、安定和谐的政治局面。

提出政治文明,是党的十六大重大理论贡献之一。政治文明的提出,拓展和丰富了马克思主义关于社会结构的学说,马克思在《政治经济学批判》序言中有一段经典论述:"人们在自己生活的社会生活中发生一定的、必然的、不以他们的意志为转移的关系,即同他们的物质生产力的一定发展阶段相适合的生产关系。这些生产关系的总和构成社会的经济结构,即有法律的和政治的上层建筑竖立其上并有一定的社会意识形式与之相适应的现实基础。"①在那里,马克思主义经典作家把社会结构分为经济基础(生产力及生产关系)、国家机器和社会意识形式三大板块。从20世纪80年代以来,我们党分别用物质文明建设和精神文明建设同经济基础与社会意识形式相应对,要求通过物质文明与精神文明的建设来推动社会

---

* 本文原刊于《新闻与传播研究》2003年第3期。
① 马克思:《〈政治经济学批判〉序言》,《马克思恩格斯选集》第2卷,人民出版社1995年第2版,第32页。

的发展。但是众所周知,国家机器在制约和促进经济基础与社会意识形式协调发展中具有至关重要的作用,可是这方面的相应建设始终没有受到重视并采取重大举措,缺乏理论上的深刻认识。应该指出,这是改革开放以来,我国政治体制改革始终没有大的动作的一个原因,也是经济改革乃至新闻改革一遇到体制问题就难以突破的原因之一。尽管邓小平早在1980年就提出了党和国家领导制度的改革,但实际上政治体制改革的滞后已直接影响到经济体制改革的深化和社会主义思想文化建设的进一步发展。

其实,中央近几年已关注到这种状况,几次提到政治文明的问题。在2001年的全国宣传部长会议上,江泽民第一次提出政治文明的概念。去年在中央党校的重要讲话中,江泽民又一次提出,发展社会主义民主政治,建设社会主义政治文明,是社会主义现代化建设的重要目标。后来在考察中国社科院时,江泽民再一次提到政治文明。他说,建设有中国特色社会主义,应是我国经济、政治、文化全面发展的进程,是我国物质文明、政治文明、精神文明全面建设的进程。我们相信,党的代表大会提出并决定通过政治文明建设来推动政治建设和政治体制改革,必将促进社会主义社会的三大组成部分经济基础、国家机器和意识形态形式的全面发展。

文明是社会发展到较高阶段和具有较丰富的物质基础以及深厚的文化涵养的产物,是人类出于生存和发展需要所创造的特有的生活方式,具有物质文明、制度文明、精神文明三种存在形态。进入阶级社会之后,制度文明表现为政治文明①。

纵观西方国家建设政治文明的经验,回顾从延安中国共产党执政以来的历史,可以看出,政治文明的基本内涵是一个制度、两个机制、三个规范。

一个制度就是现代民主政治制度,这个制度的实质是还政于民,还权于民,确保人民当家作主。两个机制是政治运行机制和社会监督机制。

---

① 此观点引自中共中央党史研究室副主任石仲泉的论文:《十六大的理论贡献》,《文汇报》2002年11月20日。

在中国,政治运行机制主要指人民代表大会制度,普选制度,民主集中制度,以及中国共产党和各民主党派长期共存互相监督的制度等。社会监督制度,则主要指政党监督、人大监督、法律监督、纪律监督、经济监督、群众监督和舆论监督。三个规范指观念规范、法律规范和道德规范。这一个制度、两个机制、三个规范之间的关系是:三个科学规范是建构文明务实的政治运行机制与社会监督机制的基础,两个机制的有效运行则是民主政治制度得以建立与维系的保证。它们都是现代政治文明的基本内涵和必要架构。没有这些基本的政治配置,现代政治文明就是一句空话。

从上面的政治文明架构观照我国当代新闻理论研究,可以发现其中的缺憾与不足。政治文明建设作为党和国家在新世纪提出的时代使命和发展战略,为新闻理论的创新研究提出了新的思路和新的课题。

二、构建同民主政治相适应的新闻传播体制

作为新闻理论研究的创新,首先要按照政治文明建设的总要求和总方针,设计和构建同民主政治制度相适应的现代新闻传播体制。

由于不同传媒所承担的社会使命不同,所有人和经营人的媒介宗旨不同,民族传统与主流文化及价值观不同,以及传媒在历史长河中形成的特色与习惯不同,不同经济基础上和政治制度下的新闻传播事业的体制是不同的。新闻传播体制就是新闻传播事业的组织制度,它包括新闻传播事业的所有制及行政隶属关系、内部结构、组织体系、人事制度等,其核心是新闻传播事业相对政府及执政党的角色定位。新闻传播体制受制于社会的政治与经济制度,它是适应长期的社会规范,不断平衡政府、执政党、新闻消费者和新闻传播机构各种关系和利益诉求的结果。

所有制涉及所有制和所有权两个问题。所有制泛指人们对物质资料的占有形式,所以通常指"生产资料所有制"。所有权指法律确认的对生产资料和生活资料所享有的权利,是所有制在法律上的表现。因此,研究新闻传媒所有制,前提是确认新闻传媒的物质形式,以及某些人和群体占有这一物质形态的合法性。自近代以来,西方国家新闻传媒所有制形式

共有六种,即私人所有、政府所有、政党所有、团体所有、合作所有、半官方所有①。旧中国新闻传媒所有制形式同西方国家无大的差别,既有属于政府、政党的传媒,也有私人所有的传媒。新中国建立后,中央政府和党中央采取坚决措施,将所有敌方政府军队及国民党党部管理的报刊社、电台和通讯社全部接收。驱逐帝国主义通讯社在华机构。对于私营新闻传媒则有区别地予以处理,后来又对其实行社会主义改造,所有制转变为国家所有。至1960年《新闻报》停办,中国全部新闻传媒均属国家即政府所有。这种情况一直延续到改革开放时期。中国新闻传媒实行国家所有的所有制形式,其特点是:办报所需要的资金由国家按预算拨给;办报所需要的物资由国家按计划供给;报纸的发行全部交邮局,实行"邮发合一"的机制;办报所需的人员由国家定编定员;报社的领导由党委按干部管理权限指派。其他传媒如广播、电视、通讯社等,也大体如此。

在清一色的所有制形式下,人们完全把新闻传媒定位为党和政府的工具。但其间也有过两次产业化改造的短暂历程。第一次是在1949年至1956年,从新中国成立到农业、手工业和资本主义工商业社会主义改造完成。这一时期,中央在报社实行"企业化经营"的方针,收到很好的效果,当时许多报社做到了经费自给。这段历史到1957年由于媒介生态的变动而中断了。

第二次产业化进程发生在党的十一届三中全会之后,大致经历了三个阶段。1979年至1988年为第一阶段,新闻传媒实行"事业单位,企业化管理"的经营方针。第二阶段从1988年至1992年,以开展多种经营和有偿服务为目标。第三阶段自1992年邓小平发表南方谈话至2000年,以"一业为主,多种经营"为原则。

2001年中共中央办公厅、国务院办公厅联合颁布的深化新闻出版广播影视改革的文件指出,新闻出版广播影视既有一般行业属性,又有意识形态特殊性,既是大众传媒,又是党的宣传思想阵地。该文件就体制作出的规定是:健全党委领导与法人治理结构相结合的领导体制,宣传业务与

---

① 详见陶涵:《比较新闻学》,北京文津出版社1990年第1版,第141—151页。

经营相对独立的组织结构,适应市场需求、调控有力的经营管理模式,建立新形势下保证党委领导,调控适度、运行有序、促进发展的宏观管理体制。这是目前我国对新闻传播事业体制的新的明确规定。

我国自1992年实行市场经济以来,新闻传播事业在所有制形式上发生了一些值得关注的变化。一是新闻传媒内部的一些部门和下属的一些部门,出现了多元化发展的产业所有制形式。比如报业,目前大致分为三种产业成分,报社本身的所有制为单一的国家所有制(按新闻出版总署的解释,其实也不尽然)。报社直接领导的印刷、发行、广告等二级核算部门,有一部分是非国家所有制。报社下属的一些多种经营企业则呈现更为广泛的多元化所有制形式。二是出现了一大批传媒集团,这些集团的部分成员,其所有制已发生变化,不完全是国家所有制。三是社外资本包括国外资本参与新闻传媒,使这些新闻传媒的所有制形式发生了变化。如在全世界拥有270多家专业出版物的国际数据公司(IDG),已在中国合作出版了12种报刊。四是部分传媒资本重组,有的实行了股份制。当然,这些传媒依照中国政府的有关规定和传媒运作惯例,严格实行采编和经营分离的原则。

我国新闻传播事业所有制方面的上述变化,同政治文明制度建设的方向是一致的。除所有制和行政隶属关系的变化之外,传媒的组织体系等也进行着许多有益的改革。长期以来,中国传媒的组织体系源自三个方面。一是来自旧中国依据西方报业管理模式建立的组织体系。这种模式的特点是董事会领导下的"双驾马车"制,报社由对董事会负责的总经理和总编辑共同主持。二是在向苏联新闻界学习过程中照搬过来的真理报塔斯社模式,即政府有什么部门,传媒也设立相对应的部门。三是来自延安解放日报改革时期所形成的党报传统,即传媒是党的工作系统中的一个职能部门。这三个方面多年来发生了许多重大的变化。苏联模式的影响正在消除。"双驾马车"制已在一部分传媒中再次恢复。新闻传媒作为党的一个职能部门的做法已开始形成这样的共识:党的机关报是党委的一个职能部门,而其他的传媒不应再看作是党的机关报,更不是党的职能部门。可以肯定地说,随着政治文明建设的深入,人们对传媒组织体系,还会有更多有益的探索。

总之,新闻传播体系的营建,必须适合民主政治制度的要求。而什么样的新闻传播体制才能真正适合民主政治制度的要求,是新闻理论研究必须回答的首要问题。相信不久的将来,会有许多学者关注这一问题,他们的意见也将是多种多样、丰富多彩的。但是,尽管高论纷纭,基本出发点应该是一致的、相近的,以笔者之见,它们是:

第一,同民主政治制度相适合的新闻传播体制必须是民主的,有利于还政于民,还权于民的。政治文明下的新闻传播体制,应有利于保障人民依法享有的知察权(信息权、了解权)、参与权(就国家事务、社会事务发表自己的观点和意见)、监督权(对国家机关和国家工作人员的决策、行政行为及个人品质进行监督和批评)。

第二,同民主政治制度相适合的新闻传播体制必须是开放的,有利于中国人民了解世界,世界人民了解中国。物质文明建设使中国经济走向和融入全球化,精神文明建设使中国在保持本土文化的同时接受外来文化的营养,政治文明建设则使中国在跨文化传播中不断强化自己的核心竞争力和国际影响力。

第三,同民主政治制度相适合的新闻传播体制的建立,必须以法制建设和法治机制为前提。为此,要对以往形成、至今仍在执行的一系列旧规定和旧法律进行彻底清理和变革。必须予以重视与改进。

体制是一切改革的关键。在观念更新、实务改革已进行 20 多年的基础上,今天体制改革正逢其时。以体制改革为突破口,以营建同民主政治制度相适应的新闻传播体制为目标,我们的新闻改革必将走出新的一步。

三、舆论监督锋芒要直指一切丑恶、腐败和消极现象

舆论监督机制是政治文明建设重要的内容和坚持政治文明建设不可缺少的机制保证。

机制指一个工作系统的组织或部分之间的相互作用过程和方式。前面提及,政治运行机制和监督机制都是为巩固和发展作为政治文明核心的民主政治制度服务的,其中的监督机制不仅防范和反对不良因素对民

主政治制度的干扰和破坏,也防范与反对政府机构和政府工作人员被腐蚀和被异化。

在政治文明建设中,监督一般有法律监督、政党监督、行政监督、人民监督、经济监督等几种。人民监督又可细分为社会群众监督、人民团体监督和新闻舆论监督等几种。舆论监督指公众了解情况后,通过一定的组织形式和传播媒介,行使法律赋予的监督权利,表达舆论、影响公共决策的一种社会现象。又是指公众利用新闻传媒或新闻从业人员通过新闻传媒对政府、政党的行政行为和公务员的个人品质所进行的督察与批评。在中国,由于民众社团尚不发达和其他传媒也不普及,因此新闻舆论监督就成为舆论监督的主要渠道。

在政治文明建设中,十分明确的是,舆论监督的对象是一切丑恶、消极、腐败现象,其重点是权力机构和政府官员。包括对政府官员行政行为和个人品质的监督。可见,在政治文明架构中,现代社会的舆论监督的范围要比一般意义的新闻批评广泛得多。舆论监督要求执政党和政府自觉地将自己的决策动机、决策依据、决策过程和决策效果告知人民,官员要向社会公开自己的收支状况与行为表现(隐私部分除外);要求立法赋予公民有参与讨论、建议、评价决策的权利;赋予公民对错误决策和行政行为及公务员的不良表现有公开揭露与批评的权利。在社会全方位的监督下,执政党在法律规定的轨道上活动,政府公正执法,公务员廉政勤政,公民依法享有各种权利,努力履行自己的义务与责任。这样,就为政治文明建设奠定了基础。

作为一种机制,厉行舆论监督是中外新闻传媒的共性。社会主义新闻传媒同资本主义新闻传媒有许多不同,但在坚持真实报道、坚持批评监督的传媒品质和功能方面,有惊人的相似之处。这是由于,真实报道是传媒的立身之本,批评揭露是新闻传媒的主要功能之一。当然,中西传媒由于所有制不同,价值观念与运行机制不同,仍有许多重要的区别。就舆论监督功能而言,资本主义新闻传媒以"社会第四权"自居,扬言同立法、司法与行政三权相独立,以站在纳税人一边,揭露权力的黑暗为其主要功能。而社会主义新闻传媒则把自己的职能建构在党的利益与人民利益一致的理念上,认为党领导的亿万人民群众创造的事业成绩是主要的,缺点和错误则是次要的,前者是九个指头,后者是一个指头,因此提出以正面宣传为主的新闻方针。

其实,社会主义新闻传媒坚持贯彻以正面宣传为主的方针,并不反对必要的、适度的批评揭露。舆论监督这一重要功能,在马克思主义经典作家的论述和执政的无产阶级政党的新闻政策中,始终受到高度重视。邓小平指出:"党要受监督,党员要受监督,八大强调了这个问题。毛主席最近特别强调要有一套章程,就是为了监督。毛主席说,要唱对台戏,唱对台戏比单干好。我们党是执政的党,威信很高。我们大量的干部居于领导地位。在中国来说,谁有资格犯大错误?就是中国共产党。犯了错误影响也最大。因此,我们党应该特别警惕。宪法上规定了党的领导,党要领导得好,就要不断地克服主观主义、官僚主义、宗派主义,就要受监督,就要扩大党和国家的民主生活。如果我们不受监督,不注意扩大党和国家的民主生活,就一定要脱离群众,犯大错误。因为我们如果关起门来办事,凭老资格,自以为这样就够了,对群众、对党外人士的意见不虚心去听,就很容易使自己闭塞起来,考虑问题产生片面性,这样非犯错误不可。所以毛主席在革命胜利之后再三强调这个问题,这是看得很深很远的。"①

坚持舆论监督,重要的是从我国国情出发,总结自己的实践经验,其重点是加强法制建设,实现舆论监督的制度化、规范化和程序化。在建章立制方面,当前最重要的是尽早出台出版法、广播电视法和社会监督法。在这些专门法中,应该明确规定保护新闻传媒和新闻工作者从事舆论监督的权利与空间。为扶持舆论监督,还应该专门规定下列内容:

第一,因为舆论监督事关公众人物和公共利益,所以新闻传媒和新闻工作者应该拥有最大的监督空间,法律应最大程度保护传媒和新闻工作者。

第二,在报道真实性方面,为新闻传媒和新闻工作者预留一定的非故意失实空间。在法律上要求批评的全部事实特别是细节事实百分之百真

---

① 邓小平:《共产党要接受监督》,《邓小平文选》第一卷,人民出版社 1994 年版,第 270 页。

实,实际上等于捆住传媒和记者的手脚。当然,就敬业精神和舆论监督的严肃性而言,传媒和记者应尽最大努力,想一切办法,去获知必要的事实和数据。

第三,在传媒和记者的报道权、言论权同被监督者的名誉权的平衡上,以尊重事实为前提,实行向报道权和言论权的倾斜。

第四,举证责任上,对传媒和记者应适当减负。因为对某些被监督者与被揭露事实的举证,传媒和记者是相当为难的。在某些情况下应责成被告与其他方主动提供相关事实。在审理和判决时,对于非故意侵害的传媒和记者,应实行一定的宽让。

总之,在社会架构中,新闻传媒属于上层建筑。在中国,新闻传媒是党和政府的喉舌,因而具有一定的威力。而在实施舆论监督中,传媒和记者又往往成了弱势群体。在侵权诉讼中,美国传媒败诉率为8%,而中国传媒却达到70%。因此,从舆论监督的重大社会意义考虑,通过立法和执法为传媒和记者提供足够的法律支持,在当前显得十分重要和非常迫切。我们应从有利于政治文明建设的高度审视舆论监督,为舆论监督的大张旗鼓地开展,在理论研究上投以更多的关注和力量。

四、确立民主和科学的新闻传播观念

研究和确立民主的科学的新闻传播观念,是政治文明建设的又一个要求。

观念是一种思想意识,是客观事物在人的意识中经过思维活动而产生的结果。观点,指观察事物时所处的方位或采取的态度,观念是一系列观点的累积和整理,它是客观事物在人脑留下的概括的形象。新闻传播观念是人们关于新闻传播的看法、思想,是人们关于新闻传播行为、现象、新闻媒介及新闻作品等进行思维活动的结果,是物化的新闻活动及新闻作品在人脑中留下的形象。在不同的新闻传播环境和传播制度下,有着不同的新闻传播实践,形成不同的新闻传播体制、机制和方法,因而生产不同的新闻传媒和新闻作品,由此而形成不同的新闻传播观念。在这些新闻传播观念的指导下,又会有相应的新闻传播实践,生产相应的新闻作品和新闻传媒，维护和巩固相应的新闻传播体制、机制和方法。在媒介生态基本不变的情况下，新闻传播观念和新闻传播实践这种相辅相成、生生不息的互动会一直继续下去。一旦传播环境由于社会经济、政治等更为基础性的因素变动而发生了相应的变化，必然会导致新闻传播体制、机制和方法的改革。面对变化了的这一切，人们的新闻传播观念也不可避免地会发生改变，这就是观念的更新，也就是原有观念同新观念的冲突。在这种冲突面前，人们要么顺应形势和新潮流，主动地更新观念；要么顽固地坚持原有观念而逆新形势和新潮流而动。新闻传播史表明，在新的经济与政治变革发生的时候，新闻传播体制和机制的相应变革是必然的。在新的新闻实践中，新闻传播观念的变动与更新是顺应时代、顺应潮流的正当之举，顽固地坚持旧观念不变，只会被时代和潮流远远地抛在后面。

党的十六大拉开了新世纪中国政治改革的序幕，建设政治文明是这场改革的主题。与此相适应，新闻传播体制正在并将不断地发生根本性的变动，舆论监督机制也将呈现新的特点和新的风采，在这种新的实践的基础上，新闻传播观念必将随之出现一系列深刻的变动。一旦新的新闻传播观念形成之后，又将促进新闻传播体制与机制的进一步变革。从这个意义上可以说，在政治文明建设背景下的新闻传播观念的自觉更新，是营造新的新闻传播体制和机制的前提和关键。

根据政治文明建设条件下营建新的传播体制和舆论监督机制的需要，下列几个方面是当前新闻传播观念更新的当务之急。

第一，知察权和传播权是公民的基本人权。根据政治文明建设的要求，政府和公务员有向公民报告情况的责任，公民有了解情况和知晓政务的权利。党的十三大曾提出，重大事件让人民群众知道，重要决定经人民群众讨论，这是政府和公务员对人民负责的起码要求。政治文明建设比这些应该做得更多，做得更好。

知察权又称知晓权、知情权、了解权。在民主社会，公民有权依法闻知政府及公务员的行政行为及一切有利其正当活动的社会信息。公民的知察权在很大程度上有赖于新闻传播者的公开报道才得以实现。新闻传播者的职业行为——收集、核实信息和传递信息的活动不受阻碍，政府、公务员及一切有关方面人士不拒绝提供公民依法应知晓的信息,是知察权的主要内容。凡政府、公务员及有关人士有意扣压公共新闻信息,或有意传播虚假信息,被认为侵犯了这项权利。新闻传媒知晓某一社会信息而隐匿不公开报道,也被认为侵犯该项权利。自20世纪60年代以来,知察权不仅仅被看作新闻传播者的角色权利,而被视为广泛的公民权利之一。

传播权包括两方面内容。其一,公民有依法通过新闻传媒和其他渠道传播新闻信息的权利。其二,新闻传播者有依法将采集、加工后的新闻信息通过新闻传媒自由送达至受传者的权利。各种报刊发行渠道不被设置障碍,各种广播电视节目无障碍地为视听者收受,是传播权得以实现的保障。

树立知察权和传播权是公民基本人权的观点,可以提升公民维权的自觉性,也有利于促进政府和公务员提升政务公开、对人民负责的自觉性,同时又可以推动有关这方面的立法,使政府成为公开的、务实的和有效的政府,减少以至最终取消暗箱操作政务的弊病,从而大大推动政治文明建设。

第二,新闻传媒既是党和政府的喉舌同时又是人民群众的喉舌。党和国家领导人近几年都讲过这一观念。早在1985年,胡耀邦在《新闻工作的性质问题》中就指出:"我们党的新闻事业,究竟是一种什么性质的事业呢?就它最重要的意义来说,用一句话来概括,我想可以说党的新闻事业是党的喉舌,自然也是党所领导的人民政府的喉舌,同时也是人民自己的喉舌。"[①]江泽民在《关于党的新闻工作的几个问题》中也指出:"我们国家的报纸、广播、电视等是党、政府和人民的喉舌。这既说明了新闻工作的性质,又说明了它在党和国家工作中的极其重要的地位和作用。"[②]

笔者强调"喉舌论"观点,原因在于有些人片面地理解当好党和政府的喉舌与当好人民群众的喉舌之间的关系。他们把对党委负责和对人民负责、对上级负责和对基层负责对立起来,把主要的注意力放在对党委负

---

① 参见《新闻工作文献选编》,新华出版社1990年版,第280页。
② 同上书,第180页。

责、对上级负责上,轻视甚至漠视人民群众、基层单位的要求。这种情况下,新闻传媒怎能为政治文明建设尽心尽责?怎能对舆论监督敬业勤业?因此,正确地认识和牢固地树立"喉舌论"的观点,对于全面履行新闻传媒的社会角色功能,推动政治文明建设是十分重要的。

第三,新闻传播事业既有意识形态属性又有产业和企业属性。根据马克思主义社会结构学说,新闻传播事业属于上层建筑的思想上层建筑部分即意识形态领域,所以它无可置疑地具有意识形态的属性。对此学术界少有争议。在我国,由于受到过去苏联新闻体制的影响,长期以来把新闻传播机构作为一种事业单位,而不将其同时又视作企业。所谓事业单位,指受国家机关领导、所需经费由国库支出、不实行经济核算的部门。在改革开放以前,这种认定大致是正确的。说是大致,因为不少新闻传播机构虽然也注意经济核算,但经济核算这一环节在新闻传播机构并不受重视,它们吃的是"大锅饭",经费由国家支出,办好办坏一个样,同党政机关无什么大的区别。但改革开放,特别是实行市场经济以来,越来越多的新闻传播机构开始不吃"皇粮"而实行自收自支、自负盈亏的经营方针,经济核算的体制受到重视并日益完善,企业的特点日趋鲜明,同过去那种"事业"特点有很大不同。企业最大的特点,它是从事商品或劳务生产经营,进行独立经济核算的经济组织。所有涉及生产、经营的事业都是产业,因而新闻传播事业又是新闻传播企业。我国的产业政策和产业统计已明确地把新闻传播事业列入第三产业,即为第一产业和第二产业以及直接为人民生活服务的服务产业。因此,新闻传播事业既有意识形态属性,又有产业和企业属性。这是新闻传播事业区别于其他事业的特殊之处。确立这一观念是很有意义的。这一观念对指导我们尊重新闻传播事业的传播规律和产业规律,推动政治文明建设是十分重要的。

大众传媒的使用与驾驭：
执政能力的重要标示[*]

一部现代新闻传播史，处处写着执政党与大众传媒密不可分的互存、互动关系。执政党能不能在遵循社会发展规律和新闻传播规律的前提下有效使用和正确驾驭大众传媒，是衡量执政能力高低优劣的重要标示。

党的十六大第一次提出加强党的执政能力建设的任务。十六届四中全会在《关于加强党的执政能力建设的决定》（以下简称《决定》）中明确规定，各级党组织必须正确和有效地使用大众传媒。本文试图通过比较无产阶级政党与资产阶级政党对大众传媒的不同理念及管理方针，探讨现代执政党使用与驾驭大众传媒的基本规律和重要机制。

一、美国总统使用大众传媒的有益经验

资产阶级政党在夺权与执政的长期实践中，最早认识大众传媒对于政党政治和社会发展的巨大作用。

华盛顿作为美国独立后的第一任总统，懂得报纸是他与选民们进行交流的有价值的工具。在他第一个任期开始时，他个人至少订阅5份报纸和3份杂志。随后，订阅的报刊增至约30份。有人称华盛顿是"善于博览的报纸读者"，因为他总是急于和大众舆论保持接触。他曾经一度订阅所有的报纸而不顾这些报纸持何种政治偏见。如果说美国首任总统华

---

[*] 本文原刊于《中国人民大学学报》2006年第1期。

盛顿和第二任总统亚当斯同新闻出版界还保持着一定距离的话，那么《第一修正案》的积极推动者、第三任总统杰斐逊，则是一个千方百计地袒护新闻出版界并为之提供最宽松运作环境的国家元首。杰斐逊在华盛顿面前曾明确陈述过自己对民主政治中报纸作用的看法。他说："没有检查官，政府则不能存在，然而在新闻出版自由的地方，则一个检查官都可以不要。如果政府是廉洁的，它无需害怕攻击和辩护。造物主没有给人类任何其他方式在宗教、法律，或者在政治方面辨别真理。我认为政府对拍马者和批评者采取不闻不问的态度是明智的。因为纵容前者和迫害后者可能有失尊严并且是犯罪行为。"①担任总统之后，杰斐逊的这种理念仍无丝毫改变。他在给爱德华·卡尔顿的一封信中表示，如果"由我来决定我们是要一个没有报纸的政府，还是要没有政府的报纸，我会毫不犹豫地择其后者"。他只是在信中添加了一个前提条件："但是我应该说明，每个人都应该得到这些报纸，并有能力阅读它们。"因为在他看来，如果缺乏能够阅读报纸的受过一定教育的选民，新闻出版自由就毫无意义。杰斐逊坚信新闻出版自由的巨大社会功能。他认为这种自由不仅可以监督政府，以保证其不侵害公共利益，而且可以通过公共舆论来纠正报刊自身对自由的滥用。

后来美国的50余届、40多位总统几乎或者像华盛顿那样，或者像杰斐逊那样，即或者对大众传媒敬而远之，高度警惕，或者同大众传媒保持良好关系，频繁接触。但任何一届总统都认为，大众传媒是一种必须谨慎驾驭、巧妙使用的重要社会公器。历届政府对于大众传媒的这种认识和同新闻界或疏或密的关系保持至今，没有改变。总统作为执政党的政治代表，他同大众传媒保持种种关系的渠道主要是三个：一是通过白宫设立的新闻秘书，二是总统直接召开新闻记者招待会，三是通过传媒发表总统讲话。

艾森豪威尔总统调控新闻的主要方式是记者招待会。他把招待会看成是向全体选民发表政见的讲坛。肯尼迪总统在驾驭传媒方面"手法高

---

① 这一部分的引文均出自约翰·特贝尔、萨拉·迈尔斯·瓦茨：《从华盛顿到里根——美国历届总统与新闻出版界》，余赤平等译，吉林人民出版社1989年版，第12、41、714、751、806页。

明"。"即便他不完全理解新闻界的宗旨,但他懂得其中的诀窍;他深知与民众搞好关系的重要性并善于利用公众媒介;他性格逗人,赢得了新闻界的喜欢和赞慕……新闻记者和老百姓喜欢艾森豪威尔总统,但是记者们发现肯尼迪与他们更志同道合,更有相似之处。"在执政的三年里,肯尼迪在白宫发表了9次全国性电视讲话,他比威尔森和两位罗斯福等总统发表了更多的公开演说。在白宫,他同样与更多的舆论制造者会面。他以高超的手腕支配新闻界。在支配新的大众媒介——电视方面,他为其他人作出了示范。肯尼迪同样是控制新闻界的老手,每次记者招待会都会做充分准备,利用这些机会巧妙地推行他的方针政策。他让记者们明白,写颂扬文章的人将得到内情,坚持与政府作对的则会在白宫遭到冷遇。

尼克松的情况则恰恰相反。他在试图同新闻界搞好关系的计划破产之后,始终认为新闻界是他的敌人,是自己政治上的反对派。他在回忆录中说:"为了使我的观点和纲领能让人民所了解,我准备与新闻界干上一仗,但是,尽管我作为总统享有那么多权力和露面的机会,我还是不相信这一仗会在对等条件下进行。在形成公众意识和社会舆论方面,新闻界比总统要强大得多,理由很简单,最后说了算的总是新闻界。"正是在尼克松时期,发生了"五角大楼文件事件",尼克松政府企图阻止《纽约时报》刊登有关越战的国防部文件。美国自有宪法以来,政府试图事先对出版进行控制,这还是第一次,而这正是《第一修正案》旨在预防的事情。不久,这个常与新闻界作对的总统,终于在新闻界推波助澜的"水门事件"中皇冠落地,他的副总统福特接任总统。福特在副总统任上,从未回避过新闻界,在8个月的任期中,他举行过52次新闻发布会,接受过85次正式访问,还多次与记者们随便交谈。"无数的记者、评论家包括此行业中的许多卓有成效的优秀人物都对福特那'敞开的门'表现出狂热。"他让他们"忘记了白宫新闻秘书及其他官方发言人的控制作用就是不讲事实,而是为他们的原则要求披上最合适的外衣,并且在他们的努力过程中如果可能的话,把事实掩盖起来"。

由于西方传媒产业私有化的结果,今天在美国这样的西方大国,执政党除了拥有少数由政府把持的官方媒体外,一般不直接掌握大众传媒。

因此，很难一概而论，说美国大众传媒都是美国执政党及其政治代表总统呼风唤雨的忠实工具。前面引述的 200 多年来美国执政党和多数总统始终能够比较顺利地使用和驾驭大众传媒的历史表明，这种政党与传媒若即若离、时疏时密的关系，正是美国这样的西方国家现代政治的一个特色。美国学者对总统巧妙驾驭大众传媒作过比较准确的描述：

> 200 余年的时间以来，总统所干的每件事都可以成为新闻，新闻界就只能发表或录制他所干的一切。然而事实上新闻界却保留着自己的独立权，这便是用它自己的判断力，从职业的角度而不是从政治观点来决定一条新闻。这一点使历届总统感到恼火。当总统们的新闻定义和他们对新闻重要性的判断与新闻界的看法发生冲突时，他们就会高声疾呼这是新闻的偏见与歪曲，甚至还会称它为攻击政府或背叛祖国。里根及其他所操纵的宣传机器正是巧妙地利用了这一意见分歧，调动公众舆论为政府的利益服务。

对于这一段总结性描述，笔者认为可以这样解读：一方面，出于政治统治和舆论控制的需要，历届美国总统及其所代表的执政党总是千方百计地运用各种手段使用、驾驭新闻传媒。所不同的只是关系疏密、远近以及配合默契或被动存有差异而已。另一方面，大众传媒作为社会交往沟通的工具和社会舆论的标识，也总是积极主动地采集利用由总统所掌握的新闻资源。在长达 200 余年时间里，这种利用与被利用的背景相当纷纭复杂，其间少不了个别为一己私利卖身投靠的传媒，但也不乏坚持社会责任和新闻理念的传媒。

由此可见，作为美国民主社会的一条基本经验，就是执政党及其政治代表总统必须在尊重传媒自身利益和传媒新闻专业主义的前提下，才能有效地、巧妙地使用与驾驭大众传媒。这一基本经验，值得我国重视和学习。

二、传媒是无产阶级执政党的旗帜和武器

早在马克思和恩格斯时代，无产阶级政党就把党报看成工人政党存在的标志。他们认为，党报是政党的旗帜、武器和阵地。他们要求全党同

志珍爱党报这个武器,坚守这个阵地。但他们同时又指出,党报不是向党提供牛奶的奶牛,党报不是领袖们谋私的工具。党报既要接受党的领导,又享有形式上的独立性。党报在纲领和既定策略的范围内可以自由地反对党的某些步骤,并在不违反党的道德的范围内自由批评纲领和策略。

俄国社会民主工人党在没有成为执政党之前,列宁指出,党报是作为党的一个"组织细胞"而存在和活动的,报纸应当成为党组织的机关报。写作者一定要参加到党组织中去。十月革命胜利之后,在列宁的领导下,党的第八、九、十二次代表大会分别通过了关于报刊工作的重要决议。其中第八次代表大会的决议指出,报刊是党进行宣传、鼓动和组织工作的强大工具,是影响广大人民群众的有力手段。为此,党报必须在党的领导下工作,党应该向党和苏维埃报社编辑部增派党的最有经验的干部。

列宁十分强调加强党对报刊的思想领导,强调党的报刊要坚持公开报道的原则和讲真话的原则。他说:"没有公开性来谈民主是可笑的。"他把贯彻公开报道的原则提到巩固政权的高度来认识,指出:"只有当群众知道一切、能判断一切,并自觉地从事一切的时候,国家才有力量。"[①]列宁指出:"我们需要的是完整的和真实的情报。而真实性不应当依它该为谁服务而变化。"他说,允许而且应当"组织好对事实的选择"(要求选择得完整、准确、妥当),但必须首先做到所报道的事实完整而真实[②]。

中国共产党对于党与传媒关系的认识及规定,直接受到列宁思想和布尔什维克报刊政策的启示,早期则完全是共产国际相关文件的翻版。由列宁拟定的《加入共产国际的条件》第一条规定:"日常的宣传和鼓动必须具有真正的共产主义性质。党掌握的各种机关报刊,都必须由已经证明是忠于无产阶级革命事业的可靠的共产党人来主持编辑工作。"第十二条规定:"不管整个党目前是合法的或是非法的,一切定期和不定期的报刊、一切出版机构都应该完全服从党中央委员会;出版机构不得滥用自主权,执行不完全符合党的要求的政策。"[③]由中共一大通过的关于宣传工作

---

① 《列宁全集》第26卷,人民出版社1985年版,第234页。
② 《列宁文稿》第10卷,人民出版社1979年版,第457—458页。
③ 《列宁选集》第4卷,人民出版社1995年版,第251、253—254页。

的决议中的规定,同上述条文完全一致。毛泽东一再重申的诸如党的报刊是党的一个重要工作部门,是党的锐利武器和有力工具,党的报刊要无条件地服从党的领导和宣传党的路线政策等党报工作原则,这些内容同列宁的报刊思想是完全一致的。

对于党委机关报,另有专文规定。1954年7月17日,由中央政治局通过的《中共中央关于改进报纸工作的决议》指出:"党委的机关报是党委的一个工作部门,各级党的委员会应该把它们的机关报紧紧地掌握在自己手里,并从政治上、组织上用力健全和充实自己的机关报。"规定要求,各级党委应以党委委员之一去担任同级党报总编辑的实际职务。党的机关报由党委书记之一直接加以领导,在重要问题上及时给以指示。党委应定期讨论报纸工作,但应注意不要烦琐地干涉编辑部的日常工作。党委对于自己的机关报一方面要严格监督,另一方面要努力培养报纸编辑部的独立工作能力。这个文件还规定,各级党委除加强对自己机关报的领导外,还应加强对新华通讯社、广播电台及其他人民报纸的领导和监督。

从1949年新中国成立至1956年的最初7年,中国共产党和毛泽东除把大众传媒视作发布政令最好的渠道之外,尤其重视传媒监督执政党的反腐倡廉的功能。1950年4月19日,由毛泽东亲自改定,中共中央颁布了《关于在报纸刊物上展开批评和自我批评的决定》。这个文件一开头就明确指出:"吸引人民群众在报纸刊物上公开地批评我们工作中的缺点和错误,并教育党员、特别是党的干部在报纸刊物上作关于这些缺点和错误的自我批评,在今天是更加突出地重要起来了。因为今天大陆上的战争已经结束,我们的党已经领导着全国的政权,我们工作中的缺点和错误很容易危害广大人民的利益,而由于政权领导者的地位,领导者威信的提高,就容易产生骄傲情绪,在党内党外拒绝批评,压制批评。由于这些新的情况的产生,如果我们对于我们党的人民政府的及所有经济机关和群众团体的缺点和错误,不能公开地及时地在全党和广大人民中展开批评与自我批评,我们就要被严重的官僚主义所毒害,不能完成新中国的建设任务。由于这样的原因,中共中央特决定:在一切公开的场合,在人民群众中,特别在报纸刊物上展开对我们工作中一切错误和缺点的批评与自我批评。"①这个文件突出地表明,中国共产党执掌全国政权以后,自觉地利用大众传媒来清除自己肌体上的弊端,以永葆执政党的健康与活力。

在改革开放的新形势下,邓小平十分强调要高度重视新闻信息资源的开发。他指出,不要关起门来,我们最大的经验就是不要脱离世界,否则就会信息不灵,睡大觉,而世界技术革命却在蓬勃发展。他还强调要利用大众传媒来引导舆论,使之成为国家安定团结的思想中心。他说,作为执政党,党的各级组织和广大党员必须自觉接受党的监督和群众监督,而报刊监督是其中最有效的实施途径。他要求通过发扬小民主来避免大民主,因此要让群众有说话的地方,有出气的地方,有申诉的地方。报纸批评,就是这样一种地方。他要求,报纸批评,要合乎党的原则,遵守党的决议,有利于保证党的统一和战斗力。报纸批评,要抓典型,做到有头有尾,向积极方面诱导,有时还要做一点好坏对比,这样的批评才有力量。

江泽民主持党中央工作以后,十分强调新闻宣传在执政党工作中的地位与作用。他说:"我们党历来非常重视新闻工作。始终认为,我们国家的报纸、广播、电视等是党、政府和人民的喉舌。这既说明了新闻工作的性质,又说明了它在党和国家工作中的极其重要的地位和作用。""为什么我们的新闻工作会有这样重要的地位和作用呢?这是因为,它作为现代化的传播手段,能够最迅速、最广泛地把党的路线、方针、政策贯彻到群众中去,并变为群众的实际行动;能够广泛地反映群众的意见、呼声、意志、愿望;能够及时地传播国内国际的各种信息,直接影响群众的思想、行为和政治方向,引导、激励、动员、组织群众为认识和实现自己的利益而斗争。"②

江泽民尤其重视新闻传媒在引导社会舆论方面的巨大功能。他指出,正确的舆论导向极端重要。舆论导向正确,是党和人民之福;舆论导向错误,是党和人民之祸。党领导的新闻传媒,必须按照党和人民的意愿、利益正确地引导舆论,要用正确的舆论引导人。正确引导舆论,要坚

---

① 《中国共产党新闻工作文件汇编》(中),新华出版社1980年版,第5页。
② 《新闻工作文献选编》,新华出版社1990年版,第190页。

持"五个有利于",即有利于进一步改革开放,建立社会主义市场经济体制,发展社会生产力;有利于加强社会主义精神文明建设和民主法制建设;有利于鼓舞和激励人民为国家富强、人民幸福和社会进步而艰苦创业、开拓创新;有利于人们分清是非,坚持真善美,抵制假恶丑;有利于国家统一、民族团结、人民心情舒畅、社会政治稳定。

江泽民强调要抓好新闻队伍建设,特别是领导班子的建设。党能不能掌握新闻事业,新闻事业能不能办好,成为执政党手中的有力工具,关键是有没有一支高素质的新闻队伍。抓新闻队伍领导班子的建设,根本目的在于要把新闻舆论的领导权牢牢地掌握在忠于马克思主义、忠于党、忠于人民的人的手里。

从马克思、恩格斯、列宁到毛泽东、邓小平、江泽民关于执政党使用与驾驭大众传媒的一系列论述说明,无产阶级政党从来就高度重视大众传媒的巨大社会功能。而无产阶级政党一旦成为执政党之后,就牢牢地把大众传媒掌握在自己手里,使之成为执政党的喉舌,成为行使权力、宣传政令、巩固政权的有力工具。这其间,既有成功的经验,也有失败的教训。无产阶级政党就在不断地总结这些经验与教训中成熟起来,执政能力也随之不断得到提升。

三、在使用与驾驭大众传媒中提升执政能力

按现代新闻传播学的界定,大众传播是职业传播者通过某种现代化传播媒介向为数众多的不确定人群传递信息的社会性活动。大众传播是在一定的社会思想文化条件和物质技术条件下产生和发展的。大众传媒是大众传播过程中的工具与通道。在媒介的所有权和经营权合一的情况下,执政党通过其所掌握的大众媒介进行有利于自身利益的大众传播。在媒介的所有权与经营权分离的情况下,执政党往往直接通过影响经营者(包括内容的制作与产业的管理)而实现对大众传播的使用。

传播学大师哈罗德·拉斯威尔认为大众传播有三个功能:环境监视、使社会各个不同部分相关联以适应环境、使社会遗产代代相传。对这一理论极为赞赏的另一个传播学大师威尔伯·施拉姆后来又加了一个在他

看来同样重要的功能:娱乐。他说,大众传播被用于娱乐所占有的百分比大得惊人。但从总体上看,学者们更倾向于大众传播最重要的功能是"工具"功能。施拉姆等说:"我们利用传播作为我们自己的管理工具,用于作出决定,用于说服和操纵别人。"①

笔者以为,执政党正是从这个角度来考察大众传播的巨大社会功能,从而自觉地使用和驾驭大众传媒的。我们在前面两部分的阐述已经十分具体地说明了这一看法。资产阶级政治家把报纸称为"最有价值的工具","呼风唤雨的忠实工具";马克思主义经典作家称报纸为"先进人士的集合点","党的耳目喉舌","旗帜、武器、阵地",无不生动而准确地说出了大众传媒的这种认识工具、反映工具、代言工具、集合工具等诸种"工具"的作用。在这方面毛泽东1958年在一封信中对党报作用的概括是十分经典的。他说:"一张省报,对于全省工作,全省人民,有极大的组织、鼓舞、激励、批判、推动的作用。"②

马克思主义经典作家都在不同程度上强调过大众传播不仅要突出内容的重要性,还要注意传播形式和方法的可读性,即通过喜闻乐见的信息形态实现大众传媒的工具功能。但资产阶级执政党掌握下(少量)或影响下(多数)的大众传媒,似乎更强调传播形式的亲和和传播方法的科学。这在很大程度上是因为,即便是在资产阶级执政党操控下的大众传媒,依然明显地具有两重性:它既作为政党工具充当党的代言人,又作为商品手段以求得赢利。此外,西方学者还认为,庄严的主题如果运用有趣的形式来表达,也许会收到事半功倍的效果。施拉姆等下面这段话很好地表达了这种看法:

> 同传播的这些工具用途似乎成为对照的是,我们是本着寻求愉快和逃避社会控制的精神进行很大一部分传播的。这个精神,正如斯蒂芬森所指出的,是游戏的形式。诚然,我们也许把我们的传播行为中相对说来较小的一部看成是"工作",而且根本不可能用言语描述我们归功于传播的平凡功能。我们在大众媒介中寻求大量的娱

---

① 威尔伯·施拉姆、威廉·波特:《传播学概论》,陈亮等译,新华出版社1984年版,第39页。
② 《毛泽东新闻工作文选》,新华出版社1983年版,第202页。

乐,即使在我们的最认真的公开发言人中,即使在我们最严肃的报纸或新闻广播中,我们也重视轻松的风格。①

党的十六届四中全会通过的《决定》指出,党的执政能力,具体表现为驾驭社会主义市场经济、发展社会主义民主政治、建设社会主义先进文化、构建社会主义和谐社会以及应对国际局势和处理国际事务等五种能力。大众传播实践表明,这五种能力的建设,都离不开对大众传媒的有效使用和正确驾驭。而在当前,尤其要在传播的信息流向、信息流量和信息质量三方面切实有所改进,有所调整。

信息流向,主要指向人民提供的信息资源的合理配置。新闻的取舍要服从大局,服从全局。党的新闻主管部门对于准予报道与禁止报道、表扬性报道(即所谓正面宣传)与批评性报道的规定,必须合理合法,准之禁之必须有法可依。何谓"正面",何谓"负面",厘定应合情合理。用于调控大众传媒的法律、法规和行政规章,必须政出一门,不能因人而异,因地而异,因事而异,也不能朝令夕改,缺少基本政策的稳定性。例如"正面宣传",既不能把它同"正面报道"等同起来,也不能把表扬性报道、好人好事报道,统统没有区别地看作"正面"的报道。有的时候,所谓的"正面报道",可能引出消极的传播效果,而那些所谓的"负面报道",却可能收到意想不到的积极的传播效果。据此,对过去 50 多年党执政以来的新闻宣传政策来一番清理,显得十分必要。要根据改革开放总战略、全球化新态势和政治文明建设新要求,对过去那些片面限制群体性事件、突发性事件报道以及党报不能批评同级党委等规定重新审视,坚决革除不合时宜、不得民心、严重损害执政党形象的陈规陋俗。

信息流量,指的是根据以人为本、全心全意为人民服务的根本要求,必须向人民群众提供的重要信息,贴近群众、贴近生活、贴近实际的三贴近的新闻信息不缺位,即按确保公民知情权的法律责任、构筑透明政府和责任政府的基本要求,切实做到党和政府依法必须告知公民、告知社会的信息及时、公开、足量告知,人民群众关注和企盼的新闻信息不漏报、不缺

---

① 威尔伯·施拉姆、威廉·波特:《传播学概论》,陈亮等译,新华出版社 1984 年版,第 39 页。

位。党的十六大以来,中央带头改进领导人活动报道、会议报道和外事报道,这方面的情况有所好转,但尚未根本改观。空话、大话、重复话连篇的报道时有抬头。同老百姓切身利益并无多少关联的报道不时出现。而一些群众心中想的,口中议的,甚至街谈巷议、奔走相告的大事要情,传媒却鲜有披露。对于一些世界事务和同我有关的国际纠纷,有时传媒也没有声音。这种弊端几成顽症,而顽症的久治不愈,固然有新闻从业者价值观念和运作机制方面的动因,但究其根本,恐怕同一些宣传主管机关长期存在的轻视民意、自以为是、唯上唯书不唯实的衙门习气和官僚作风不无关系。

信息质量,指的是在新闻信息的选择、制作与传播过程中,对客观与倾向、公正与正义、对内与对外、典型与综合、对上与对下,以及冷与热、硬与软、虚与实、快与慢、长与短、新与旧等的权衡和把握中,确保做到科学、适中和平衡。偏重一方轻视另一方,强调一方忽略另一方,突出一方压抑另一方,都可能对全面、公正、客观、真实地反映社会现实,宣传党的主张和表达人民心声造成偏颇和不当,给党和政府的工作造成被动,甚至影响中国的形象。根据改革开放以来的经验教训,为保障大众传媒传递的信息有较高的质量,必须始终抓住经济建设这个中心不动摇,不受泛政治化、泛意识形态化思潮的干扰。必须切实坚持还政于民、还权于民、主权在民的原则,让人民群众真正当家作主。必须张扬社会公正,坚持公平、平等和社会正义,以此作为和谐社会的发展动力和机制保障。必须做到以受众为本体,以受众需求的充分满足为大众传媒工作的出发点和落脚点,以人民群众的根本利益为大众传播活动的最终依归。此外,要放眼看世界,以平常心态看待国际事务,重视国际信息与国际交往的报道,努力开创中国和平发展的国际舆论环境。

党中央指出,党的执政地位不是与生俱来的,也不是一劳永逸的。要深刻汲取世界上一些执政党兴衰成败的经验教训,更加自觉地加强执政能力建设。纵观世界各国,能够有效使用大众传媒的执政党的成功做法,包括美国总统注意处理好同大众传媒关系的经验,美国总统及执政党尊重传媒利益,庇护传播者的新闻专业精神的做法,值得我们研究与效仿。

在我国新闻实践中，一些地区和一些部门的某些官员唯意志论至上，对大众传媒颐指气使，不尊重传媒权利等弊端必须切实加以克服。苏联、东欧一些执政党最终失败，不能善待乃至错误使用大众传媒，是其中一个应引为鉴戒的教训。

坚持以人为本，在任何情况下始终坚持从关心人、理解人、尊重人、为人服务出发来使用大众传媒，是世界上一些执政党使用大众传媒、驾驭大众传媒的一条成功经验。为此，在今天的中国，执政党创办传媒、领导传媒，必须坚持权为民所用、情为民所系、利为民所谋的原则，实现好、维护好、发展好最广大人民的根本利益。以此来考察社会主义大众传媒的性质，那么它不仅是党和政府的喉舌，也应是人民群众的喉舌。这不是一个概念问题，而是反映了执政党对传媒根本性质和重要地位的认识，是一个重大的进步。

确认大众传媒不仅是党和政府手中的工具，也是人民自己的工具，随之也就确认了大众传媒在社会权力结构中的地位与作用，即确认大众传媒有权以社会舆论、人民代言人的身份监督党和政府。西方国家正是从这一点，称新闻界为"第四等级"，除立法、司法、行政三权之外的"第四权"。中国的新闻学理论体系没有吸纳西方新闻学的这一理念，但丝毫不应影响大众传媒在国家和社会政治生活中的这种权威性和威慑力。

政党和政府同大众传媒的关系，包括对传媒的设立、布局、使用和监管必须纳入法制的轨道。依法治国包括运用法律调整党、政府同大众传媒的关系。改革开放以来，我国新闻管理朝着法律化、制度化方向调整和改革，取得了一定进步。但目前中国管理大众传媒，还主要运用新闻规定，而其中的条文化即成文化的政策又不多，不少是通过电话、电报、批示、谈话、大会报告的形式出台的。这些指示、讲话、规定个人随意性强，非程序化操作十分普遍。针对包括新闻管理在内的这些人治现象，中共十六届四中全会《决定》提出，依法执政是新的历史条件下党执政的一个基本方式，要善于使党的主张通过法定程序成为国家意志，从制度上、法律上保证党的路线方针政策的贯彻实施，使这种制度和法律不因领导人的改变而改变，不因领导人看法和注意力的改变而改变。这一主张，对调整执政党与大众传媒的关系,推动执政党正确使用与管理大众传媒极为重要,实际上这也是对世界上一些执政党和我党数十年来经验教训的总结与吸纳。

国外执政党在配置新闻资源上的一些做法,值得我们学习。一些执政党尊重市场规则,除非事关国家安全,一般不对新闻资源的配置实行强制性管理,而传媒本身则以市场为纽带配置资源。中共十六届四中全会《决定》提出今后的一些新任务,如建立社会舆情汇集与分析机制,畅通社情民意反映渠道;建立健全社会预警体系,形成统一指挥、功能齐全、反应灵敏、运转高效的应急机制,提高保障公共安全和处置突发事件的能力;建立社会利益协调机制,引导群众以合理合法的形式表达利益要求,解决利益矛盾,维护社会安定团结。这些新任务,将引领我们更加科学、更加有效地实现新闻资源的配置与布局,并引领我们设计与建立新的大众传媒传播机制和工作重点。

总之,对大众传媒的使用与驾驭是执政党执政能力的重要标示,在比较分析中外执政党使用与驾驭大众传媒的历史传统与经验教训中,不断提高我国执政党使用、领导、管理大众传媒的认识水平与行政能力,是放在我国执政党——中国共产党面前的一项长期、重要和艰巨的任务。

我国社会主要矛盾的揭示和
新闻舆论工作的应对*

"时代是思想之母,实践是理论之源。"①自 2012 年党的十八大以来,对于我国新时代新发展历史方位的阐述,对于习近平新时代中国特色社会主义思想形成动因和过程的展示,对于我国社会主要矛盾已经转化为人民日益增长的美好生活需要和不平衡不充分的发展之间矛盾的论证,对于建成社会主义现代化强国和实现中华民族伟大复兴的新目标的展望,都是在过去五年习近平总书记系列重要讲话和治国理政新理念新思想新战略中形成的。本文是笔者根据学习习近平新时代中国特色社会主义思想的粗浅体会,对我国社会主要矛盾的新判断的初步理解,对当前新闻舆论工作的新应对和新变革所作的一些思考。

一、新闻传媒要全面论证和科学把握我国社会主要矛盾的转化

综观新中国成立至今,党和国家对社会主要矛盾先后有三次不同的判断与揭示。20 世纪 50—60 年代,中央认为当时中国社会的主要矛盾是先进的生产关系与落后的生产力之间不相适应的矛盾。到了 80 年代,中央指出当时中国社会的主要矛盾是人民日益增长的物质文化需要同落后的社会生产之间的矛盾,亦即人民对于经济文化迅速发展的需要同当时

---

* 本文原刊于《中国地质大学学报(社会科学版)》2018 年第 2 期。
① 习近平:《决胜全面建成小康社会 夺取新时代中国特色社会主义伟大胜利——在中国共产党第十九次全国代表大会上的报告》,人民出版社 2017 年版,第 26 页。

经济文化不能满足人民需要的状况之间的矛盾。经过改革开放40年,我国经济社会快速发展,特别是党的十八大以来5年的跨越式发展,"我国稳定解决了十几亿人的温饱问题,总体上实现小康,不久将全面建成小康社会,人民美好生活需要日益广泛,不仅对物质文化生活提出了更高要求,而且在民主、法治、公平、正义、安全、环境等方面的要求显著增长。同时,我国社会生产力水平总体上显著提高,社会生产能力在很多方面进入世界前列,更加突出的问题是发展不平衡不充分,这已经成为满足人民日益需要增长的美好生活需要的主要制约因素"。建立在这种准确全面分析的基础上,十九大作出了这样的判断与揭示:"中国特色社会主义进入新时代,我国社会主要矛盾已经转化为人民日益增长的美好生活需要和不平衡不充分的发展之间的矛盾。"①

根据十九大精神的要求,新闻传媒和新闻舆论工作者要科学论证和全面把握我国社会主要矛盾的转化,采取有力的应对举措和不断推进新闻改革的深入。根据以往新闻传媒报道经济社会发展的经验教训,报道和论证党的十九大对于我国社会主要矛盾转化的新判断,我们应着重把握这样几个原则和方法:

第一,要充分和有分寸地报道人民群众日益增长的美好生活需要。

所谓"充分",即肯定人民群众日益增长的美好生活需要是正当的、合理的,这种需要是我国社会进步总体提升的结果,是改革开放40年和十八大5年以来路线、方针、政策、战略的成功。我们要运用大量的成就展示和国内外人士的评论,向全球显示我国改革成功的丰硕成果,要通过这种展示充分表达中国特色社会主义的道路自信、理论自信、制度自信和文化自信。

所谓"有分寸",就是有必要指出人民群众对于美好生活的需要还会不断增长、不断提升、不断涌现,我们目前仍然处于社会主义初级阶段这一总的历史方位没有改变。同时,也不回避我国当今还有几千万人口没有摆脱贫困,他们离多数人的美好生活的水平还有一定差距。就是已经

---

① 习近平:《决胜全面建成小康社会 夺取新时代中国特色社会主义伟大胜利——在中国共产党第十九次全国代表大会上的报告》,人民出版社2017年版,第11页。

远离贫困,奔向小康之路的广大民众,由于地区不同、城乡不同、部门不同、族群不同,发达水平和富裕程度也有差距。

第二,要以实事求是原则和足够的新闻报道空间及时间呈现我国经济社会发展不平衡不充分的现状,剖析导致发展不平衡不充分的原因,指出出路所在和解决办法。

所谓"实事求是",就是在呈现人民美好生活需要的同时,要敢于展示和分析矛盾的另一面:发展的不平衡不充分,不要扬美遮丑,不能说好不说差。其实,从宏观视野看,世界上任何国家,包括西方发达国家,都有发展不平衡不充分的问题;从历史视野看,中国当今经济社会发展所呈现的不平衡不充分,既有过去长期存在的地区差别、气候差异、文化差距、管理优劣等原因,也有政策安排、资源配置及干部作风等因素的制约。今天正视和揭露这些状况和剖析其原因,充分显示了党和政府的开放心态和锐意改革的雄心壮志。

所谓"足够的新闻报道空间和时间",指新闻传媒要有担当、有勇气,充分而有分析地披露我国经济社会发展的不平衡不充分,要有一定的纸媒版面和网媒荧屏及广电媒体要有较多的节目时间,反映发展的不平衡不充分,分析造成这种不平衡不充分的主客观原因,指出克服瓶颈补齐短板的路径、战略、策略和办法。

第三,新闻传媒全面论证和科学把握我国社会主要矛盾转化要学好辩证法、用好辩证法。

新闻传媒在展示、分析和论证我国社会主要矛盾转化的过程中,要学好辩证法、用好辩证法。这首先要求全面报道社会主要矛盾的两个侧面,既报道人民不断增长的美好生活的需要,又反映我国经济社会发展的不平衡不充分。这其中的难度是:谁报道多些、早些、重些?谁报道少些、晚些、轻些?我们的经验是,矛盾的正面一侧,比如人民日益增长的美好生活需要,应该多些、早些、重些。否则,会打击士气,伤害斗志,影响我国的世界形象。我们的教训是,矛盾的负面一侧,比如发展不平衡不充分,应该少些、晚些、轻些,可结果呢,有时并不能收到理想的传播效果。这里的"经验"和"教训",值得我们反思、再思、费心思。一句话,掌握辩证法是重要的,把握辩证法也是不易的。

二、我国社会主要矛盾的转化要求新闻观念和新闻方针作一定的调整

新闻报道是新闻舆论工作者认识和反映客观世界的产物。我国社会主要矛盾的转化已成事实,并成为党的十九大作出的新判断和揭示的重要成果,已经得到全党和人民群众的一致认同,自然也必然成为新闻传媒今后很长历史阶段予以重点报道的主题。新闻观念是新闻舆论工作者在长期认识与传播新闻事实过程中逐渐形成的新闻传播观、新闻价值观、新闻效果观、新闻控制观等理念观点体系的总称。既然报道与舆论对象、主体、评价体系已经发生了一系列带有根本性质的转变,新闻业界、新闻学界以及指导新闻运作的新闻方针也必然应实行相应的调整。举其要者,为应对主要矛盾的转化,当前在三个方面应有一定的改变:

第一,正面宣传为主方针的"新闻视野"和"新闻主体"要有相应的调整。

这里也许有必要指出,我们强调的是正面宣传为主的方针。在1989年11月中宣部召开的新闻工作研讨会上,李瑞环同志提出要坚持正面宣传为主的方针。江泽民在同一个会上发表了《关于党的新闻工作的几个问题》的报告,明确指出:"社会主义作为人类历史上新生的社会制度,它在前进的道路上难免会遇到困难,遭受挫折,但是它能够克服任何困难,战胜任何曲折,不断向前发展,显示出不可战胜的生命力。通过建设和改革,我们的社会主义物质文明和精神文明会越来越发展,我们的社会主义制度会越来越完善,越来越显示出优越性。我们党和国家事业是蒸蒸日上的。这就要求新闻宣传的各个方面努力揭示这样一个基本事实。正如李瑞环同志在讲话中所强调的,要以正面宣传为主。"[1]2016年2月19日,习近平总书记在党的新闻舆论工作座谈会上的讲话中更加明确地指出,要牢牢坚持正面宣传为主的方针。团结稳定鼓劲、正面宣传为主,是

---

[1] 参见《新闻工作文献选编》,新华出版社1990年版,第189—200页。

党的新闻舆论工作必须遵循的基本方针。没有团结稳定,什么事也做不成。我们之所以要强调团结稳定鼓劲、正面宣传为主,是因为:一方面,我国社会积极正面的事物是主流,消极负面的东西是支流,要正确认识主流和支流、成绩和问题、全局和局部的关系,集中反映社会健康向上的本质,客观展示发展进步的全貌,使之同我国改革发展蓬勃向上态势相协调;另一方面,我国正在进行具有许多新的历史特点的伟大斗争,面临的挑战和困难前所未有,必须激发全党全社会团结奋进、攻坚克难的伟大力量,调动各方面积极性、主动性、创造性。这样,党的新闻舆论工作才能起到应有的作用①。在上述几个讲话中,江泽民和习近平把何为正面宣传为主、为何要坚持正面宣传为主方针讲得十分明确、清晰。不知何故,记者在报道江泽民讲话中,将正面宣传为主改成了正面报道为主。报道与宣传一词之差,意思相差许多,对实际工作的危害也不小。

正面宣传为主的新闻舆论工作方针,其"新闻视野"所指,按习近平总书记所言,一是社会健康向上的本质,发展进步的全貌;二是反映伟大斗争,战胜挑战与困难。而在展示当前社会主要矛盾转化过程中,坚持正面宣传为主方针,要以较多空间和时间呈现人民美好生活需要,揭示社会经济发展中的不平衡与不充分以及对这些不平衡不充分的克服。换言之,在这里,"新闻视野"要有一定的拓展,"新闻主体"要更多地让位于普通民众和他们的平凡生活。

第二,要将罔顾人民美好生活需要、对于改变经济社会发展不平衡不充分状况的懒政无为的部门、干部和公务员列为舆论监督的重点。

党的十九大后,舆论监督的火力依然要发扬"宜将剩勇追穷寇"的精神,继续努力反对腐败行为,老虎苍蝇一起打,但同时应分出一定精力揭露和反对懒政思想和无所作为。对于发展不平衡不充分现状不奋起不作为,躺在国家和政府身上吃救济啃皇粮的机构和干部,应无情揭露、尖锐批评。这样,原有的舆论监督的原则、对象、方针就应该作出适当的改变,对媒介批评的重点和分寸的把握也要有一定的调整。

---

① 习近平:《在党的新闻舆论工作座谈会上的讲话》,《人民日报》2016年2月20日。

第三，要通过以保护、扩大传媒与记者职业权利为主旨的相关法律的订立与实施，保护新闻传媒行使为民伸张和监管政府的权利，加大司法对传媒和记者的法律救助。

当前订立同新闻传播活动、行为、调控相关的基本法律，诸如新闻法、出版法、广播电视法、互联网法、新闻记者法等条件尚未成熟，也缺少必要的立法氛围和舆论环境。但党的十七大提出的直接构成公民权利的知情权、表达权、参与权、监督权，十九大提出的人身权、财产权、人格权，必须言必信、信必果，要创造条件着手进入立法程序。这七个人权构成的法律体系的制定和执行，可以为新闻传播基本法律的制定做好基础性工作。对于人民日益增长的美好生活需要的权利保障，传媒和记者的"鼓与呼"至关重要；对于机构和干部懒政无为的打击，需要法律的支持和救助，同样也需要这七个法律的出台。这里，期待全国人大和党政主管机构切实重视和开启立法进程。可以说，这七个人权法的制定和执行，将有力地保障人民日益增长的美好生活需要的满足，将从根本上推动不平衡不充分发展状况的改变。这样，中国社会主要矛盾将不断地得到破解，并在这种不断破解的过程中推动中国经济社会的全面发展。

三、为党和政府应对我国社会主要矛盾转化提供强大的舆论支持

我国社会主要矛盾转化对党和政府提出了许多新的要求，顺应、引领和推动社会主要矛盾的破解，不断提升中国社会经济文化发展水平，新闻传媒和新闻舆论工作者肩负着重大的历史使命。

第一，传媒要在十九大精神引领和中央的统一部署下，营造强大社会舆论，使各级党委和政府切实把工作重点放在着力解决发展不平衡不充分问题上，放在大力提升发展的质量和效益上。

前已提及，中国经济社会发展不平衡不充分是由许多历史的、地区的、制度安排和文化差距等复杂原因造成的。克服和消除这种不平衡不充分，必须攻坚克难，花费时日。中国社会主要矛盾的顺利破解，不啻一场伟大的战役，一次新时代的万里长征。不仅如此，人民群众对于美好生

活的向往与需要,又会有新的变化、新的要求。于是,又会出现新的不平衡和新的不充分。对于这些,新闻传媒要站在新时代的高度,审察新条件下的新发展,既引导各级党委和政府因势利导,与时俱进,无畏应对,有效作为;又引导广大民众服从大局,献计献策,团结奋斗,不断进展;同时还要敏锐地察觉与应对各种国际事件和涉华事件,争取国际舆论的理解和支持,反对各种势力对我国的干扰和挑衅。一句话,为参与和支持党与政府应对我国社会主要矛盾的转化,中国传媒和新闻舆论工作者肩负着万钧重担。

第二,传媒要积极推动党和政府落实每个公民全面发展及社会全面进步的战略安排,切实满足人民在经济、政治、文化、社会、生态等方面的日益增长的美好生活的需要。

马克思和恩格斯170年前在《共产党宣言》中指出:"代替那存在着阶级和阶级对立的资产阶级旧社会的,将是这样一个联合体,在那里,每个人的自由发展是一切人的自由发展的条件。"①令人兴奋和激动的是,170年之后,在中国共产党第十九次全国人民代表大会上,习近平总书记又一次提出:必须坚持以人民为中心的发展思想,不断促进人的全面发展、全体人民共同富裕。从此以后,保障和不断促进人的全面发展,保障和不断促进社会全面进步,将成为中国共产党的基本方略,成为习近平新时代中国特色社会主义思想的重要内涵。

中国传媒和新闻舆论工作者要把党的这一基本方略和习近平新时代中国特色社会主义思想重要内涵牢记在心,奉为使命,并且和全党一起,不忘初心,牢记使命,永远奋斗。为此,中国传媒要从经济、政治、文化、社会、生态等方面不断助推人民美好生活的需要提升,不仅要在物质文化生活方面满足人民的需要,而且要在民主、法治、公平、正义、安全、环境等方面不断满足人民新的需要。要通过这一系列对人民美好生活需要的满足,为人的全面发展和社会的全面进步,提供保障,打好基础。

第三,传媒要根据十九大的要求,积极探索,充分了解民意,广泛掌握

---

① 《马克思恩格斯选集》第1卷,人民出版社2012年版,第422页。

世界各国治国理政经验教训,构建和完善考核党委、政府和干部为人民服务,为引导与破解人民美好生活需要与不平衡不充分之间矛盾所做工作、所表现的人品和绩效的评价指标体系。

评价指标体系的构建应把社会主要矛盾的有效破解和人民群众的满意程度作为首要考核指标。具体而言,要把党委、政府及其工作人员对人民美好生活需要的尊重与满足,要把对发展不平衡不充分的攻坚克难,要把人民群众全面成长和中国社会全面进步这三组指标列为完整的评价指标体系。同时,对相关政策的制定执行、社会资源的配置使用、干部的尽责与渎职等主客观表现及效益一并参照考核。此外,还要设计和制定一系列公正、公平、公开和有效的考核评估办法,努力确保这种考核评估为领导机关、人民群众和被考核者都乐意接受,并在今后的工作中切实改进。

对于我国社会主要矛盾的新判断和新闻舆论工作的新应对这一重要课题,今后一段时期必须不断地深入研究。作为新闻舆论研究工作者的我们,也将随着这一主题的深化而使自己对国家命运和人民幸福的担当,不断得到加强。

突发群体性事件和新闻传媒的社会使命*

胡锦涛提出:"要完善新闻发布制度,健全突发公共事件新闻报道机制,第一时间发布权威信息,提高时效性,增加透明度,牢牢掌握新闻宣传工作的主动权。"①总书记的这一要求,既强调了在第一时间报道突发公共事件的重要性,又提出了突发公共事件新闻报道中传媒的社会使命。

一、突发群体性事件高发和信息公开的意义

突发事件指未能预测或难以预测、突然而至的事件。突发公共事件专指对社会公众有直接影响或同公共社会有广泛联系的突发事件。如果当事人是人数众多的民众,且这些民众又有强烈的利益诉求,这类突发公共事件谓之突发群体性事件。换言之,突发群体性事件是以民众为主体的突发公共事件之一种。本文研究的,主要是突发群体性事件及媒体的应对。

以 2003 年"非典事件"为标志,我国已进入突发群体性事件高发期。据 2005 年《社会蓝皮书》记载,从 1993 年到 2003 年十年间,中国发生的群体性事件由每年 1 万起增加到每年 6 万起,参与人数由 1993 年的约 73 万人增加到 2003 年的 307 万人。另据公安部颁布的数据,2005 年发生群体性事件 7 万起,到 2007 年,群体性事件已达 8 万起,2009 年则超过 10 万起。这些数据清晰地表明:中国已进入德国社会学家乌尔里希·贝克所

---

* 本文原刊于《当代传播》2010 年第 6 期。
① 胡锦涛:《在人民日报社考察工作时的讲话》,《新闻战线》2008 年第 7 期。

谓的"风险社会"。贝克认为:"在现代化进程中,生产力的指数式增长,使危险和潜在威胁的释放达到了一个我们前所未知的程度。"①国际社会经验也显示,世界各国人均国民生产总值进入1 000~3 000美元区间,事故呈现出高发态势,被称为事故易发期或事故高发期,会呈现这样一个怪圈:经济高速发展—人口急剧增加—贫富差距拉大—道德水平下降—环境日益恶化—安全生产事故频发②。依据这样的分析,我们应该持这样的认识:在目前的中国,突发公共事件尤其是突发群体性事件增多、频发,是中国社会的"常态"。我们应该以平常心态看待这种"常态",又应该以非常努力的工作处置好这种"常态"。

分析突发公共事件尤其是突发群体性事件频发的原因,不外乎两方面:环境问题和制度矛盾。

大而言之,环境问题一般指由于自然变迁或人类活动,致使环境质量下降,生态系统破坏,对人类的社会经济发展、健康和生命安全产生有害影响的现象③。环境问题分为原生环境问题和次生环境问题两种。原生环境问题由自然力造成,如地震、洪水、干旱、滑坡等灾害。次生环境问题则由人类活动所致,又可细分为环境污染和生态环境破坏两种。次生环境的恶化,会进一步破坏原生环境。乱砍滥伐引起森林植被的破坏,过度放牧致使草原沙化,就是生态环境被严重破坏的突出例子。一些地区爆发的械斗群殴等突发群体性事件,就是为争夺草场、耕地等资源而引发的。

制度设计不合理、社会矛盾常年得不到根本解决,致使群情激昂、冲突激化,一些当事人铤而走险,群体性事件层出不穷。在社会结构调整过程中,过去长期存在的城乡矛盾、东西部差距、分配不公、社会保障与就业等未能得到合理解决,成为引发群体性事件的"定时炸弹"。腐败滋生、权力资本化既削弱了国家的管理权力,又恶化了公众同政府的亲善关系,是群体性事件爆发的又一动因。我国既缺乏必要的法规有效调节公民与政

---

① 乌尔里希·贝克:《风险社会》,何博闻译,译林出版社2004年版,第15页。
② 转引自叶皓:《突发事件的舆论引导》,江苏人民出版社2009年版,第18—19页。
③ 潘岳、刘青松:《环境保护ABC》,中国环境科学出版社2004年版,第1页。

府、官方与民间的矛盾及冲突,又缺乏必要的法规为群众正当的舆论诉求和利益表达提供权利保护及法律救济,是群体性事件高发的另一个动因。一些政府机关和领导干部用阶级斗争看人办事的旧思维没有改变,处理群体性事件没有经验,不懂得慎用警力,常常因此而激化矛盾、加剧冲突。政治传播改革滞后不进,制度性歧视得不到根治,民主选举放权太少,非政府组织得不到有力支持,公民自治开展不力,司法公正未能到位,执法者的公信力与权威性严重缺失,都极大地阻碍了社会矛盾的合理解决。这些都是群体性事件高发频发的重要的制度性动因。

此外,有一点应特别指出,即制度方面的原因甚于自然开发方面的原因。改革开放以来30多年时间里,中国走过了西方发达国家几百年才走完的路程。在一段如此短暂的时间里,解决人家几百年间逐一解决的问题,自然是不容易的,出现这样那样的事件是可以理解的。但制度设计中的问题造成诸多不公与腐败,无疑加重和膨胀了自然开发方面的矛盾与冲突。因此,对于制度方面缺失、不足而导致突发性事件频发的几个因素,应给予高度重视和切实解决。

从新闻传播学角度考察,笔者认为还有一个原因需要引起注意,那就是对于突发公共事件尤其是突发群体性事件的信息公开严重缺位,既不能在第一时间及时报道,又不能向公众特别是当事人提供充分的信息量和透明度。信息公开是应对突发公共事件尤其是突发群体性事件的基本前提。完善新闻发布制度,健全突发公共事件新闻报道机制,是应对突发公共事件,尤其是突发群体性事件的有效策略。

二、新闻传媒应对突发群体性事件的功用

应对突发群体性事件,新闻传媒肩负着责无旁贷的社会使命。

分析近几年应对突发公共事件尤其是突发群体性事件新闻传媒的成功经验,可以发现,坚定地实施信息公开的原则是第一条。执行信息公开原则,有这样几方面的功用:

第一,使广大民众(甚至官员)特别是当事人在第一时间了解事件的经过、真相、受损情况、政府救助举措,起到安定人心、动员民众、统一思想

和行动的作用。2008年在汶川大地震突然降临的关键时刻,许多新闻记者在第一时间进入现场,在第一时间向世界报道这场惨绝人寰的浩劫。从5月13日起,东方卫视推出"聚焦四川汶川地震特别报道";从5月16日开始,这个新闻大板块从早上7时开播到次日凌晨1时,全天大信息量播出。至5月27日,播出总时数达256小时,播出各种新闻近1 900条。数千家新闻传媒像东方卫视一样,进入汶川现场报道地震的伤害和人们抗震救灾的壮举。正是数以千计的新闻记者,完成了向全国的政治动员,向世界报道地震的真相,展开了新世纪最壮阔、最生动的人类相互救助的伟大运动,向时代宣示了新闻传媒在化解突发公共事件中的重大功用。

第二,有效组织甚至指挥处置突发公共事件,调动受灾民众自救互救,协调国内各地和海外各国沟通及提供救济。传媒通过设置议程,正确引导舆论,让当事人弄清事实真相,从传言和谣言中解脱出来,使群体性事件得以化解。新闻传媒在第一时间进入现场,把灾难的真相和细节报告给受灾群众、全国民众和世界各国,把政府的举措传达给受灾群众。在应对和处置突发公共事件过程中,新闻传媒始终是联系受灾群众和政府的纽带,是灾区和各地、各国沟通的桥梁,是化解灾难的组织者、指挥者和鼓舞者。

新闻传媒在突发群体性事件新闻报道中实施议程设置功能大有作为。这一功能的核心是将重要议题变为公众议题,传媒通过对这一议题的强调和引导,使之成为众多人关注的共同话题,强化了对群体性事件动因、性质、化解途径等的一致认同和正确把握,从而实现对这一事件的圆满解决。汶川地震救助过程中,曾有所谓"天谴"的流言。新闻传媒对这种错误传言不予传播,以免扰乱人心,松懈斗志。在重庆出租车罢运事件的报道中,传媒没有指责出租车司机,而是对"份儿钱"过重、黑车抢生意、加油加气难等实际问题给予理解和关注,并将这些情况通过报道公之于众,争取市民同情和支持,最终使罢运事件得以较快、较好地解决。

第三,便于广大民众、当事人、政府官员以及救灾人士等宣泄情感,宽松气氛,协调当事人同政府及相应机构的关系,促使官民同心同德,使突发公共事件和突发群体性事件得以顺利化解。

传媒有充当"社会排气阀"的功能,即不同阶层和集团、不同人群,不仅可以借助传媒表达自己的看法,提出自己的主张,而且可以在这种表达中,让这些阶层、集团和人群发发牢骚、吐吐怨气,不致使社会情绪和愤懑累积得太多太满,久久得不到释放,最后来个总爆发,酿成社会动乱。传媒的这种情绪宣泄功能,就是"社会排气阀"作用。长期以来,中国传媒过分相信新闻传媒的教化功能,对宣泄功能却一再忽略。厦门PX项目危机发生前不少市民的手机上就流传着这样一条短信:"翔鹭集团已在海沧区动工投资(苯)项目,这种剧毒化工品一旦生产,厦门全岛意味着放了一颗原子弹,厦门人民以后的生活将在白血病、畸形儿中度过。我们要生活、我们要健康!国际组织规定这类项目要在距离城市100公里以外开发,我们厦门距此项目才16公里啊!为了我们的子孙后代,见短信群发给厦门所有朋友!"[①]PX危机中的个别市民利用手机短信,将自己的情绪宣泄得淋漓尽致。可惜当地政府和官方传媒一开始没能为市民提供宣泄情绪的机会。不过他们后来亡羊补牢,一方面主动停止PX项目,另一方面利用主流传媒,晓之以理,动之以情,使市民的担忧、惶恐、猜忌、怨恨情绪逐步得到宣泄,逐渐使这场严重危机得以解决。处置拉萨市和乌鲁木齐市的打、砸、抢、烧事件中,新闻传媒后来也通过自己的努力,使受害民众的情绪得到一定程度的宣泄。由此可见,传媒的"排气阀"功能不可小看。实际上,情绪宣泄就是情感表达,而表达自由正是民主社会公民的一项基本人权。尊重和保护公民的表达权,就是支持和满足公民自由宣泄的权利,而传媒恰好具有这种功能。因此,执政党和政府要创造条件,全力支持传媒去实施这一功能。

第四,新闻传媒通过强化自己的公信力、吸引力和影响力,通过有说服力的事实的公开披露和持之有据的说理,有助于减少甚至消除事件化解中谣言、流言等不良因素的影响。在瓮安事件中,起初省报沿用老一套做法,企图通过会议报道等所谓的"正面宣传""澄清事实",结果遭到事件

---

① 转引自张晓娟:《厦门PX危机中的新媒体力量》,《国际公关》2007年第5期。

参与者的强烈反对。撰写相关报道的记者先后接到几十个愤怒民众的短信和电话。后来报社改变做法,对事件进行全方位报道,事件参与者的态度也随之有所转变。那位被公众辱骂恐吓的记者也接到许多致歉电话,称记者现在的报道"站在老百姓的角度,易懂,很好"①。拉萨街头发生打砸抢烧事件后,起初由于有的主管部门信息调控不当使得信息公开不足,政府陷于被动。后来政策虽有所调整,但最佳报道时机和第一时间传播效应已经丧失。

第五,突发公共事件尤其是群体性事件的信息公开相当敏感,会触及各方神经,也是新闻传播改革的深水区。新闻传媒在这一领域的探索和经验,可以增强民主政治和社会进步的力度,推进新闻传播改革和社会管理改革的步伐,提升国家改革开放的总体水平。以"非典"事件新闻报道突破为起始,这些年突发公共事件和群体性事件新闻报道的科学机制以相关立法为标志,正在建构之中。2006年1月,《国家突发公共事件总体应急预案》(以下简称《预案》)公布,这个法规规定,突发公共事件的信息发布应当及时、准确、客观、全面。事件发生的第一时间要向社会发布简要信息,随后发布初步核实情况、政府应对措施和公众防范措施等,并根据事件处置情况,做好后续发布工作。从2007年11月起实行的《中华人民共和国突发事件应对法》(以下简称《应对法》)起草过程中,根据专家的要求,删除了"新闻媒体不得违规擅自发布突发事件信息"、"突发事件所在地政府对新闻媒体的相关报道进行管理"等条文,进一步突出了信息公开的原则精神,强化了媒体发布突发公共事件信息的自主权。

在《预案》和《应对法》起草、讨论、颁布的同时,对同它们相冲突的法律、法规也作了相应的调整和修改。国家保密局首次举行新闻发布会,声明自然灾害中死亡人员总数今后"不再属于国家秘密"。卫生部规定,法定传染病疫情必须定期公布。许多部委就安全生产事故灾难、铁路行车事故灾难、海上事故灾难、城市地铁事故灾难、电网大面积停电事件、核电厂严重核事故、突发环境事件等突发公共事件分别公布了专项应急预案。

---

① 转引自欧东衢:《突发性事件媒体与受众的"调和"》,《新闻爱好者》2008年第8期。

国务院新闻办还以突发公共事件处置中如何同新闻传媒协作配合,力求及时准确公布事件信息等为主题,举办一系列培训活动。国务院所属各部门以及党中央各部门,陆续公布和通报了本部门的新闻发言人,信息公开制度开始在中国得到落实和贯彻。

由党中央和国务院带头,在突发公共事件和群体性事件新闻报道实践中,中国新闻传媒的信息公开有了长足进步。正是在这种政府、民众、传媒的良性互动中,政府认识到向传媒公开自己掌握的信息资源是政府的义务,满足民众的知情权是政府的责任。传媒则认识到自己的责任是监督政府自觉公开自己的政务,最大程度地满足民众的知情需求是传媒的职业使命。这种法律意识和责任意识的建立,是新闻传媒充分发挥处置突发公共事件和群体性事件社会功用的根本保证。

三、健全突发公共事件新闻报道机制的路径

健全突发公共事件新闻报道机制,是当前应对高发的突发公共事件与群体性事件的需要。经验告诉我们,从下列几方面切实努力,是有效路径。

第一,树立三个意识:务实、责任、风险。

新闻传媒及其工作者必须牢牢树立立足事实报道,对所报道的事实负完全责任的务实意识。而要这样做,前提是必须接受并坚持这样的社会现实观:我国已进入风险社会,频繁发生公共事件和群体性事件是社会常态。其次还要坚决摈弃旧的观察与判断问题的思维习惯,即认为突发公共事件尤其是群体性事件背后,是"刁民闹事",是"阶级斗争新动向",是"一小撮别有用心的人煽风点火",是"帝国主义亡我之心不死的结果"。当然,我们要有国家安全意识,要时时保持对国外反共势力的警惕。

应对突发公共事件和群体性事件,新闻传媒及其工作者要坚持这样的理念:新闻工作者是应对突发公共事件和群体性事件的主体力量,新闻传媒是反映、应对、化解、处置事件的主要载体。新闻传媒和新闻工作者应该力争第一时间闻知事件发生的信息,第一时间进入事件现场,第一时间报道事件真相和各方反应,第一时间设置议题,实施对事件的救援和对

舆论的引导。没有强烈的责任意识,就难以保证传媒应对事件的主体性和履行传媒的社会使命。

传媒率先进入事件现场,进入一个一无所知的事件空间,既没有对事件真相的全面把握,也没有上级机构和相关政府的指示精神,完全由进入现场的记者独立判断,独立思考,独立报道,独立提出应对策略和举措。这些报道、举措与策略,又将在一定程度上成为主管部门和当地政府制定应对事件的方针、政策、策略的重要依据。这里,为传媒的建功立业提供了广阔空间,但也潜伏着相当大的风险:事实失误,定性不当,举措不宜,都可能给事件的正确应对带来损失。因此,风险意识是新闻传媒不可或缺的重要意识。

在民主社会,执政党和政府要为传媒和传媒工作者提供法律保护和行政保护,为他们的人身安全和心理健康提供尽可能多的保护,提供多种方便条件减少传媒应对事件的风险成本。这是执政党和政府的责任。但传媒自身的努力应该说是第一位的,而敢冒风险又是最根本的,否则,传媒的社会使命便无从谈起。

第二,第一时间发布权威信息。

信息公开的准确、及时、权威,是有效应对突发公共事件的基本条件。确保信息公开并在第一时间传播,是健全突发公共事件新闻报道机制的基础性环节。

以笔者之见,所谓"第一时间"指新闻事实发生时间同作为新闻被公开报道的时间的差距极其短促,甚至接近零时距。换言之,传媒在突发事件发生之后以最快的速度进入现场并立即披露相关的事实,谓之"第一时间"报道。

如果仔细分析,"第一时间发布权威信息",从操作层面看,应该包括这样几方面的要求:一是新闻传媒最早获知和最早报道突发公共事件和群体性事件发生的原因、情状、结果。

二是记者最早赶到并千方百计进入事件现场,并以最快速度发出现场新闻,报道记者的所见所闻。这类报道应当反映当事人(灾民或事件参与者)、进入现场的政府人员、救援人员或奉派进入的军警等的最初活动。

传媒工作者既应接受政府、军警的协调,又应有自己的声音,并依法发表对相关人员及机构的监督性报道。

三是最早发表救助意见和处置建议,即最早设置议题,以有效应对突发公共事件和群体性事件。议题设置要正确有效,实事求是,反映事实真相,呼喊群众心声,敢于揭露假象,敢于说出群众不满。

至于对"权威信息"的理解的把握,笔者以为有这样几点:一是力求获知和最早发表进入现场的政府最高官员的意见和政府的决定;二是力争由主要传媒甚至由政府机关传媒首报;三是发表的信息应力求同受灾民众或参与群体性事件的人士的切身利益直接相关,传媒在第一时间发表的信息能击中"社会上绷得最紧的那根弦",能激起巨大的社会反响。

第三,确保公开传播的信息具有足够的时效性。

按笔者理解,新闻传播必须快捷的要求,通常通过时间性和时效性两个渠道得以实现。时间性指新闻发布与事实发生之间的时间差(时距),时距越小,传播效果越好,也就是该新闻传播越具价值。时效性则侧重表达传播时距与传播效果的关系。从学理上说,时效性指事实发生与作为新闻事实予以报道的时间差,同新闻发布后所激起的社会效果的相关量,即新闻产生应有社会效果的时距限度。可见,时效性的含义,比时间性即快捷性更丰富,它并不限于快捷;有的时候,新闻发布如果略为滞后一会,效果兴许会更好一些。当然,时间性的基本要求仍是快捷,因为及时传播既是第一时间公开发布的要求,又是新闻致效的根本保证。

在有效应对突发公共事件尤其是群体性事件过程中,时效性的要求具有突出的、现实的重要意义。这是由于,有时事件突然而至,传媒没有思想准备,对手头获悉的信息可靠性又无把握。在这种情景下,与其抢发所谓的"第一时间信息",不如等待更为可靠的信息之后再公开发布。因为像突发公共事件,尤其是突发群体性事件这样同广大公众有直接利益关系的新闻报道,其传播之后形成的"第一效应"至关重要。一旦传播失实,或判断失当,其对社会稳定、人心安定造成的破坏是十分重大的。在这种情况下,传播效果首先由报道的真实性给予保障,而不是由"抢新闻"担当。因此,健全突发公共事件新闻报道机制需要努力的路径之一,是确保公开传播的信息具有足够的时效性。

为此,在政府同传媒之间构建平等沟通、相互讨论、尊重对方又敢于坚持己见的民主协调机制,是十分必要的。

第四,采取必要措施,强化信息传播的透明度。

在突发公共事件和群体性事件新闻报道中提出透明度要求,笔者以为寓意有三:一是所报道的信息和所披露的主要事实及这些事实的主要构成要素齐备,不藏不掖,交代清楚。二是对事件性质的定位同该事件在社会生活中的实际地位相符,既不将坏事(即有害于人民根本利益的事)打扮成好事,也不因问题成堆而事情渲染得漆黑一片;既不因遵奉"正面宣传为主"掩盖业已出现的种种问题,也不因某些地方官吏"多报损失多拿补贴"的心态而夸大其事。三是对事件爆发的原因分析准确,不把天灾所致说成是人祸造成,也不无视人为因素而一味推托是自然界的外因。

根据这样的分析,强化突发公共事件和群体性事件新闻报道的透明度,概括说就是力求做到一就是一,二就是二;既不缩小,也不夸大;是什么性质就定什么性质,是什么原因就说什么原因;既不借口环境破坏生态失衡搪塞矛盾,也不回避政策不当导致民族、宗教冲突等敏感问题;既不片面强调民众的落后自私酿成严重事端,也不隐瞒官员的贪赃枉法激起民愤。

充分认识强化信息传播透明度的政治意义,科学把握当前时空条件下信息传播透明的适当程度,是一种高超的传播艺术,更是对传媒政治水平与业务水平的现实要求。驻守在事件发生地的新闻传媒和新闻工作者,要能够及时洞察各种矛盾纠纷和事故苗头,要善于捕捉可能导致事件发生的各种蛛丝马迹,时刻保持清醒头脑和敏锐的新闻眼光。初进事件现场和初次接触事端冲突的传媒与传媒工作者,要能够从细枝末节把握事件全貌,从许多个别迹象看到问题实质。唯有这样,才能从本质上看透矛盾,从根本上提出问题,不为假象所迷惑,让支流掩盖主流。

强化突发公共事件和群体性事件新闻报道透明度,重要的在于执政党政策上的支持和法律上的保护。要鼓励传媒提出问题,要允许新闻报道犯错误,要支持传媒提供对各种情况、问题、矛盾的分析与批评。只有这样,传媒和它的工作者才能在不断总结经验教训,不断付出成本与学费的长期摸索中成长与成熟起来。既然在中国突发公共事件和群体性事件的高发是一种常态,既然全党全国和广大民众都无法离开这支保障信息公开与舆论引导的队伍,花点成本培养这支队伍也是值得的。更不用说我国还将依靠这支队伍在突发公共事件和群体性事件新闻报道中同西方新闻界去争夺传媒市场,扩大国际传播影响力。

胡锦涛指出:"当前,世界范围内各种思想文化交流、交融、交锋更加频繁,'西强我弱'的国际舆论格局还没有根本改变,新闻舆论领域的斗争更趋激烈、更趋复杂。在这样的情况下,新闻宣传工作任务更为艰巨、责任更加重大。"[①]我们应从占领国际传媒市场、改变国际舆论格局的高度来审视突发公共事件和群体性事件新闻报道的功过成败,切实改变种种被动局面,运筹帷幄,纵横捭阖,真正掌握新闻宣传工作的主动权。

---

① 胡锦涛:《在人民日报社考察工作时的讲话》,《新闻战线》2008年第7期。

"互联网+"环境下政府应急传播体系再造*

学者李慎明认为:"从一定意义上讲,任何社会的发展变化,往往是从生产工具的发展变化开始的;生产工具的大变化必然引发生产力的大发展;生产力决定生产关系,生产力的大发展最终必然要求变革现存的生产关系。"①据他的判断,当今世界正处在生产工具大变革的前夜。这一大变革主要表现在互联网的诞生和发展。而从生产工具的角度看,全球已开始进入"互联网+"时代。他认为在"互联网+"的环境下,将发生的变化必然是:在工业领域,主要是"互联网+"机器人、3D打印技术、新能源、新材料、太空技术、传统制造业等;在农业领域,主要是"互联网+"智能农业、生物工程等;在第三产业,是"互联网+"金融、商务、教育、医疗、媒体、各种新兴服务业等;在社会领域,则是"互联网+"人们的生活方式、人们的交往方式、人们的思维方式等。

笔者赞同李慎明的上述分析。在本文中,将侧重分析在"互联网+"环境下,政府应急传播将受到的冲击和发生的变化,同时就政府应急传播体系的再造,提出若干思考和建议。

一、"互联网+"的发展对媒介环境的冲击与改变

用最简洁、最概括的语言来表达,所谓"互联网+",就是将互联网技

---

* 本文原刊于《当代传播》2017年第2期。
① 李慎明:《"互联网+"的发展必将引发西方国家生产关系的大变革》,《红旗文稿》2016年第2期。

术应用到社会生产和社会生活的方方面面。易而言之,社会生产和社会生活的各个领域、各个部门、各个方面,无不处于互联网技术、互联网平台、互联网战略的影响之下。这里特别应该指出,互联网对人们思维方式和思维内涵的巨大影响。

"互联网思维是人们立足于互联网去思考和解决问题的思维。它是互联网发展和应用实践在人们思想上的反映,这种反映经过沉积内化而成为人们思考和解决问题的认识方式或思维结构。"[1]依据互联网技术尤其是互联网传播技术的特性,按照思维发生的动因、运作机制和思维结构的规律,同时参考一些学者的研究成果,笔者认为对互联网思维可以提出这样几个基本的共识:

第一,遵循互联网特点。互联网是互联互通、互动共享、平等开放的人类交往的新系统。令客户成为互联网主人,让信息资源共享成为主客体的共同目标,是互联网存在的意义和运作的动力。

第二,尊重和满足客户需求。与以往传媒—受众关系不同,客户对互联网传播的需求应该是最重要甚至是至上的。了解和满足客户的需求,是互联网立身之本,是互联网内容、渠道、平台建设的出发点和归宿。

第三,恪守产品质量规范。过硬的互联网产品质量,是维护作为文化企业的互联网生命的根本保证。

第四,维护互联网生存发展的底线。"必须永远明白,无论互联网未来多么发达,作用多么神奇,互联网只是工具、只是载体、只是环境,互联网所提供的一切产品和服务,都要遵循前互联网时代人类世代积累起来的商业文明的积极成果。这就是互联网思维的底线。"[2]

人们在构建和使用互联网这个渠道、内容、平台的时候,必须时时处处坚持以上四个方面的共识。这就是互联网思维的基本规定性。也就是说,所谓互联网思维,就是遵循互联网特点的思维,就是尊重和满足客户需求的思维,就是恪守产品质量规范的思维,就是维护互联网生存发展底线的思维。

---

[1][2] 周文彰:《谈谈互联网思维》,《光明日报》2016 年 4 月 9 日。

"互联网+"的发展和互联网思维的要求,必然会对现存媒介环境产生一定的冲击,也必然要求媒介环境做出相应的改变。在"互联网+"迅猛发展的态势下,泛信息、泛知识、泛传播极大地膨胀了传播的内容;跨行业、跨领域、跨时空极大地拓展了传播的空间;人人都是传者、个个都是受众的超边界极大地模糊了共享信息的主客体界限。

　　在这种发展态势下,现存的传播环境毫无疑问地会受到冲击并不得不有所改变。学者陈邦武对此有较为全面的描述:"从终端看,智能终端已经能够满足个人的吃、穿、行、游乐等多元需求,智能手机提供了多元社会应用的个体平台;从网络看,移动互联网、物联网等网络的普及使得信息传播不受时间、空间以及主体、客体等诸多限制;从平台看,大数据、云计算等平台加快了信息共享、服务共享以及资源转换的进程,跨界融合已经成为传媒发展与竞争的基本生态。"[①]因此,以公共信息为切入点,提供社会内容、编织社会关系、加快社会应用就成为传媒在"互联网+"时代的基本战略。

　　"互联网+"时代不仅冲击当前的媒介环境,推动媒介环境的改变,而且大致规定了媒介新环境建设的方向和结构。

　　就新媒介环境构建的方向而言,媒体传播应着力于中国和世界的沟通,着力于民众、党政和传媒的沟通。让中国全面了解和认知世界,让世界全面了解和认知中国,经过20多年努力,已有不小的进展,但目前的障碍、封堵和干扰仍然不少。这里面有一些西方国家的政要、资本和媒体在那里兴风作浪,也有我们国家自己的政策、法规与观念在那里影响干扰。

　　在"互联网+"时代到来的时候,我们要从推进政治体制改革入手,进一步解放思想,迈大改革开放步子,在反对一些西方国家政要、资本和媒体反华排华势力的同时,我们要更新观念,建构和调整交往政策与法规,切实推进中外的了解与合作,力争在信息传播上有大的进步。在加强党政、民众和传媒的沟通理解和合作方面,当前要采取有力可行的举措和步骤,把以人民为中心的工作落到实处、落到细处,党政机关要相信群众、依

---

① 陈邦武:《"互联网+"时代传媒的战略转型》,《新闻知识》2016年第12期。

靠群众,要把保障公民的知情权、表达权、参与权、监督权作为"互联网+"时代的重要举措放在首位。党政机关在把传媒作为自己喉舌的同时,也应把传媒视作民众自己的喉舌、民众自己的传媒。传媒自身也应有这样的觉悟和认知。

就新媒介环境建设的结构而言,笔者认为在"互联网+"时代,不妨以"短平快"为目标。短者,新闻事实发生地同被作为新闻报道地的时间地理距离越短越好。为此应支持有条件的民众依法创办新兴媒体,将来有条件也可以依法创办传统媒体。这些民间媒体作为普通群众自己的信息平台,将成为新的媒介环境中一道亮丽的风景线,这是"平"的实质。所谓"快",即新的媒介环境对于公民依法享有知情权、表达权、参与权、监督权,不仅要充分,依法到位,而且要突出"快"这个传播要素,也就是新的媒介环境要以新型的媒介结构和媒介特性,保证公民能够最快捷最便利地获知各种信息,自由地表达观点和意愿,参与社会管理,监督各级党委、政府和领导干部。

这就是笔者对"互联网+"时代媒介环境将会受到的冲击和必将发生的变革的理解和展望。

二、应急传播理念和政府舆情应对的适变

应急传播的提出,是对风险社会的认知和应对。德国社会学家乌尔里希·贝克提出风险社会概念时指出,现代化既是生产力指数式增长的过程,也是社会风险生成的过程。他认为风险的养成是生产力指数式增长的负面后果,一旦负面后果超过生产力增长所获取的收益,风险就会取代增长而成为历史发展的主导逻辑,工业社会就顺理成章地变成风险社会。因此,贝克说:"风险可以被界定为系统地处理现代化引致的危险和不安全感的方式。"[1]英国学者安东尼·吉登斯则从制度的角度指出了导致风险社会的原因。他认为,风险有外部风险和人为风险两类,其中现代四大"制度支柱"——世界民族国家体系、世界资本主义经济、国际劳动分

---

[1] 乌尔里希·贝克:《风险社会》,何博闻译,译林出版社2004年版,第21页。

工体系和军事集权主义都是导致全球风险的重要因素。英国的另一位学者拉什强调,我们不仅要从自然风险来判断我们面临的风险总量如何,而且更应关注整个社会结构面对的风险如何。他认为,从当前整个国家所面对的威胁看,我们面对的风险是十分严重的①。

依照贝克等学者对风险社会成因的分析,中国也已进入风险社会。在中国,导致社会风险还有一个特别原因,即突发公共事件和突发群体性事件的频繁爆发及持续增长。所谓突发公共事件,指对社会公众有直接影响或同公共社会有广泛联系的突发事件,这里的突发事件,指未能预测或难以预测而突然而至的事件。所谓突发群体性事件,则指当事人为人数众多的民众,且这些民众又有强烈的利益诉求的突发公共事件。

据统计,我国自1993年起突发群体性事件逐年增多,1993年至2003年,由每年1万起增加到每年6万起,参与人数则由每年70余万人到每年300余万人。自1993年至2012年,群体性事件增加10倍,其中因土地征用、房屋拆迁、环境污染等利益冲突引发的事件则占80%以上。2012年以后,关于突发群体性事件的报道日见减少,统计性材料更难觅见。但这20年的变化已足以证明贝克关于风险社会的分析是正确的。他说,在现代化进程中,生产力的指数式增长,使危险和潜在威胁的释放达到了一个我们前所未知的程度。这20年的变化也重复了国际社会的一个经验,即各国人均国民生产总值进入1 000~3 000美元区间,事故呈现出高发态势,被称为事故易发期或事故高发期,会呈现这样的怪圈:经济高速发展—人口急剧增加—贫富差距拉大—道德水平下降—环境日益恶化—安全生产事故频发②。

据笔者观察,突发群体性事件在我国持续高发主要有这样三个原因。其一是环境恶化。所谓环境问题,系由于自然变迁或人类活动,致使环境质量下降,生态系统破坏,对人类的社会经济发展、健康和生命安全产生的有害影响。这里,由自然力造成的地震、洪水、滑坡、干旱等灾害,称为原生环境问题;由人类活动所致,又可细分为环境污染(如土壤污染造成

---

① 斯科特·拉什著、王武龙编译:《风险社会与风险文化》,《马克思主义与现实》2002年第4期。
② 转引自叶皓:《突发事件的舆论引导》,江苏人民出版社2009年版,第18—19页。

含镉大米)和生态环境破坏(如掠夺性开发、滥砍滥伐)等两类。改革开放以来,中国的环境恶化问题,政府虽一直注意防范和克服,但始终是给人民群众造成生命财产侵害的重要原因之一,也是引发突发群体性事件的一个重要因素。

其二是制度设计不合理,社会矛盾得不到根本解决。这方面的问题表现在:社会结构调整未得到合理解决,城乡矛盾、东西部差距、分配不公、社会保障与就业未妥善处理,引发群众不满而起事;腐败滋生致使权力资本化,土地流转、房屋拆迁中一些官员中饱私囊;法规缺位,致使社会治安管理、教育医疗管理中出现诸多使百姓不满的问题;政治体制改革严重滞后,司法公正未到位,公民自治乏力,非政府组织得不到有力支持,民主选举放权不足;习惯于用阶级斗争旧思维处理人民内部矛盾,轻易动用警力。上述种种问题不予根本解决,人民群众的不满得不到及时释放,群体性事件自然就难以减少。

其三是信息公开严重缺位,新闻传播体制改革长期滞后,致使民众和媒体同政府相比,对社会信息的享受极不对称。政府出于"政绩观"的片面追求,不愿主动实施信息公开。媒体热衷竞争报道,致使谣言流言泛滥,使得有用的信息无法有效传播。公众在上述两种情况下遇见事发突然、危害严重的事件,既无法规避防范,又真假不辨,也使突发群体性事件防不胜防。

以上分析表明,在风险社会里,应急传播不仅十分重要,而且亟待改革。

应急传播,主要指在突发公共事件和突发群体性事件条件下,传媒主体,特别是各级党政机构、媒体工作者和广大民众对传播对象的特点、机制和规则的把握。这其中,对广大民众情绪的认知和舆论的把握具有突出重要的意义。

全面建构应急传播的科学理念,笔者认为以下几个要素是不可缺少的。

各级政府是应急传播的重要主体。这是因为,在处置突发公共事件和突发群体性事件的整个过程中,政府拥有组织、协调、决定各种公共事务的公权力,拥有最多、最重要的信息资源。再者,在一定条件下,政府所发布的信息具有相当的排他性,所以政府的信息必须真实、全面、客观,又具有充分的权威性。中央2016年作出决定,要求各地各部门若发生突发公共事件和突发群体性事件,该地该部门的党政主要负责人应该成为当然的第一新闻发言人,应该在第一时间主动站出来报告事件的真相并引导社会舆论。

在应急传播中,作为传播最重要主体的党政机关的公信力是最宝贵的无形资产。从这个意义上可以说,党政机关的公信力、信誉度、权威性就是政府处置突发公共事件和突发群体性事件的执行力、驾驭力,是政府能够顺利化解事件的重要保障。

各级党政机关作为应急传播的第一主体,要善待和善管另一个传播主体大众传媒,要引导和确保党和政府创办、掌管和领导的传媒成为主流媒体,并且通过这些主流媒体形成主流社会舆论。近几年的成功经验表明,党和政府为处置突发公共事件和突发群体性事件,并在处置过程中始终把握主流社会舆论,必须做到:第一时间向媒体发布相关信息,第一时间安排好媒体传播的内容和要求,第一时间督促媒体以法律和政策运作执行。

在应急传播中,党和政府要特别重视并维护好信息安全。在突发公共事件和突发群体性事件的处置过程中,由于利益诉求所致,各部门各方面,党政机关、媒体、非政府组织等都会千方百计收集相关信息,并出自不同动机和心态发布这些信息,造成政出多门,信息千奇百怪,谣言和流言混迹其中。特别是新媒体,它是一柄双刃剑,在突发公共事件和突发群体性事件处置过程中,其发布的失真信息不少,甚至有些别有用心者恶意编造虚假报道,乱中取利。凡此种种,党政机构在应急传播中一定要仔细甄别各种信息,去伪存真,确保发布的全部信息,安全可靠,准确及时。

在应急传播中,党政机构和媒体面临的一个难题是正确把握信息公开和信息安全的平衡。面对突发公共事件和突发群体性事件,政府、媒体、受众、海外媒体和相关组织,各有利益诉求,政府要平息和化解相关矛盾,媒体要争夺眼球,受众有切身利害关系与旁观看热闹的不同心态,海外媒体又由于不同背景和媒体自身的不同立场相互之间各有盘算。这种种情况下,有的期待信息充分公开,数量越多越好,有的则希冀少说一点,有的还指望报喜不报忧,有的甚至企图把皮球踢给他人。为此,党政机构除准确把握事件本身的信息外,还应尽早全面地了解、梳理和把握各界人士感兴趣的信息和舆情,要敢于担当,不踢皮球,不隐瞒已经掌握的主要事实的信息,对于一时还没有掌握的事实和信息,要敢于承认并作出必要的说明。在把握信息公开和信息安全平衡时,政府有必要建立一定的评估机制,请第三方(专家、法律界人士等)给予调查咨询、分析判断,政府应根据评估报告不断调整和改进维护平衡的指导思想及运作方法。

在以上一系列调整、改进和完善应急传播的基础上,党政机构就有可能顺利应对变化中的舆情,在化解、引领和营造健康有益的舆论上有所作为。

三、舆情应对变化和政府应急传播体系再造

在突发公共事件和突发群体性事件频发、高发的态势下,舆情的发生与传递有了新的变化,党和政府对舆情的应对也必须随之实行相应的变动。

首先是中国的产业结构和阶层结构发生了并且继续发生着剧烈的变化。工人中常说的"老大靠了边,老九升了天",突出说明随着一些制造业的衰落,工厂和工人的地位同当年"工人阶级老大哥"不可同日而语。以至最近习近平在一次讲话中重提"工人阶级是领导阶级"一语,许多工人表现出极大的兴奋和激动。即便是"老九们",他们中间的情况也大不一样,教育资源配置的不合理,部分教师素质和道德的沦丧,学风败坏,学术走味,问题层出不穷。各行各业,各条战线,各个部门,供传媒使用、供民间传说的"爆料"俯拾皆是,让舆情发酵、言说"加工"的东西四处都有。

其次,诱发突发事件频发的诸种原因长期存在。前面提到的环境和生态变化、制度设计不当、党风腐败民风低俗、信息公开和信息安全失衡等种种问题,有的有所克服和减少,有的则难以在短时期内消除。一直居

于媒体报道热点的教育、医疗、养老、交通、住房等社会问题时起时伏。这些问题的长期存在，使中国在最近几年突发公共事件和突发群体性事件频发、高发，令各级党委政府以极大的精力应对处置。不仅如此，诱发突发事件的具体原因还会更复杂更多变，舆情的发生和表达也将变得更多样更多元。

再次，社会流动加速，职业变换、地区迁移、岗位调动，致使城乡关系、人际关系、劳资关系、干群关系、军民关系、分配关系等更趋复杂，确定性和稳定性日差，社会矛盾和社会冲突日趋严重。据有关方面统计，城市就业人口中，"单位人"已从95%以上下降到30%。2010年至2015年，中国流动人口数量持续在2亿人以上，大批"单位人"正在向"社会人"转变。在农村，不仅每年有数千万人口到城市当农民工，而且超过1千万农民工已失去土地。这些人的稳定性会更差。

最后，传统的价值观和思维方式挥之不去，导致对日益复杂的舆情的观察、分析和研判常常失误。甚至有的干部视百姓多元化的舆情表达为"敌情"。一些党政机关对于认真应对舆情的要求采取"应付"的极不认真的态度。

以上这些因素的存在，说明当下的舆情变化多端，日趋复杂，我们必须高度重视，认真给予关注和切实应对。对此，我们应该坚持下列正确态度和立场。

第一，彻底摈弃极"左"思维和"文革"做法，在正确认识"互联网＋"时代舆情变化的基础上，要彻底克服舆情应对特别是网络舆论应对的恐惧症。据《人民论坛》杂志2012年调查显示，70%的中国官员对网络患有恐惧症，在重大网络事件中，以堵代疏，"拖、瞒、躲、捂、推"成了常态。不少官员对网络信息的发生传播周期短、噪音多和谣言流言多、民间信息多于官方信息等不对称状况感到一筹莫展。这种情况必须尽快改变，要主动地、积极地适应"互联网＋"时代的新特征和新条件，主动有效地做好舆情掌控和舆论引导工作。

第二，辩证认识网络信息传播"虚拟"与"真实"并存的特点，建构科学的"网络真实观"。有研究者指出："对于网络的认知应该打破传统的'虚拟性'的定位,更加全面地去理解和诠释网络的'真实性'。网络技术设定的空间虚拟性,是社会舆论的另一种存在形式,它依存于现实社会,使现实社会的舆论构成得以延伸,同时以其特有的方式对现实社会做出传导和回应。因此,网络是社会的真实存在,而不仅仅是虚拟的空间架构。"①为应对变化了的舆情空间,为有效推进舆论传播,我们要善于透过虚拟的网络空间,感知真实的社会舆论世界,要从现实的舆论空间出发,感知虚拟的网络世界。唯有这样的观察视角和思维方法,才能变虚拟为真实,由真实感知虚拟,全面把握"互联网+"时代的"空间—真实、真实—空间"双重世界。

第三,要完成由无视网民到同网民平等对话的转变。网络是党和政府联系人民群众的新型方式和新型渠道。习近平《在网络安全和信息化工作座谈会上的讲话》中指出:"网民来自老百姓,老百姓上了网,民意也就上了网。群众在哪儿,我们的领导干部就要到哪儿去,不然怎么联系群众呢?各级党政机关和领导干部要学会通过网络走群众路线,经常上网看看,潜潜水、聊聊天、发发声,了解群众所思所愿,收集好想法好建议,积极回应网民关切、解疑释惑。善于运用网络了解民意、开展工作,是新形势下领导干部做好工作的基本功。"②各级党和政府不应轻视网络及其所表达的民意,而应很好地将网络视作同民众平等对话的渠道。特别是在应急传播过程中,应该好好地珍惜和重视这个渠道。

第四,要努力把网络等大众传媒建设成有效而可亲的化解社会矛盾的平台,而不是把其作为遮羞布和灭火器。一些政府机构和领导干部应对社会矛盾,特别是应对突发公共事件和突发群体性事件时也看重大众传媒,看重网络群体,但他们不是通过大众传媒和网络同群众沟通、感知民意,而是用来当遮羞布,当灭火器。所以他们在实际操作中,往往报喜不报忧,说少不说多,讲小不讲大,讲他们如何维护群众利益,如何不顾自己安危,不讲群众的实际损失和自己工作的失误。我们不仅要克服这些错误的做法,还应该支持民众利用传媒特别是网络监督批评政府的工作。

---

① 罗俊丽:《用创新的理念引领党的网络舆论工作》,《社会科学报》2015年12月3日。
② 习近平:《在网络安全和信息化工作座谈会上的讲话》,《人民日报》2016年4月26日。

这方面，我们还应该有一定的宽容。习近平说："我多次强调，要把权力关进制度的笼子里，一个重要的手段就是发挥舆论监督包括互联网监督作用。这一条，各级党政机关和领导干部特别要注意，首先要做好。"①

做好以上四个方面的工作，是政府应急传播体系的调整、改革和再造的基础性工作。最后，我们还要进一步研究探讨政府应急传播体系再造的目标和任务。

第一，在不断变化发展的"互联网＋"时代，新的政府应急传播体系首先应该是以大数据为平台的再造。现在的舆情研判主要依靠分别设立在高校、社科院、党校等专业调研机构或商业性调查网点，这些机构和网点各自独立运行，各自设立调研项目和决定问卷内容，在此基础上所进行的总体性调查，实际上就是把这些网点的调查数据加起来进行综合分析，误差大是难以避免的。在这样的数据研判基础上得出的预警报告，其科学性、准确性和有效性也很难得到保证。今后为再造新型科学的政府应急传播体系，必须着力打造大数据网络，打通独立分散、互不联系的舆情监测研判网点，构建统一的大数据信息库和统一的调查网络，把产、学、研、商、政依照一定的信息生产流通机制集中建设。各网点要打破过去"信息孤岛"的传统做法，有分有合，在政府应急传播体系统一规划下协同作战，为共同的目标服务。

第二，在舆情监测研判技术保障不断提升的"互联网＋"时代，各级政府要建立一支专业水平较高的舆情监测分析队伍，使政府的应急传播体系的专业水准有较高的提升。目前组成政府应急传播体系的产、学、研、商、政各条战线各个部门的网点和团队职责分工不清，监测指标不一，访员和被访对象重复，信息抓取零乱，政府管理各监测研判网点办法各异，政府同媒体，特别同非公有网站协同应急传播目标不一，流程不同。这些都说明，目前强调提高专业化水平对于再造政府应急传播体系至关重要，政府应将其作为重要一环，切实抓严抓细抓实。

第三，在"互联网＋"时代，再造政府应急传播体系必须调整和更新舆

---

① 习近平：《在网络安全和信息化工作座谈会上的讲话》，《人民日报》2016年4月26日。

论引导和舆情研判指导思想。政府应急传播的目的是正确引导社会舆论,化解舆论压力,谋取理解和支持,同时为中央和各地应急工作顺利开展营造有利的国内外舆论环境。因此,政府的应急传播,必须正视现实,直面问题,不能回避,不能隐瞒,政府应急传播体系无论是整体还是局部,都应该坚持统一的立场、原则和方针。就全国而言,应该有全国统一的应急传播机制;就一地一部门而言,这些地区、部门的一切媒体和媒体工作者、舆情监测分析人员,应该按统一的应急传播机制运作。而要真正建立起全国统一的应急传播体系,必须坚守科学有效的同中央口径一致的传播机制;而要建立起这种步调统一的行动机制,前提就是有统一的指导思想,即更新能够适应"互联网+"时代要求的传播观念。

第四,在"互联网+"时代,再造政府应急传播体系,要努力构建能够主动有效应对事变、事件的联动机制,要打造传统媒体和新兴媒体融合应对、协同作战的新格局。为使联动合作和主动应急传播落到实处,首先要有一个高质量的、针对性强和不断完善的应急预案。这个预案不仅由党政机关牵头制定,而且所有媒体、民意调研机构、非政府组织都应了然于胸。其次要有一个联动机制。虽然突发公共事件和突发群体性事件一旦被任何个人、媒体、机构获悉都可以有权发布(自媒体时代人人都是记者),但从政府应急传播体系建设考虑,还是应该有一个明确规定,要求重大事件的相关信息汇总、首发,由党政主要首长在第一时间发布,要求各媒体主动配合。再次对于新闻发言人来说,应建立一个由发言人和信息收集研判人员组成的团队,不能由发言人一个人"唱独角戏",不允许打无准备之仗。最后还要建立一个纠错机制,对已经发布的信息要及时更正、及时补充。只有这样,主动发布信息才能收到正面效果,联动合作才能持之以恒。

第五,对政府应急传播体系实行柔性管理和坚持独立的第三方评估,以不断提升这个体系运作的工作绩效。学者刘昆主张对公共危机舆论实施柔性管理[①],笔者颇为赞同。刘昆认为,政府应急传播体系应该是政府、

---

① 刘昆:《柔性管理公共危机舆论》,《光明日报》2016年11月20日。

传媒、公众三者长期协同合作而形成的有机系统。其中,政府作为公共危机舆论管理的主导者,媒体作为公共危机舆论管理的传播者,公众作为公共危机舆论管理的参与者和反馈者,共同构成公共危机舆论管理系统。这三者通过彼此之间的竞争与合作,实现各自利益的最大化,即政府力争实现公信力最大化,媒体力争实现传播力最大化,公众则力争实现有序参与最大化,这三个"最大化"的实现,便可有效消解危机舆论,化解公共危机,维护社会秩序,实现社会稳定,使政府的管理职责、媒体的社会责任和公众的主人担当都得以实现。还有学者据此提出,面向风险社会建立应急管理学,对"互联网＋"时代的应急管理,包括应急传播管理,提供高起点、高层次、多领域的经验交流与理论研究平台。实际上,这种学术主张也是在呼吁对包括应急传播在内的突发公共事件管理状态和效果,提供第三方立场的公正评价机制和方法。这样,可以为有效推进突发公共事件和突发群体性事件的舆情研判和舆论引导构建长效传播机制。

第六,以构建应对突发公共事件和突发群体性事件新格局的要求和标准,不断提升党政机关和领导干部的领导力和执行力。对于应急传播体系再造来说,要做好这样几方面工作,首先是加强舆情监测、信息发布、舆论引导、应急处置能力建设的顶层设计,提出党政机关和领导干部处置应急事件的权力清单和责任清单,建立和完善通报预警、联动处置等应急举措程序,建立危机风险及处置的评估机制。其次是大力提升党政机关和领导干部运用新媒体能力,增强新媒体运用的话语权和亲和力。针对党政机关和领导干部在"互联网＋"时代运用互联网技术引导舆论、监察舆情、应对突发事件中的短板,加强专业培训。再次是加强对国际媒体的了解和认识,提升利用国际媒体应对突发事件的能力,为营造客观友善的国际舆论环境做好相关的接待、回应、引导和服务工作,不断增强全国和各地、各部门的国际传播力和影响力[1]。最后是自觉认真地学习、领会和执行中央关于完善应急传播能力的文件和规定,当前要学习好《国家信息化发展战略纲要》、《关于全面推进政务公开工作的意见》、《关于促进移动

---

[1] 赵勇、张志海、马佳铮:《提升大城市领导干部突发事件的舆论引导能力》,《社会科学报》2017年1月26日。

互联网健康有序发展的意见》等政策性文件,结合对习近平《在网络安全和信息化工作座谈会上的讲话》等重要讲话精神的学习领会,不断提升应对突发事件的政治责任感和新闻使命感。

第七,为推进政府应急传播体系再造,从中央到地方要不断地加强研发投入和设备建设,为提升应急传播体系再造建设提供强有力的物质基础和技术保障。习近平强调:"同世界先进水平相比,同建设网络强国战略目标相比,我们在很多方面还有不小差距,特别是在互联网创新能力、基础设施建设、信息资源共享、产业实力等方面还存在不小差距,其中最大的差距是在核心技术上。"①而要缩小这些差距,我们还有许多路要走,还有大量艰苦的工作要做。

应急传播新体系的建立离不开技术支持,少不了"硬件"武装,但同时也要充分考虑到技术的改进可能给整个社会的安全稳定带来一些负面的影响。最近国外有学者指出,要警惕当前的技术变革暗藏着新的风险,比如网络传播的不安全风险,国家机密和个人隐私的泄露,对技术的依赖造成对人的劳动创造力的轻视等。近日,由世界经济论坛发布的《2017 年全球风险报告》评估了环境、地缘政治、社会、经济及技术五大领域的风险因素。一位英国学者在解读这份报告时强调指出,在数学、生物和物理等技术的共同作用下,第四次工业革命正在酝酿新的全球风险。目前机器人、传感器与机器学习技术的长足进步,有可能逐步取代人类的服务业岗位,所以在接下来几年,技术对劳动力市场的破坏可能在非制造业行业扩大。这些研究和国内外业已出现的新的变动足以表明,在"互联网+"时代,我们在重视和利用最新科学技术成果的同时,这些新技术和新成果也可能带来一定的负面的甚至是破坏性的影响。我们在再造应急传播新体系的时候,对这种技术发展的新趋势,对这种新趋势影响下传播技术可能出现的新影响,包括它们可能成为引发新的突发群体性事件的一个原因,应该有足够的思想准备和应急举措。

对于"互联网+"时代政府应急传播体系的再造,笔者从以上七个方

---

① 习近平:《在网络安全和信息化工作座谈会上的讲话》,《人民日报》2016 年 4 月 26 日。

面进行了较为深入的思考,提出了一些不成熟的意见,期待引起各位有识之士的关注和讨论。总之,在新的技术条件下,再造政府应急传播体系是时代的要求,但再造的根据、路径和方法,需要充分的科学研究和坚持不懈的探索。套用一句老话:"前途是光明的,道路是曲折的。"愿我们为此而共同努力奋斗。

新闻传播与生态环境保护的互动及环境新闻工作者的责任*

生态文明是人类遵循人、自然、社会和谐发展的客观规律而取得的物质成果与精神成果的总和,是人类奉行人与自然、人与人、人与社会和谐共生、良性循环、全面发展、持续繁荣为基本宗旨的文化伦理形态。新闻传媒对大众普遍关注的涉及环境状况、环境问题、环境保护及生态文明建设的各种环境信息的公开传播,是环境新闻工作者重要的社会责任。

一、新闻传播与生态环境保护的互动

新闻传播与生态环境保护有着一定的联系和关系。在一定条件下,新闻传播能够促进生态环境的保护与优化,而在另一些特定的条件下,新闻传播也可以导致生态环境的衰败和破坏。这是从新闻传播活动社会功能的角度说的。如果从新闻传播对于生态环境,或者从生态环境对于新闻传播互动的角度讨论,那么这二者又有一种互为依存、互为影响的关系。简言之,良好的生态环境能够为新闻传播提供雄厚的物质条件,成功的新闻传播能够保障生态环境的良性发展。

先来讨论:良好的生态环境为新闻传播提供雄厚的物质基础。

西方新闻界有一种"经验之谈":最大的坏事是最好的新闻。无论从突发事件同民众的相关性———同民众利害关系重大的新闻事件被公开

---

* 本文原刊于《中国地质大学学报(社会科学版)》2011 年第 6 期。作者为林涵、童兵。

报道之后,其新闻价值也大;还是从民众的求异心理需求——民众对不同寻常的事件往往有强烈的求知欲望的角度来考察,这种经验之谈都不乏其理由。因此,在中国,在我们四周,如果发生了严重的环境事件,发生了对国计民生有重大危害的事件,新闻界在法律和政策允许的条件下,应该力求在第一时间,并且力求从事件现场向民众推出这些严重事件的第一手报道。一般说,在条件许可的情况下,环境新闻记者对于所在地的环境事件或环境问题力求首发报道,是环境新闻记者的使命。

但是,第一,在民众日常的生产劳作和社会生活中,一般不会发生太多涉及环境问题的事件,尤其是严重的环境事件。正常情况下,生态环境的运行和变迁,总是在常态下进行的。第二,记者的目光,不能总是盯着可能发生的严重突发事件。记者的注意力,主要应该关注常态下生态环境的存在、运作和变迁。因此,良好的、健康的生态环境总是环境新闻记者常处的工作环境和获取新闻信息的来源。事实也证明,日常生态环境完全可以为新闻记者提供充分的新闻信息资源。

新闻是变动信息的及时传播,没有变动就没有新闻。良好的生态环境,在有序和有效的管理之下,总在发生数量和质量上的变化。环境新闻记者依靠日常构建的信息获取渠道,可以在较短的时间和相当的空间里,以不太高的成本获得生态环境生存状态、测试数据、变动发展的信息,及时报告给社会和公众。他们的作品在社会和民众中传播之后,社会和民众对这些新闻报道的反响,对新闻传媒的评价,对记者及其作品的满意度等大量的反馈信息,也可以通过以往建立的渠道及时流传回记者与传媒。这一点是非常重要的。正是这些源源不断的反馈信息,不仅使环境新闻传媒及时了解已有传播的效果,而且能够据此设计和改进后续报道的内容,准确地把握改进的力度。

环境学家将环境问题分为原生环境问题和次生环境问题两类。原生环境问题由自然力造成,如地震、洪水、干旱、滑坡等灾害。次生环境问题由人类活动所引起。它又可细分为环境污染和生态环境破坏两种。环境污染由于人类生产、生活过程中产生的有害物质,引起环境质量下降,危害人类健康,影响人和生物正常生存发展。生态环境破坏指生态环境由于人为的直接作用遭致破坏,如乱砍滥伐、过度放牧导致森林植被破坏、草原沙化等生态环境破坏。所有这些情况与现象,都为环境新闻传播提供了内容广泛的信息资源。

接着要讨论的是,成功的新闻传播保障生态环境的良好发展。

作为一种上层建筑和意识形态,新闻传播对社会经济基础具有一定的影响作用,无数生态事件和生态环境由于媒介进入而发生转变的事实,对此已经作出了完全肯定的回答。当然,传媒对生态环境的影响作用,是有条件的,那就是新闻传播的方向一定要正确,信息发布的数量要适宜。换言之,只有方向正确、数量精当的新闻传播,才能保障和支持生态环境的良性发展。

人类曾经吃够了由于信息传播方向错误或信息流量失当所造成的生态环境衰败的苦头。"大跃进"中,为达到不切实际的冒进指标,新闻传媒鼓动城乡乱砍滥伐,大建"土高炉",为"1 070万吨钢铁"而不惜破坏生态环境。20世纪80年代中后期以来,不少地区为了GDP"两位数递增"和领导干部的"政绩工程",破坏城市绿地大力开发房地产,乡村过度放牧致使土壤荒漠化,沿海不少地方盲目引进污染产业,使河流、大气、土壤等被严重破坏。出现这样令人痛心的破坏生态环境的事件,同当地及全国的新闻传媒片面鼓吹、错误引导不无关系。相反,新闻传媒的环境传播如果方向正确、信息数量到位,则不仅可以动员人民群众起来反对和防止导致生态环境破坏的政策、决策、行为,而且能够引导人民群众自觉地保护环境、保护家园,使污染得到扼制,使生态环境得到良性发展。

新闻传媒保障生态环境良性发展有许多手段和方法。首先是设置议程,营造保护生态环境的舆论氛围,吸引政府和民众关注可能危及生态环境的某些政策、决策、举措,提高警觉和加强防范。而对于有利于保护和优化生态环境的政策、决策、举措,传媒则通过议程设置加以提倡、推介、支持。通过这种扶正祛邪的新闻宣传,使一个国家、地区、社区的生态环境保护有目标、有规划、有举措,破坏生态环境的人与事则能及时被揭露和抨击。

其次,新闻传媒可以针对某个有代表性的环境问题或环境事件,作为典型加以剖析和评论,力求在政府和主管部门支持下,在民众积极参与下,采取切实有力措施认真解决。通过这样的典型解剖,张扬正气,压制邪气,造成一种人人保护生态环境的好风气。同时通过这类老大难问题的破解,增强生态保护的信心,提升媒介的美誉度和影响力。新闻传媒在生态环境保护中应该充当耳目和喉舌、先锋和勇士。

再次,新闻传媒可以有计划、有重点地推介世界上一些国家和地区、本国一些省市和部门有效保护生态环境的理念、决策、经验和教训,为本国本地区的生态环境保护,破解环境事件和环境问题,提供目标、样板和做法,推动环保部门的管理工作。

此外,新闻传媒对于广大民众和政府工作人员有着教化和劝服的作用,可以在他们中间传播生态环境保护的新知识、新方法和新经验,通过批评分析有害于生态环境保护的落后观念和不良习惯,使他们提高认识,克服陋习,积极投身环保事业。新闻传媒在推动生态环境保护产业化,推广绿色产业、绿色工程、绿色产品等方面还可以发挥商业营销的作用。

新闻传播与生态环境保护的互动既存在着机理上的必然性与可操作性,又各自受到特定条件的限制。我们的目的是寻求和发挥新闻传播与生态环境良性互动的规律与机制,防范与克服由于不尊重规律和机制所带来的危害与影响。

二、实现新闻传播与生态环境保护良性互动的条件

新闻传播与生态环境保护实现良性互动,必须具备一定的条件。长期实践经验表明,坚持经济发展与社会进步并重的理念和方针,是最重要的前提。

如何摆正经济发展与社会进步的关系,使两者和谐平衡齐头并进,中国是在得到教训之后才开始有正确认识的。我们前面提到,1958年全国开展全民大炼钢铁运动的时候,从主要领导人到一般干部的头脑里,基本上没有环境保护的观念。这种状况一直延续到改革开放初期。1978年以来,中国的经济发展取得了举世瞩目的伟大成就,但这种经济发展依然是建立在高消耗、高污染的传统发展模式上的,城乡不少地区以牺牲生态环

境为代价实现经济增长,出现了日益严重的环境污染和生态破坏。发达国家上百年工业化过程中分阶段出现的环境问题,在我国集中出现,特别是随着经济快速增长和人口不断增加,能源、水、土地、矿产等资源不足的矛盾越来越尖锐,资源利用和环境保护面临的压力越来越大。在这种情况下,必须兼顾较高的经济发展速度和社会及环境的全面提升,必须坚持物质文明、精神文明、政治文明和生态文明四个文明协调发展的理念和方针,被突出地提到党和政府以及亿万人民群众面前。

强调经济快速发展,不能单纯追求国内生产总值(GDP)增长。国内生产总值是目前全球通用的重要的宏观经济指标,具有综合性强和简便易行的优点。但是,这一指标并不能全面反映经济增长的质量和结构,不能全面反映实际的社会福利水平,更不能代替生态环境变化等一系列相关指标。因此,我们"要以科学精神、科学态度和科学的思维方法看待国内生产总值,防止任何片面性和绝对化。要把加强经济发展,建立在优化建构、提高质量和效益的基础上"[1]。

但是,在改革开放30余年中,尤其是最初一段时间,不少地区和部门片面追求GDP指标的增长。有的强调"穷则思变",认为有了GDP就有了一切。有的认为先把GDP搞上去,以后再抓社会建设和文化发展。有的追求高指标大发展,认为GDP是硬指标,其他则是软指标。他们见项目就上,有投资就引进,不顾经济增长的质量和效益,更不惜浪费资源和破坏生态环境。在这种片面的经济发展观指导下,几十年来,我国的生态环境受到严重的破坏,快速发展导致了严重的环境问题。沙尘暴、污浊的空气、年年爆发的蓝藻、暴雪洪涝灾害等极端天气频频发生,近几年越来越严重的地质灾害,使中国面临着一些世界上最严峻的环境挑战。世界上污染最严重的城市里,中国占了一半,同时有300余个城市面临水资源短缺问题。据报道,中国每年死于呼吸道感染的人多达40万,这其中,空气污染是致病的直接原因。在被检测的500个城市中,超过一半出现酸雨。197条河流中只有不到一半可以用作饮用、游泳或养殖。七大水系中

---

[1] 参见中共中央宣传部理论局:《科学发展观学习读本》,学习出版社2006年版,第32页。

的五个被归为重度污染。从这一系列数据可以看出,以牺牲环境而实现的经济高速发展,是不可取的。现在我们执政的理念和政府行政的目标是,在发展经济的同时,必须兼顾社会的全面进步;在GDP上去的同时,要让人民群众喝上干净的水,呼吸清新的空气,有更好的工作和生活环境。在这种新的理念和目标下开展新闻传播,就有了明确的方针和全面衡量新闻传播成效的评价标准。

新闻传播与生态环境保护二者实现良性互动,全民环境意识的强化和社会生态文明风尚的建构是又一个重要条件。

环境意识是人们对赖以生存的生态环境和保护这个生态环境的认知程度,以及为保护环境不断调整经济社会行为、协调人与自然相互关系的自觉性。如果把人类生存的外部环境视作人类的绿色家园,那么认知和爱护这个家园,以及为保护这个家园不受损害而积极努力的自觉性,就是一个人的环境意识。新闻传媒对于培育民众的环境意识,可以从这样几个方面入手:

第一,通过细水长流的环境新闻传播,不断地连续地告诉民众所处的生态环境的状况及其变动,使他们逐渐养成关心自己家园的习惯,把自己的生存与发展,自觉地同生态环境的质量联系在一起。

第二,通过对有代表性的环境问题的剖析,使民众及时知晓自己周边生态环境恶化的状况及原因,激发他们参与变革的热情,自觉地投身保护绿色家园的活动。

第三,通过对相关生态环境管理文件的学习和解读,使民众正确掌握环境传播政策和方针,主动参与保护生态环境的活动和工作。

第四,通过介绍世界发达国家成功保护生态环境的经验和方法,使民众不断提升建设和管理好绿色家园的水平。

第五,通过对破坏生态环境事件及行为主体的监督与批评,提倡保护绿色家园的正气,抨击破坏生态环境的邪气。

第六,通过动员和组织民众参加绿化家园、治理环境污染的各项活动,支持环境保护非政府组织,培育民众的环境意识,培养环保骨干,张扬环保舆论,落实环保规划。

民众有了自觉的环境意识，就可以能动地推进新闻传播与生态环境保护的良性互动。环境意识是这种互动作用的内在力量。这种力量，深藏于亿万民众内心之中。

良好的生态文明风尚，也是新闻传播与生态环境保护实现良性互动的一个条件。生态文明首先是人性与生态性全面统一的社会形态。一个人只有把自己的生存与发展完全同自然环境融成一体，才会像珍爱自己生命那样珍爱自然环境。其次，生态文明是一种现代生活方式，即把建设环境友好型社会作为自己的使命，厉行节约，适度消费，崇尚精神和文化的享受。再次，生态文明也是一种社会发展模式，它注重可持续经济发展，追求公正合理的社会制度，致力于提升民众的环境意识。上述三个方面结合起来构成了生态文明风尚。一个社会具有良好的生态文明风尚，有助于形成关注传媒、参与传媒、使用传媒的新闻文化氛围。所以，一个社会能够高扬生态文明风尚，民众普遍具有自觉的环境意识，是新闻传播与生态环境保护良性互动得以实现的重要条件。

三、环境新闻工作者的社会责任

我们对环境新闻的界定是：通过新闻媒介对公众关注的涉及环境状况、环境问题、环境保护及生态文明建设的各种环境信息的公开传播。在中国，经过20多年沿革与发展，环境新闻显示出若干变化的趋势，主要有：

第一，环境新闻所展示的报道面，由狭隘的小环境走向大环境，由单纯的环境传播走向环境、经济和社会的和谐发展。环境新闻的内容，从原来的环境卫生、废水废气废渣的三废治理，逐渐扩大到整个环境生态系统，由原来的工业污染治理发展到环境政策、环境与经济、环境与法治、环境与科技、环境与社会及至今天的环境友好型社会和可持续发展。

第二，环境新闻的报道风格，由以揭露与曝光污染事件、污染现象的报道为主，发展到既有对污染的揭露，又有对优美环境的赞扬。大量的环境新闻既充分揭示了我国环境问题的严重性，也反映了人民群众对加快污染治理、不断改善环境质量的迫切要求。

第三,环境新闻的报道方式,由单个或少数媒体发展到多媒体,由新闻传媒单兵作战发展到新闻舆论监督同行政监督、法律监督、群众监督的有机结合。环境新闻通过多媒体协同作战,不仅监督有关部门加快治理进程,更有力地促进加大环境执法的力度,实现我国环境与经济的协调发展。

在这种新闻传媒新变化的态势下,环境新闻工作者的社会责任也就更为重大,更为艰巨。

环境新闻工作者首先是新闻专业工作者,所以他们首先要承担一般新闻工作者必须承担的社会责任。几十年来环境新闻的发展表明,环境新闻工作者除了承担一般新闻工作者必须承担的法律责任、道德责任和社会义务,还应承担同生态环境保护相关的社会责任。这首先是由环境传播所担负的神圣使命和环境新闻的特点决定的;其次也是由像中国这样的发展中国家的国情决定的;此外,还是由环境新闻工作者所承担的要尽快提升民众的环境意识这个任务决定的。因此,他们必须具备专门的素质与修养:

第一,环境新闻工作者应有更好的科学意识和知识准备。环境新闻涉及包括环境科学在内的各方面知识,环境新闻工作者应该是知识型、学者型的新闻专业工作者,在科学知识方面应有全面的涉猎和准备。对环境问题的分析和对环境事件的解读,这些知识尤为重要,如稍有不当,不仅无助于问题的解决,还会引发新闻官司,给当事人和新闻传媒带来不必要的损失。

第二,环境新闻工作者应有良好的守法意识和法律修养。环境新闻常常涉及环境问题、环境事件的披露与分析,而后者又常常同主管部门的渎职行为有直接关系,对这些问题与事件的调查报道可能会引发媒体同主管部门、企业或个人的利益冲突。环境新闻工作者担负着维护人民群众合法权益的任务。因此,他们应该懂得法,掌握法,用法律作武器,具备强烈的依法办事的意识,具有比较全面的法律修养。此外,环境记者同相关当事人相处的时候,更应谨慎小心,严格律己,决不能被对方收买,守不住法律底线。

第三,环境新闻工作者应有强烈的忧患意识和把握全局的能力。有学者认为,环境新闻可以说是一种危机新闻。因此,做好环境新闻,必须具备强烈的忧患意识。这种意识除了来自记者关心生态环境健康、心系天下百姓的社会责任感外,还来自记者敏锐的发现环境问题的能力,善于透过蛛丝马迹,发现矛盾和疑点,预测环境问题对公众和社会发展可能带来的威胁,预测环境问题背后复杂的利益冲突。

很多环境问题可能会陷入选择的两难困境。特别像中国这样的发展中国家,两难处境更加尖锐,比如旅游业发展与生态环境破坏、发展矿业与矿山污染、地方经济发展与区域环境恶化。在环境问题带来的两难选择中,受众所希望得到的,不仅仅是客观存在的信息,更希望获得清晰深入的分析和积极合理的解决方案。因此,环境新闻要求记者有很强的把握全局的眼光和能力。

美国密执安州立大学奈特环境新闻学中心主任詹姆斯·戴特金一次在中国记协演讲时,提供了一个国际调查机构的统计资料,在接受调查的2万多名媒体受众中,92%的人表示对环境题材的新闻感兴趣,这个比例仅次于对犯罪题材和地方新闻的兴趣。调查还显示,受众对环境新闻的关注度呈增长趋势。据每年开展的中华环保世纪行活动统计,中国受众对环境新闻同样表示出深厚的兴趣。因此,环境新闻工作者一定要不断地增强社会责任感,克服各种困难,为亿万受众提供不断改进的、高质量的环境新闻,为保护中华民族的绿色家园贡献自己的智慧和力量。

简论新闻传媒的宣泄功能*

新闻传播是人类有明确动机的社会活动。新闻传播的价值，在于通过传播者与受传者的沟通交往达到传递信息、沟通情况、交流经验、协调行动等目的。除此之外，新闻传媒有时还有这样一种功能：传者借助传媒，宣泄自己的情感，释放自己的压力。政治学、社会学、新闻学领域的学者，把这种功能称之为"社会排气阀"，也叫"社会安全阀"，即不同阶层、集团的人们，通过新闻传媒表达自己的看法，提出自己的主张，同时又在这种表达与诉求的过程中，让这些阶层、集团的人群发发牢骚、吐吐怨气，不使社会情绪和心头愤懑累积得太多太满，久久得不到释放，最后来个总爆发，酿成社会动乱。新闻传媒的这种特殊的社会作用，就是传媒的宣泄功能①。

一、宣泄是公民的基本权利

宣泄俗称发泄，是一种心理学用语，指人通过某种行为表现来减轻由于情感受到压抑而产生的心理压力的过程。弗洛伊德是最早从这一意义上使用"宣泄"概念的学者。他认为，人的某种本能会使他产生许多同现实生活相冲突的行为冲动，如果这些本能的冲动经常受到压抑便会引发

---

* 本文原刊于《新闻记者》2010年第2期。
① 例如社会学者刘易斯·科塞提出，社会需要设置一些通道，供不同社会主体间沟通以发泄不满情绪，从而从总体上减少社会压力，维护社会稳定。这些通道就是"社会排气阀"。马克思谈到英国的新闻传媒时，也谈到传媒的这种有益于减轻舆论压力的"社会安全阀"作用。

心理紧张,最后导致精神障碍。人只有通过一定的方式满足这种本能的要求,才能减轻心理压力。因此,宣泄成为防治精神障碍的主要方法。国内外许多社会心理学家都认为,宣泄可以减少人的侵犯性行为,同时又主张社会应该为人们提供宣泄的机会、场所和渠道,并将宣泄行为控制在法律所允许的范围内。国外有的企业依据这一理论建立了"情感发泄控制室"(human control room)一类设施,让员工在其间发泄对老板或上司的不满与愤怒,以缓和由于生产线运转节奏过快、身心疲惫、人际关系紧张等造成的心理压力。

中国由于长期受封建统治传统的影响和对人权的轻视,对民众的宣泄需求置若罔闻。新中国成立以后,情况有了一定的改变,通过座谈会、民主生活、上级考评、读者来信、上访申诉,以及后来的"四大"(大鸣、大放、大字报、大辩论)等方法,为民众提供一些宣泄的渠道。但民众宣泄的权利在法律上并没有真正确立,畅通的宣泄渠道也未能广泛持久地运转起来。像周恩来、刘少奇、彭德怀这样的开国元勋在党的正式会议上十分克制地提了一些意见,或被打成右倾机会主义分子,或被说成"离右派只差五十步了",更何况普通黎民百姓宣泄自己不满情绪的奢望了。

改革开放以来,从邓小平开始,尊重和支持人民的宣泄权利,在全党渐成风气。邓小平主张避免大民主,实行小民主。所谓"大民主",就是大规模的民运风潮;所谓"小民主",就是认真执行宪法所规定的民主制度,使人民自由发表意见的权利和其他民主权利受到应有的尊重和保护。他说:"如果没有小民主,那就一定要来大民主。群众有气就要出,我们的办法就是使群众有出气的地方,有说话的地方,有申诉的地方。群众意见,不外是几种情况。有合理的,合理的就接受,就去做,不做不对,不做就是官僚主义。有一部分基本合理,合理的部分就做,办不到的要解释。有一部分是不合理的,要去做工作,进行说服。总之,要让群众能经常表达自己的意见,在人民代表大会上,政协会议上,职工代表大会上,学生代表大会上,或者在各种场合,使他们有意见就能提,有气就能出。"[①]邓小平的这

---

① 邓小平:《共产党要接受监督》,《邓小平文选》第一卷,人民出版社1994年版,第273页。

段话,分明说的就是在中国共产党执政的新的历史条件下,赋予群众以宣泄权利的必要性和执政党的基本态度。

从江泽民到胡锦涛,历届中央委员会都坚持了邓小平的路线和他所主张的给人民以出气和提意见的权利,也就是宣泄自由的政策。尤其是党的十七大以来,胡锦涛强调人民当家作主是社会主义民主政治的本质和核心。他指出,要健全民主制度,丰富民主形式,拓宽民主渠道,依法实行民主选举、民主决策、民主管理、民主监督,保障人民的知情权、参与权、表达权、监督权。这里,宣泄是一种真实的表达,支持表达权的建构与完善,就是对民众宣泄权的尊重与保障。在考察人民日报社的讲话中,胡锦涛明确提出:"把体现党的主张和反映人民心声统一起来,把坚持正确导向和通达社情民意统一起来。"[①]只有倾听人民的宣泄和把握人民的情感,才能真实了解群众的心声和把握社情民意。这里,胡锦涛对民众宣泄的看重,流露得十分真切与充分。

二、新闻传媒是民众宣泄的有效渠道

改革开放以来,中国立法和执法的基本思路是限制公权,保障私权。包括宣泄自由在内的民众权利有所增多、有所保证。今天,在法律规定的范围内,民众在不少公共空间拥有自由言论、评论政务的权利,在私人场所更是可以放胆高论,充分表达自己的意愿和情感。但是生活经验表明,无论是像开会、演讲、公众来信等公共空间,还是像茶叙、宴会、作客、聊天等私人场所,人们可以少有顾虑、自由自在地宣泄表态。不过,这种宣泄表态的影响力、有效性、广泛程度总是比不上利用新闻传媒进行宣泄。为什么新闻传媒在实施宣泄功能时具有其他媒介和手段无可替代的重要作用呢?这是因为,新闻传媒是能够满足民众宣泄需求的有效载体与手段,它可以使当事人的不满情绪或紧张心理在最短时间、最大范围、以最大能量得以表达和释放。

新闻传媒作为"社会排气阀",具备以下几个优势和特点:

---

① 胡锦涛:《在人民日报社考察工作时的讲话》,《新闻战线》2008年第7期。

(一) 及时快速

新闻传媒能够在"第一时间"表达当事人的心境与情绪,而随着这些情感的宣泄与传递,当事人的紧张心理会得到舒解和抚慰。2008年11月3日重庆主城区出租车司机罢运,新闻媒体很快发表司机罢运的原因是:出租车公司未经批准擅自提高"份儿钱",加气站点稀少致使出租车"加气难",黑车欺街霸道使出租车无法正常营业。罢运司机又借助传媒对市民表达由于罢运给市民出行造成不便的歉意。与此同时,传媒还及时报道重庆市委书记同出租车司机及市民代表座谈的消息,座谈实况由电视、广播、互联网现场直播。这样一来,出租车司机的"愁屈"得到了宣泄,市民代表对罢运事件表示理解,市委书记则表示改善民生乃执政之要,要立即启动问责制度。这样,到4日下午,80%的出租车恢复了运营。正是由于新闻传媒为当事人提供了充分的宣泄渠道,使其内心的不满和生活之困在短时间内得到宣泄和化解。

(二) 影响广泛

"有话要说"的人在宣泄的时候,总是想让更多的人听到自己的不满之声,看到自己的受屈情境。新闻传媒对他们来说,因为有声有影,自然是最好的选择。互联网、手机等新媒体,由于它们的分众化、小众化和民众化的特点,更是当事人宣泄情感、舒缓心理压力的首选渠道。2007年3月至6月厦门PX项目危机中,手机短信成为厦门市民最受欢迎的载体。5月下旬,厦门百万市民的手机上传阅着这样一条短信:

> 翔鹭集团已在海沧区动工投资(苯)项目,这种剧毒化工品一旦生产,厦门全岛意味着放了一颗原子弹,厦门人民以后的生活将在白血病、畸形儿中度过。我们要生活、我们要健康!国际组织规定这类项目要在距离城市100公里以外开发,我们厦门距此项目才16公里啊!为了我们的子孙后代,见短信群发给厦门所有朋友![1]

尽管这条短信有一些夸大不实之词,但当事人的不满与紧迫之情渲

---

[1] 转引自张晓娟:《厦门PX危机中的新媒体力量》,《国际公关》2007年第5期。

染得淋漓尽致。正是这种影响广泛的宣泄活动,引发不少厦门人走上街头,游行示威,再次向政府宣示自己的担忧与不满。

(三) 合理可控

在法制齐备的民主国家,对于利用新闻传媒实施民间的情绪宣泄功能的管理控制,一般不会超越法律底线。当事人通过新闻传媒表达自己的情绪、意愿、诉求,往往持之有理,操之有节,不会造成破坏性后果。在我国,由于新闻传媒处于执政党领导与掌控之下,新闻传播工作者又有明确的职业操守,即使对于宣泄功能的实施一时尚无相当的法律规范,一般情况下也不会出现无序与失控状况。因此,合理与可控,是新闻传媒可以作为民众宣泄渠道的又一个特点与优势。实践证明,为确保"合理可控"这一特点得以实现,关键是新闻传媒自身应有正确的定位并按规律运作。以2008年6月的"瓮安事件"为例。起初,《贵州日报》依照过去的习惯,主要通过会议报道"澄清事实",结果遭到当事人的强烈反对。参与报道的记者接到数十个愤怒公众的辱骂恐吓短信和电话,说记者"制造假新闻"。后来《贵州日报》一改旧貌,实行"开放性报道",改变前一阶段只报道抽象的会议精神的做法,代之以具体客观公正的深度报道,对事件从多个角度进行全方位报道,充分传达民众的不满与愤怒。事件参与者的态度也随之发生了根本变化。此前被公众辱骂恐吓的记者竟又接到恐吓过他的公众的致歉电话,称记者的报道"站在老百姓的角度,易懂,很好"[①]。这种变化深刻地表明,当事人的情绪宣泄,是出于守法与理性、有理有节的行为,他们的要求,主要是利益诉求,即给他们一个"合理的说法",而不是什么权力追求。新闻传播工作者只要以法律为准绳,以事实为根据,按新闻传播规律办事,利用传媒作为民众宣泄的渠道,完全可以收到良好的效果。

三、新闻传媒情绪宣泄作用机制的探讨

新闻传媒自觉担负起民众情绪宣泄的功能,是近几年提出的新任务

---

① 参见欧东衢:《突发事件媒体与公众的"调和"——以〈贵州日报〉对"瓮安6·28事件"的报道为例》,《新闻爱好者》2008年第12期。

和新问题。我们既无相应的理论指导,又无专门的法律保障,操作方面也没有经验,对过去的失误缺乏总结。因此,探讨新闻传媒有效实施情绪宣泄的作用机制,是一个在理论上和实践上具有双重价值的新课题。笔者不揣冒昧,提出一些不成熟的看法,以求抛砖引玉。

第一,体察民情,感悟民心,真切把握民众宣泄情绪与意愿的重点和背景。只有真实了解,才能使传媒的宣泄功能正确实施,求得问题的有效解决。前面提到的重庆出租车罢运事件,就是由于新华社记者对出租车司机的疾苦有了深切了解,对司机无奈罢运的种种原因作了实事求是的分析,才能在第一时间进行全面报道,把事件的来龙去脉以及最新进展直接呈现在大众面前,既有利于问题的解决,又避免了以往遇到类似事件时各种谣言满天飞的情况发生①。

第二,调整心态,以人为本,增强保障民众宣泄权利的意识。有些领导干部,有些传媒工作者,对于民众的宣泄需求不仅不理解、不支持,而且还认为这些人是"心怀不满的刁民"、"别有用心的乱民",认为他们损害了国家形象和执政党的威望,破坏安定团结的社会环境。抱着这样的心态,怎么发挥传媒的宣泄功能?最近,上海市委书记俞正声在中共上海九届市委十次全会结束时的讲话中有一段讲得很好,他说:"发展是党执政兴国的第一要务,是人民群众的根本利益之所在。但发展不能以扩大社会矛盾为代价,不能以牺牲环境和浪费资源为代价,必须以共同富裕为目标,必须以逐步缩小城乡差别、地区差别、贫富差别为目标,必须以提高人民群众的福祉和幸福感为目标,这是以人为本的科学发展观的真髓,是新时期群众观点在发展中的体现。"②俞正声指出,要防止经济人的自利泛滥对社会公众利益的侵蚀,防止资本的逐利天性演变为贫富差距的扩大和贪腐的加剧。只要社会公众利益和群众切身利益受到了侵蚀,群众都有权通过各种渠道提出批评和指责。传媒也有责任为群众的宣泄提供支持和方便。因此,坚持以人为本,调整心态,不断增强保障民众宣泄权利的

---

① 参见特约评论员张天蔚:《从"罢运"事件看信息公开之后"怎么办"》,《东方早报》2008 年 11 月 5 日。
② 俞正声:《群众观点须臾不能忘记》,《文汇报》2010 年 1 月 11 日。

意识,是传媒能够实施宣泄功能的重要前提。

第三,依靠意见领袖,做好引导、化解与劝服工作。在受众中,有一些人首先或较多地接触到新闻传媒的信息,他们把这些信息结合自己所见、所闻、所思传给周围的人。他们对周围人的影响,往往超过新闻传媒。这些人即为意见领袖。新闻传受活动实践表明,像情绪宣泄这样的社会行为,实质上是一种群体意愿的个体表现。这些个体所宣泄的内容,实际上代表着地位相近、看法相同群体的共同意见。他们在情感宣泄中起着相当于意见领袖的作用。他们所表达的相近或相同的立场与意见,就是社会学所谓的"群体动力学"中的"群体内聚力"。这种内聚力构成了这一群体的规范和压力,决定着"群体决定"的效应和力度。而在其中起着中坚作用的,是为这个群体拥戴的意见领袖。这些意见领袖在新闻传媒上带头宣泄,呼喊利益相近、看法相同的人们的共同心愿,得到后者的赞同与支持。因此,发现和联络好意见领袖,通过他们进一步做好其所代表的群体的引导、化解和劝服工作,是十分重要的。今天,活跃在版面上的坊间评论家,大量博客和播客的主人,都是新型的意见领袖,值得我们倍加关注。

第四,就事论事,不引发新的矛盾和新的问题。作为受众借以进行宣泄渠道的新闻传媒,宜就事论事,指向明确,以便宣泄过程中有的放矢,宣泄承受人能够直接听到批评或抱怨,进行反思和改正。宣泄中不宜举一反三,对象无限扩大,从而影响宣泄的聚焦和效果。新闻传媒选择宣泄主体和宣泄对象时,还应考虑合乎时宜,防止产生负面影响,引发新的矛盾。新闻传媒应从全局和能够解决问题的角度全面把握,不能横生枝节,增加解决问题的难度。2008年汶川大地震救灾过程中,个别灾民误信"天遣"的流言,影响抗震救灾的信心。这种消极情绪就不宜宣泄,否则会以讹传讹,令流言广泛传递。有的灾民认为基层干部多分多占救灾物资,怨气很多。这样的流言在当时也不宜通过传媒宣泄,因为抗震救灾工作正值紧张阶段,有关方面不便分心查办此事,同时这类宣泄还会影响捐赠人士对政府的公信力。当然,新闻传媒也不是听之任之,而应安排人手弄清事实真相,待时机成熟时再予以公开报道。

第五,新闻传媒工作者宜若即若离,坚持独立拍板和独立操作。新闻传媒和传播工作者在为民众提供宣泄服务时,宜采取若即若离的做法。对于当事人需要宣泄的内容,传播者应有一定的了解,有一定感悟,但传播者不能、不应完全同当事人持一个立场,以同样的感情去宣泄。事实表明,传播者陷得太深,将当事人的宣泄行为完全当作自己的宣泄活动,容易失去客观和公正。新闻传媒和传播者在支持当事人进行宣泄时,必须坚持独立拍板,独立操作。宣泄什么,让谁宣泄,传媒应有自己的立场,不唯上,不唯书。它只能以法律为准绳,以事实为依据。在宣泄操作过程中,不要把话说绝,要留有余地。传媒实施宣泄功能,主要作事实判断,少作或不作价值判断。只提供事实,让受众自己去判断,切忌上纲上线,更不能乱戴帽子,妄下结论。

四、风险社会宣泄需求的传媒应对

德国社会学家乌尔里希·贝克在《风险社会》一书中指出:"在现代化进程中,生产力的指数式增长,使危险和潜在威胁的释放达到了一个我们前所未知的程度。"[①]一些国家的经验表明,当人均 GDP 超过 1 000 美元之后,这个国家的社会经济发展可能呈现一些新的发展态势,出现新的矛盾。根据贝克的分析,看中国今日突发公共事件和突发群体性事件高发的现状,可以确信:中国已经进入了风险社会,目前正是各种社会矛盾和冲突最突出的时期。据 2005 年《社会蓝皮书》记载,从 1993 年到 2003 年的 10 年间,中国发生的群体性事件数量由每年 1 万起增加到 6 万起,参与人数由起初的 73 万增加到 307 万。而据公安部公布的数据,2005 年发生的群体性事件有 7 万余起。到 2007 年,发生的群体性事件已超过 8 万起[②]。

当今中国突发公共事件和群体性事件高发的原因,从大的方面考察,一是改革开放以来,城乡各地大干快上,争资源,抢机遇,人为的掠夺性开发导致生态环境不断破坏。乱砍滥伐引起植被破坏,过度放牧致使草原

---

① 乌尔里希·贝克:《风险社会》,何博闻译,译林出版社 2004 年版,第 15 页。
② 参见邵道生:《应正确处理"突发性群体事件"》,《当代社科视野》2009 年第 3 期。

沙化。这些年一些地区爆发的械斗群殴等群体性事件,就是为争夺草场、耕地等资源而引发的。二是制度设计不合理,社会矛盾常年得不到妥善解决,致使群情激昂,矛盾激化,一些当事人铤而走险。这方面的原因往细分析,又有这样几项:第一是部分地区和行业结构性调整没有搞好,一直存在的城乡矛盾、东西部差距、民族地区发展不平衡,以及社会保障和就业、分配不公等问题,都可能成为"定时炸弹"而随时爆发。第二是腐败滋生,对公职腐败缺乏有力的抑制机制。权力资本化是当前引发群体性事件的根本原因,普遍的公职腐败必然大大削弱国家的管制权力,恶化公众同政府的亲和关系。第三是法律供给不足,缺乏必要的法律制度有效调节公民与政府、民间与官方的矛盾和冲突。一些领导人用阶级斗争处理问题的旧思维没有改变,处理群体性事件没有经验,不懂得慎用警力,因而激化矛盾,加剧冲突。

政治体制改革长期滞后,社会对立和社会纠纷长期得不到切实解决,是突发公共事件和群体性事件的又一个原因。现在发生的一些仇官、仇政、仇警情绪,实际上是民众对干部特权和社会不公的不满,并不是反国家和反政府。官民结仇,官员应该深刻反思。有些社会对立情绪,有一定的合理性和正当性,关键是要把敌意减少到最低程度,使对立转化为运用法律武器和民主程序对官员的监督,通过非暴力手段达到社会和谐。

对突发公共事件和群体性事件的信息公开不够,新闻传媒没能提供民众舆论表达的足够空间,传媒的情感宣泄功能未能受到重视并在社会生活中广泛付诸实施。在上述几个方面的原因得到重视并切实予以解决的同时,我们更加期待传媒宣泄功能能够得到更为有力的支持。针对过去几年的经验和教训,笔者认为在以下几个方面应重点有所改进和完善:

对新闻传媒主管部门来说,应以更开放大度和积极支持的态度保障新闻传媒实施宣泄功能。主管部门要善待媒体、善用媒体、善管媒体,要辩证地理解和贯彻"正面宣传为主"的方针。要深刻地理解邓小平的主张:平日在开放"小民主"上多下功夫,让百姓有说话和出气的地方,就可能避免"大民主"造成的全局性损失。建议主管部门会同司法和新闻等部门专家一起,出台关于支持传媒实施宣泄功能的相关法律,使传媒宣泄有法可依。

对新闻传媒自身来说,要不断增强支持公民利用传媒宣泄情感的自觉性,总结已有的经验教训并使之上升到规律性的认识。除了继续运用受众来信、民意测验、调查附记等形式,还要通过开展坊间评论、执政评点等新形式,拓宽宣泄功能的渠道,提升宣泄功能的水准,扩大传媒宣泄的社会影响力。平时传媒要主动保持同社会各阶层民众的联系,培育意见领袖,维护传媒的公信力和亲和力。

对广大公众来说,要珍惜运用传媒宣泄功能的权利,提倡理性宣泄、合法宣泄,使自己的宣泄行为同维护社会稳定、促进和谐发展的大目标相一致。在宣泄中不提不合理或一时难以实现的要求,不说过头话,不侵害他人的隐私等其他权利。

对于新闻传媒宣泄功能的理论研究和实务操作,在中国还是一个新的课题。这个课题已经摆到执政党、新闻传媒和广大公众面前。笔者愿以本文的一些粗浅看法求教学界与业界,以期引起对这个新问题的较为深入的讨论。

试论休闲需求和媒介的休闲功能*

在马克思主义经典作家中,马克思是最早提出人的休闲需求和休闲权利的。马克思指出,由工人自由支配的休闲时间,"不仅对于恢复构成每个民族骨干的工人阶级的健康和体力是必需的,而且对于保证工人有机会来发展智力,进行社交活动以及社会活动和政治活动,也是必需的"。为此,他提出建议:"通过立法手续把工作日限制为 8 小时。""限制工作日是一个先决条件,没有这个条件,一切进一步谋求改善工人状况和工人解放的尝试,都将遭到失败。"①

当代人对休闲的理解是:一个人利用自由支配的时间,从事满足自己精神文化需求等活动。人每天的 24 小时分别用于吃饭睡觉、工作劳动和休息娱乐三个方面。吃饭睡觉是生理需求,为了维持生命和养精蓄锐,获得更多的精力和体力。工作和劳动为了履行社会责任和实现人的自我发展。休息娱乐则是在满足生理需求和履行社会责任之后,利用余暇的时间从事完全由个人支配的自由活动,用于精神文化消费和其他随心所欲的消遣活动,也就是本文所说的休闲。由此可见,休闲是人的正常需求。

一、休闲是人的基本权利

一般认为,休闲分为消极休闲和积极休闲。从消极角度看,休闲即所

---

* 本文原刊于《北京大学学报(哲学社会科学版)》2006 年第 6 期。
① 马克思:《临时中央委员会就若干问题给代表的指示》,《马克思恩格斯全集》第 16 卷,人民出版社 1964 年版。

谓"无事而休息"。从积极角度看,休闲不仅享受生活,是生活质量高的标志,而且还将为明天新的征程"充电加油"。诚如列宁所言,不会休息就不会工作。也如前文所引马克思的论述,他认为休闲使人们直接得到精神需求及生理需求的满足,最有效地发展全体社会成员的才能和提升他们的文化道德修养。

就近代社会而言,休闲作为人的基本权利,是通过争取8小时工作制的实现而确立的。1866年9月第一国际日内瓦代表会议根据马克思事先草拟的指示,提出在全球范围实行8小时工作制的口号。马克思指出,这首先是美国工人的共同需求。美国内战结束之后,以美国全国劳工同盟为首的许多工人组织结成联盟,加强了通过立法程序规定8小时工作制的全国斗争。联盟在1866年8月于巴尔的摩举行的全国代表大会上宣布,8小时工作制的要求是把劳工从资本主义奴役下解放出来的必要条件。1886年5月1日美国芝加哥20万工人举行大罢工,要求实行8小时工作制。经过流血斗争,美国工人最终获得了8小时工作制的权利。1919年国际劳工组织(ILO)根据《凡尔赛和约》成为国际联盟的附属机构,这个国际劳工组织公布的第一号决议就是规定工人每天工作8小时,每周工作48小时。

1935年法国总工会同政府达成一致认识,共同公布《马提翁协定》,规定工人每周工作40小时,每年可以享受带薪休假15天。这个协定,突破了每周工作48小时的制度规定。到了1996年,法国率先规定每周工作30.76小时,而休息时间则达到32.15小时。依照这个新的规定,休息时间第一次多于工作时间,人们称其为"历史性逆转"。目前经济发达的挪威、瑞典、芬兰、丹麦等北欧国家,每周工作35~37小时,成为世界上工作时间最少的地区。

1976年,在布鲁塞尔召开的国际休闲会议通过了《世界休闲宪章》。这个国际协议规定,一切人都享有休闲的权利,政府必须保障每个人对休闲(时间)的有效使用。从此,休闲是公民不可剥夺的基本权利,政府负有责任为公民休闲消费的自由实现提供法律与物质保障,成为当今世界的共识和政治文明的标志。

新中国成立后,全国普遍实行 8 小时工作制。从 1995 年起,进一步改为每周工作 5 天,每周工作不超过 44 小时。8 小时工作制的实行,休闲时间的不断增加,国家和企业从物质上和法律上支持职工享有充分的休闲权利,意味着中国人民当家作主的国家主人地位。有学者甚至乐观地预测,到 2015 年,中国将全面进入休闲社会。

二、休闲活动重在质量

有学者提供了这样一个有关休闲质量的个案:据统计资料,北欧国家丹麦人均 GDP 远落后于日本,表明它不如日本富裕,但丹麦的时人均 GDP(每人每小时 GDP)却远高于日本,说明丹麦的经济效率要高于日本:丹麦人用更少的工作时间获得了更高的单位产出。这样,丹麦人比日本人拥有更多的休闲时间。

中国人的休闲时间和北欧国家相比,总体处于同等水平。但这只是在休闲时间上,如果比较一下休闲活动的内容即休闲质量,中国人要比北欧国家的人吃力多了,中国人不仅劳动特别累,休闲也同样辛苦[1]。

中国人的休闲活动,多数时间是在室内进行的。经济收入较少的家庭,休闲生活的重心仍在谋生计和做家务。即便是收入较高的"白领"阶层,加班加点也是他们休闲生活中不可避免的一个内容。对上海的"白领"族调查发现,"继续加班"的平均值为 10%,年龄在 25~28 岁者、硕士博士学位获得者和三资企业员工者以及低收入者加班加点的时间都超过平均值。室内活动占据休闲时间的三分之二,主要内容为看电视。近几年由于休闲时间的增加,看电视的时间也随之增加。一份调查指出,城市居民平均每天有 159 分钟看电视,占据休闲时间的 46.22%,其中 60 岁以上的老人每天看电视为 256 分钟[2]。占据休闲时间三分之一的是室外活动,城市居民中利用这段时间的 40%逛商场、超市、夜市。即便是文化程度较高的群体,也把不少时间花在物质消费上。一项对上海"白领"群体

---

[1] 魏翔:《〈要挣钱还是要休闲〉一文分析》,《社会科学报》2006 年 9 月 7 日。
[2] 中国艺术研究院中国文化研究所:《公众闲暇时间文化精神生活状况调查》,《北京日报》2004 年 3 月 29 日。

的调查表明,这群人消费型休闲的比例最高,达 38%,其中与朋友一起吃饭占 17%,外出旅游占 12%,上街购物占9%①。

旅游作为休闲的一个内容,近几年随着国民收入和休闲时间的增加,参加人数不断提升。据统计,北京和浙江两地居民闲暇时间的最主要活动分别是看电视、打麻将和参加观光旅游。但国人目前的观光旅游实际上难以收到正常休闲的效果,有首打油诗道出了这种旅游的特点:"上车睡觉,下车看庙,大人看人头,小孩看屁股。"观光旅游回来,身心不仅没有得到放松和愉悦,反倒疲惫不堪。

休闲的目的,一方面为了休养生息,养精蓄锐;另一方面为了利用这一自由支配的时间"充电加油",弥补知识与技能的不足。因此,休闲中有"发展补充型休闲"一说。调查显示,近几年国人在读报看书上不仅没有增加时间,反而越来越少。前面引用的中国艺术研究院中国文化研究所的调查发现,虽然休闲时间总体上不断增加,看电视的时间增加近一个小时,但学习文化科学知识、阅读报纸书刊的时间却有所减少。《全国国民阅读与购买倾向性抽样调查》发现,从 1998 年到 2003 年,中国人的阅读率下降了 8.7 个百分点,2003 年的国民阅读率仅为51.7%②。对上海"白领"人群的调查也显示,他们的发展型休闲的比例偏低,仅占整个休闲时间的 15%,其中读书进修为 9%,上网为 4%,锻炼健身为 2%。过去学生每人每年借阅图书 10 本左右,现在还不足 1 本。至于城市下岗失业者在看书读报上花费的时间更少,这些人平均每天用于学习和自修的时间只有 3.97 分钟,仅为其休闲时间的1.03%③。对进网吧的大、中、小学生调查发现,这些上网人选择玩游戏的占 35%,只有不到 20%的学生上网搜索信息。充斥非法网吧中的游戏软件,多数带有暴力、征服等刺激性的内容,严重损害了学生们纯洁的心灵。据统计,目前中国有 17 岁以下的青少年 3.67 亿,其中有 3 000 万青少年面临着心理健康问题。老年人成为

---

① 李维:《与国民幸福密切相关的若干指标》,《新民晚报》2006 年 8 月 3 日。
② 林希:《"读书率"绝非等闲事》,《光明日报》2006 年 7 月 7 日。
③ 中国艺术研究院中国文化研究所:《公众闲暇时间文化精神生活状况调查》,《北京日报》2004 年 3 月 29 日。

近年来心血管疾病"三高"(血压高、血脂高、血糖高)、偏瘫、肥胖、癌症、痴呆等疾病的高发群,同他们长时间坐在电视机前,缺乏户外活动,尤其是缺乏体育运动和精神运动有很大关系。

这些情况表明,休闲是社会生产力发展和人的价值提升的结果,是民主国家立法保障的公民基本权利,但要把休闲这一休养生息的公民权利真正用好,必须切实提高休闲活动的质量,使休闲成为欢乐人生的重要部分。

三、认识大众传媒的娱乐功能

休闲作为一种文化,是由物质手段和精神手段、制度手段三部分构成的。吃肯德基、喝绍兴酒、玩过山车,是休闲文化的物质手段。网上聊天、卡拉OK、看书读报,是休闲文化的精神手段。视休闲为公民不可剥夺的基本权利,国家和企事业团体对休闲行为设置法律与规章予以规范和保护,是休闲文化的制度手段。

从休闲消费的需要观察大众传媒的社会功能,可以发现大众传媒满足公众休闲需要的巨大作用。大众传媒作为社会信息的物化传递工具是休闲的物质手段;大众传媒所提供的精神文化作品,既让民众知晓了社会变动的信息,又实现了审美享受和休闲消费,是民众有效使用休闲时间的精神手段;大众传媒依法向民众提供自己的产品,民众同样依法以传媒为自己的休闲方式,是休闲制度手段的一种体现。因此,大众传媒既是重要的舆论工具,又是典型的休闲文化。在现代社会,大众传媒的繁荣和被公众广泛使用,是社会休闲水平提升的一个重要标示。

准确地说,大众传媒与公众休闲是一种互动机制。人们不断变动、不断发展的休闲要求,催动着大众传媒的沿革与进步。大众传媒的现代化进程,又推动发展着休闲的物质手段、精神手段和制度手段,促进着休闲文化向更高层次提升。正是由于这种不可分离的互动机制,使西方新闻传播学者很早就发现并论证了以满足公众娱乐需求为手段的大众传媒休闲功能。

拉斯韦尔于1948年发表的《社会传播的结构与功能》一文,提出大众传媒具有三大功能:监视环境;协调社会——使社会各部分在对环境作出反应时相互关联;传递遗产——使社会遗产代代相传①。1959年赖特出版《大众传播:功能的探讨》一书,他在拉氏经典的媒介三功能说的基础上,引人注目地增加了媒介功能的第四项——娱乐功能。赖特认为,媒介的娱乐功能,其目的在于调节身心,给人们提供休息的机会和轻松的时间。他指出,娱乐功能是媒介功能中最重要的功能,也是最为受众赏识的功能。他的分析表明,大众传媒的娱乐功能,同马克思等人对于休闲的必要性和重要性的认识是一致的。

施拉姆全面地论证了大众传媒的五个功能,即守望人、决策、社会化、娱乐和商业五大功能。他对其中的娱乐功能有一段特别到位的说明,他指出:"大众传播主要被用于娱乐的占有的百分比大得惊人。几乎全部美国商业电视,除了新闻和广告(其中很大一部分也是让人消遣);大部分畅销杂志,除了登广告的那几页;大部分广播,除了新闻、谈话节目和广告;大部分商业电影;还有报纸内容中越来越大的部分——都是以让人娱乐而不是以开导为目的的。因此,正如斯蒂芬森很有说服力地提出的那样,几乎全部内容都有一种普遍性的游戏或愉快的功能。"②

这些学者都充分肯定大众传媒所具备的娱乐功能,而娱乐正是人们休闲的重要目的和不可或缺的手段。诚如施拉姆所言,大众传媒对当今社会休闲生活的影响和作用是十分广泛的。这种影响和作用,从一个比较宏观的角度观察,大致有这样几个方面:

第一,提出并传播有关休闲的新理念。早期马克思关于休闲意义的论述以及列宁"不会休息就不会工作"的著名论断,当今社会那些诸如"提前消费"、"能挣会花"、"充电加油"、"抓好八小时外的生活"等同休闲相关的新观点新主张得以流行普及,大众传媒的积极鼓吹功不可没。

第二,推动潮流与时尚的形成和推广。时尚是一种流行的行为模式和被普遍接受的风格。洋快餐在中国的立足,可口可乐为国人所喜爱,从扭秧歌到蹦迪,从打游戏机到玩手机,除了直接模仿,哪一样离得了媒介

---

① 张国良:《20世纪传播学经典文本》,复旦大学出版社2003年版。
② 威尔伯·施拉姆、威廉·波特:《传播学概论》,陈亮等译,新华出版社1984年版。

的推介?

第三,塑造和领略明星风采。舞台明星和体坛新秀对民众有着巨大的吸引力和亲和力。接近明星和欣赏新秀,是现代人休闲生活的重要内容和刻意追求。人们对巨人姚明的热爱,对"飞人"刘翔的称颂,对"东方神鹿"的热捧,对"超级女声"的力挺,同众多传媒对这些明星和新秀的追逐、塑造、包装和力推是分不开的。

第四,以媒介为物质手段,为民众直接提供"媒介休闲"。丰富多彩的报纸版面,琳琅满目的消闲杂志,五花八门的广电节目,便捷海量的新媒体,本身就是大受欢迎的休闲内容。大众传媒在提供无穷无尽、应有尽有的社会信息,引导正确的社会舆论的同时,还能够让视听者享受到广泛而多样的感官满足,达到愉悦身心、放松思想和丰富生活的休闲目的。用电脑、玩手机,已经成为当今人们最时尚、最有趣、爱不释手的休闲方式。

大众传媒这种娱乐功能巨大能量的释放,及其同休闲活动的良性互动机制,使我们更加自觉地关注和发挥传媒对休闲的影响和作用。遗憾的是,中国的大众传媒由于受到"左"倾思潮的长期影响以及对传媒功能的片面理解,对传媒在满足民众休闲需求中极为重要的娱乐功能,缺乏足够的认识和重视。因此,当前要做的一项十分重要的工作,就是拨乱反正,针对现代休闲生活对传媒满足娱乐需求日益迫切的趋势,实施传媒功能的自我调适,摈弃高高在上的架子,深入民众中去,主动热情地充当民众休闲的工具,为张扬传媒娱乐功能正名和增添活力。在此基础上,进一步创办一批专门以满足娱乐需求为主的休闲传媒,使之成为正在兴起的传媒创意产业的重要构成部分。

四、以内容为突破口发展传媒创意产业

英国最早提出创意产业的概念和计划。该国创意产业特别工作组对这一新产业的界定是:创意产业是"源自个人创意、技巧及才华,通过知识产权的开发和运用,具有创造财富和就业潜力的行业"。根据这一定义,他们把广告、建筑、艺术和古董交易、工艺品、设计、时装设计、电影、互动休闲软件、音乐、表演艺术、出版、计算机服务业、广播电视等行业都纳入

创意产业①。

同英国提出的创意产业概念相观照,我国前几年提出的新闻传媒业中的"内容产业",应该是创意产业的一部分。按笔者的理解,内容产业是个人或团队依据自己的创意,针对媒介市场的需求,以媒介适用内容为重点来开发与营销媒介产品,创造财富和文化价值的一种产业。凡是媒介上公开流通的媒介产品,包括报章杂志上的新闻作品、言论作品、其他相关的文字和图片及图表作品,广播、电视、新闻网络、手机中的新闻作品、言论作品、艺术作品和节目样式,传媒策划的新闻活动及其衍生产品,都属于内容产业之列。而以内容创新为特色的这一产业,正是创意产业的重要组成部分。因此,我们认为,涉及新闻传播的创意产业,主体应该是内容创新为主的内容产业。

从休闲需求考察当前的媒介内容生产,可以发现我国大众传媒诸多不能适应休闲消费之处。从媒介内容看,过去长期存在的"千报一面少特色,上传下达少新闻,舆论一律少监督,高调自赏少知音"的状况虽有所改变,但尚未根绝。从传播手法看,一点论、绝对化、单向传递、生硬说教等传统做法,令人生厌,趣味索然。使用媒介达到休闲的目的,应该是媒体使用者完全自愿、乐意接受的传播行为,同划一的政治说教有着本质的区别。休闲活动中固然有补充发展、增添后劲的功利动机,但更多的还是轻松身心和审美享受。可以说,对多数人的休闲需求来说,目前相当数量的传媒是不适应的。如果从"内容产业"来考量,这些传媒可以说一无创意,二无生产,如不认真进行反思和改革,在市场经济面前是没有出路的。

按照美国社会学家D·贝尔等学者的看法,生活在后工业社会的人们,一有较多的休闲时间,二有相当的支付能力去实现他们的休闲计划。他们有权利要求传媒提供有创意的媒介内容,并以他们乐于接受的方式提供良好的休闲服务。今天,"读者是上帝"这个口号对媒介内容产业的生产者来说,既是一种不容动摇的理念,又是一种行之有效的操作规程,即遵循读者的需求去生产他们喜闻乐见的内容产品。从这个意义上可以

---

① 唐金楠:《文化产业必将成为中国的支柱产业——访文化产业研究专家叶朗教授》,《学术前沿》2006年第4期。

说,受众的休闲需求,是内容产业兴旺发达的不竭动力。

对中国传媒的内容产业来说,要走的路还很长,要做的工作还很多。首先,要建设一支创意团队。在目前的中国,即使那些经营状况不错、市场份额不小的传媒,也缺乏这样一支团队。特别要指出,对新闻事件报道的策划代替不了真正的内容产业创新。内容产业创意是全局性的、战略性的、整体性的。虽然它也包括对一个具体新闻事件报道的创新性策划,对一个新闻人物有特色的推介,对政府一个新举措新政策别出心裁的宣传安排。内容产业的创意生产则要求对传媒全局在一个相当长的时期内进行总体性的创新设计、创新布局、创新制作以及创新推介。由此可见,仅仅靠大学新闻传播专业是培养不出这支队伍的。这个团队要由大学许多专业,包括新闻传播学、艺术学、心理学、社会学、设计学、经营管理学等许多学科,加上传媒业有丰富设计理念及手法的专家共同造就。

其次,要坚持不懈地创新观念,构建同内容产业相适应的现代传媒理论体系。内容产业的从业人员要有明确的创新意识、问题意识和风险意识,以及同休闲相关的理论基础。比如,人民作为国家与社会的主人,不仅有努力工作的责任,而且有休闲消遣、自由使用大众传媒的权利;国家作为大众传媒的管理者,不仅要指导媒介正确地引导舆论,而且要引导和保障传媒尽心尽责地为人民的正当休闲服务;媒介内容生产者作为社会信息的流通者和人类灵魂工程师,不仅应该成为消息灵通人士和人民生活教科书,而且应该成为民众休闲消费的服务者;大众传媒作为社会交往的工具,不仅是消息纸、节目单和公众讲坛,而且也应该是大众剧场和游乐园;等等。这些理念,对于休闲需求和传媒的休闲功能来说是天经地义的,而对某些至今仍安于政论报纸和时政广播者来说,也许是不可思议的。因此,这些理念和制度的构建,不会是一蹴而就的。

最后,要有一个利于创意,行之有效的机制。内容产业以至整个创意产业的构建与经营,应该是目前正在全国有序展开的文化体制改革不断深入的合理结果。大众传媒的多种属性,尤其是它的意识形态属性,规定了媒介内容产业改革的难度和创意空间的相对狭小。但是人民群众不断增长、期待多样的休闲需求,迫切要求传媒在尽可能短的时间内完成观念更新和新传播体制、机制的建设。不断进入的海外传媒正是在、也只能在更多地满足公众休闲需求的口号下获得市场与消费者,这对国内传媒无疑是个巨大压力和现实挑战。中国传媒的现状和人们对其未来走势的思考,令有责任感和事业心的传媒工作者急切地期待并推动传媒产业改革进程的加速,以及提升传媒满足休闲需求的自觉性和能动性。同时,不断增长的休闲需求,对海内外大众传媒来说不仅是内容产业发展的压力,更是内容创新改革和拓展的宝贵机遇。这也必将成为中国大众传媒自觉努力奋发有为的动力。

总之,在这些内外因素的共同作用下,中国传媒的内容产业连同新兴的休闲媒介一起,一定会在一个不太长的时间内发展起来。人们有理由相信,能够满足亿万民众休闲需求的新型大众传媒,一定能在中国大地上雨后春笋般出现并茁壮成长。

新闻舆论监督的权利义务关系*

一、新闻舆论监督主体的权利

在现代法治社会,权利指公民或法人依法行使的权力和享受的利益。舆论监督主体享有的权利,是法律支持并保护的公民和法人(包括新闻传媒)实施舆论监督的合法性与正当性。

按照世界各国的共识,公民的基本权利和自由包括生存和发展权、人身自由、平等权、表达自由、参政权、精神自由等。其中同新闻舆论监督行为直接相关的,主要是参政权利和表达自由范畴内的各项公民基本权利,一般包括言论自由、出版自由、新闻自由以及知情权、议政权、批评权、监督权等。从舆论监督角度看,这些权利和自由我们可以统称为新闻舆论监督权。

(一) 表达自由

表达自由包括言论自由、出版自由、新闻自由、集会自由、游行示威自由等,它兼有人身自由、参政权、精神自由的性质,被视为现代社会第一或首要的公民权利。学者谢鹏程指出:"近代文明就是建立在表达自由基础上的文明。没有表达自由,则民主、科学、商业都无从进步,更不会进步得如此之快。压制还是开放表达自由,已经是区分民主与专制,判别进步与反动的标志。一切保守的反动的和独裁的政府都因为害怕真理、民主和

---

* 本文原刊于《新闻爱好者》2008年第5期。

进步而压制甚至取消表达自由;一切革命的、进步的和民主的政府都因为追求真理、向往民主和进步而开放和保护表达自由。"①

从新闻传播实践看,表达自由范畴内的诸项自由的实施,往往可以引发相关的种种舆论,由此可见,舆论监督的权利基础首先是表达自由。在现代法治社会,归入表达自由的诸种权利主要有:

1. 言论自由

言论自由是表达自由的主要组成部分,指公民或法人(代表)以口头或身体语言的形式表达意见的自由。言论自由,一般包括交流自由、演讲自由、教学自由、演出自由等。言论自由是同新闻舆论监督直接相关的公民权利。言论自由在中国是受宪法和相关国际法保护的公民基本权利。

2. 新闻自由

新闻自由是表达自由的又一重要组成部分,一般指搜集、发布、传播和收受信息的自由,包括报刊的出版自由、电台和电视台的播放自由、新闻采访与报道的自由,以及发表意见和开展新闻批评的自由。新闻自由是公民权利的一个重要部分,从舆论监督的视角看,特指自然人和法人创办新闻媒介机构的自由、获知和报道新闻的自由、发表意见的自由和批评政府及官员的自由。

这里有必要指出,新闻自由是公民的基本权利,不是新闻机构、新闻记者的专有权利,尽管在现实中似乎主要体现在新闻传媒的运作过程之中。我国在1989年年初曾形成三个新闻法的文稿,这三个文稿均认为新闻自由是公民的一项权利。其中新闻出版署主持的起草组征求意见稿称:新闻自由是公民通过新闻媒介了解国内外大事,获得各种信息,发表意见,参与社会生活和国家政治生活的一项民主权利。上海起草组的征求意见稿认为:新闻自由是言论出版自由在新闻活动中的体现。公民有通过新闻媒介了解国内外信息和表达意见、对任何国家机关和国家工作人员提出批评和建议的权利。新闻机构有搜集、编制、发表、传播新闻的权利。中国社会科学院新闻研究所的试拟稿则称:本法所规定的新闻自

---

① 谢鹏程:《公民的基本权利》,中国社会科学出版社1999年版,第226页。

由,是指公民通过新闻媒介发表和获得新闻,享受和行使言论、出版自由的权利。

(二) 参政权

参政权指公民依照法律通过各种途径和形式管理国家事务、经济和文化事业及社会公共事务的权利。与表达自由一样,参政权也是一个集合概念。有学者认为:"公民的参政权应当包括六项权利:知情权、创制权、选举权、监督权、请愿权和表决权。"①有的学者认为参政权还应包括批评权和建议权。我们认为,从新闻舆论监督的视角考察,参政权同舆论监督关系紧密的内容主要应包括知情权、创制权、建议权、监督权和批评权等五种权利。

公民的参政权是现代民主和宪政的共同特征。公民享有广泛的参政权,既是公民政治权利的体现与要求,又是国家权力不变质、不被滥用的重要保证。这种判断来源于现代法治理论的两个共识:第一,国家权力是公民让渡出来的权利聚合而成的。而表达自由等则是公民必须保留的、没有让渡的公民权利。因此,对公民权利的保障应先于对国家权力的保障。第二,国家权力机关及其官员可能滥用权力,人民只有通过连续、全面、深入、有效的政治参与,才能有效地减少或及时纠正国家权力被滥用。正由于此,我国宪法明确规定,国家的一切权力属于人民,人民选择官员来代表自己行使国家权力是有条件和有时限的,这个条件是官员能够忠诚于人民的委托,保证权力不腐败;这个时限就是官员的任期。

以下我们较详细地论述与分析同新闻舆论监督密切相关的参政权利的主要内容。

1. 知情权

知情权也称知晓权、知悉权、闻知权、了解权,是参政权的重要内容,指公民依法享有的从政府及其他有关方面获知的权利。自 20 世纪 40 年代美国的肯特·库柏首次提出知情权概念以来,这一思想已被许多法律界和新闻界学者广泛认同。

---

① 谢鹏程:《公民的基本权利》,中国社会科学出版社 1999 年版,第 258 页。

一般认为,知情权包括三个方面的内容。第一,政治知情权。公民依法享有知道国家的活动,了解国家事务和执政党制定政策过程等情况的权利。国家机关、执政党及其工作人员,有依法向公民及社会公众公开自己活动的义务,这是人民主权原则的延伸,是民主政治的重要内容。第二,社会知情权。公民依法有权了解社会的发展和变化,有权知道社会所发生的、他所感兴趣的问题和情况。政府有义务向公民通报社会所发生的重大问题和突发公共事件。第三,对个人信息的知情权。公民对有关自己的各方面情况,如自己的出生时间、地点、亲生父母等,有了解和知晓的权利,对于政府及其他公共机构所持有的关于自身个人的档案、资料,有知晓及使用的权利。

2. 建议权和创制权

建议权指公民依法享有对政治决策提出建议和方案的权利,是公民参政权利的重要内容之一。民主政治的特点和优点之一,正是它能够保证各种建议不受阻挡地进入决策程序,发挥积极影响,不因决策人的主观好恶而受到不当的排斥或束之高阁。

如果细分,建议权可以划分为议论、评估、反思、提醒,要求创制、保留意见等权利。其中的创制权尤其值得重视。创制权是指公民依法向立法机关提出制定、确认、修改、废除法律的法案,促使立法机关创制新的法律的权利。在现阶段我国公民的创制权尚未完全确立,建议权可以被视为替代创制权的公民权利。同时我们看到,立法机关开始实行的公民代表旁听立法会议、事先征求公民意见以及立法论证会等制度,在一定程度上也对我国创制权的缺乏起到了弥补作用。

3. 监督权和批评权

监督权指公民依法享有监督国家权力机关及其工作人员公务活动的权利,它是公民参政权的一项不可缺少的内容。公民监督最直接的方式是投票监督,即通过民主选举直接实施监督或者由民主选举的代表代理行使监督权。除此之外,公民的监督权基本实现方式就是舆论监督,而在现代社会,最有活力、最有威力、效果最好的实现方式就是新闻舆论监督。因为,新闻传媒"最主要的目的,是通过提供作为决定的基础的各种证据和意见,来协助发现真理,协助解决政治问题和社会问题。这一过程的主要特点在于不受政府控制或操纵"。"用杰弗逊的话来说,报刊要对政府提供一种其他机构无法提供的监督作用。"①

实际上,公民的基本权利中有许多权利具有监督国家权力机关及其工作人员的性质。可以划入监督权范围的,即有批评权、检举权和控告权。这三种权利都是公民依法享有的政治权利。在我国,公民享有批评权、检举权和控告权充分体现了我国人民的主人翁地位,表明了我国执政党、政府与人民群众之间新型的社会主义关系,是我国依靠人民群众、进行社会主义建设的根本保障,是社会主义民主的具体体现,任何人都不得非法剥夺公民对国家机关和国家工作人员的批评、检举和控告的权利。我国宪法在一般性的规定言论自由之外,又特别规定公民享有揭露和批评政府机构和政府官员不当行为的言论自由。

批评权是指公民依法享有的批评或反对国家权力机关及其工作人员的决策或行为的权利。任何政党和政治组织,任何政治家或公务员的行为及政策,都可能成为批评的对象和批评的内容。我国历史和世界历史一再表明,如果对于当权者只能歌功颂德,不允许指责批评,政治必定越来越腐败。对于个人,如果他能够自觉地接受各种批评,人们会称赞他有宽容的胸怀,有崇高的品德和光明的前途。对于一个国家,如果它能够从制度上保证政府听取各种批评,人们称之为民主和法治,相信这个国家有可能建成和谐社会。

检举权是指公民依法享有对国家机关和国家工作人员的违法失职行为进行举报和投诉的权利。我国宪法和有关法律保护公民的检举权。接受检举的国家机关必须查清事实,负责处理。对于检举人,任何机关和个人不得压制和打击报复。接受检举的有关国家机关应当将处理结果通知检举人,检举人对处理结果不服的,有权申请复议。为保障公民检举权的有效、正当行使,我国刑法规定对国家工作人员报复陷害举报人的行为追究刑事责任,对故意诬陷或陷害者也要追究法律责任。这里故意诬陷同

---

① 参见韦尔伯·斯拉姆等:《报刊的四种理论》,中国人民大学新闻系译,新华出版社 1980 年版,第 59—60 页。

错告应当区别开来,只要不是捏造事实、伪造证据,即便检举的事实有出入,甚至是错误的,也不能以故意诬陷论处。公民检举的方式,可以是书面的,也可以是口头的。新闻舆论监督是公民行使检举权的重要渠道。

控告权是指公民依法向有关国家机关告发侵害自己权利或利益的国家机关和国家工作人员违法失职行为的权利,包括告诉权、控诉权和申诉权。控告权是社会主义民主和社会主义新型社会关系的体现,是保证国家机关和国家工作人员廉洁奉公、遵纪守法、依法办事的有力措施,也是公民对国家管理行使监督权的具体内容。

与前述表达自由范畴内的诸项公民权利一样,公民参政权利范畴内的建议权、监督权、批评权、检举权、控告权,是公众和新闻媒体开展新闻舆论监督的重要权利依据。

二、新闻舆论监督的法律保障

在现实生活中,我们说某主体有某种权利其实并不是最重要的,最重要的是哪些权利在法律、法规或政策中得到了明确的规定和保护。

从国外情况看,在新闻舆论监督权的法律保障方面,海洋法系国家大都没有制定成文的新闻法,一般通过宪法、行政公开法和司法判例形成新闻舆论监督法律保障体系,如美国。大陆法系国家则大都备有新闻或出版的成文法,如瑞典、芬兰等国以《出版自由法》或《官方文件公布法》来保障新闻舆论监督权;波兰、匈牙利等国则直接颁布《新闻法》对新闻舆论监督权加以保障。

我国关于新闻舆论监督的现行法律规范尚不完备。主要表现为对公民的批评权和建议权只有宪法上作了原则性的规定,新闻批评的权利只是根据宪法的规定而作出的推断,缺乏直接的、明确的、可操作的法律规范。至于新闻传媒舆论监督的职责和功能,无论在法律文件还是政策性文件中,均只有原则性的授权规范,没有从新闻舆论监督主体同被监督者的权利与义务关系上加以全面的规定,特别是尚未制定出对于新闻传媒独立自主地开展新闻舆论监督的授权性条款和对于妨碍新闻舆论监督的行为的制裁性条款,而一项法定权利如果没有对侵害这种权利行为的制裁性措施,那么这种权利就是不完整的,其保障也必然是不充分的。

我们虽然至今尚未制定新闻法及信息公开法之类的法律①,但对于新闻舆论监督权利的保障方面,却已经通过一些成文法及有关的行政法规、规章及政策,形成了一些初步的规范,过去那种"无法可依"的情况有了较大的改变。

一般说来,关于新闻舆论监督权利的法律、法规保障大致可分为四类:关于新闻舆论监督权利的规定,关于知情权和信息公开的规定,关于新闻舆论监督职责的规定,关于新闻舆论监督免责事由的规定。下面分别加以说明。

(一) 关于新闻舆论监督权利的法律保障

我国目前对于确立新闻舆论监督权利的法律依据主要是宪法。现行宪法第三十五条和第四十一条规定,公民有言论、出版自由,有对国家机关和国家工作人员提出批评和建议的权利,对于国家机关和国家工作人员的违法失职行为,公民有提出申诉、控告和检举的权利。这是对公民新闻舆论监督权利的根本保障。此外,在一些专门法律文件中,如《出版管理条例》、《中华人民共和国价格法》等法律文件中,对于公民对相应行业的检举、控告、批评、建议等权利也有明确具体的规定。

从现阶段看,除了法律以外,作为执政党的中国共产党的新闻宣传政策对我国新闻舆论监督起着重要的指导和规范作用。这些政策以及在这些政策指导下制定的有关部门的规章守则(比如新闻职业道德规范)虽然不具备法律的效力,不能作为司法审判的依据,但对我国的新闻诉讼审判活动有着重要的作用,因而也是我国当前新闻舆论监督活动的重要依据和规范。这些政策性文件,除了强调开展新闻舆论监督工作,党委要加强对舆论监督工作的领导之外,还十分强调被批评者负有公开宣布接受批评和公布改正措施的责任。我国关于新闻舆论监督的某些政策规定,不仅笼统、操作性不强,有的规定之间还有相互矛盾的地方,比如政策陈旧难以解决实践问题、政策之间"打架"问题及政策的稳定性较差等等,都有

---

① 2007年4月5日国务院颁布了《中华人民共和国政府信息公开条例》,这是走向信息公开的第一步。

待进一步规范和完善。

（二）关于知情权和信息公开

第二次世界大战以来，世界上许多国家都通过立法对公民的知情权实行保护，要求政府依法实行信息公开和政府阳光执政。英国1964年颁布的《政府档案法》规定，在正常情况下，政府档案30年后就应转入政府档案局供公众查阅。瑞典、芬兰等国的法律确定了"官方文件以公开为原则，不公开为例外"的基本原则。法国于1978年制定的《自由接近行政文件法》规定，所有人都有权利查阅的官方文件，包括报告、研究、说明、官方文件、统计数字、行政命令、部长们解释法律或描述行政程序的、与行政法院意见不一致的反映和记录、书面建议和决定、视听材料和其他特定的与个人无关的信息，并规定提供公共服务的公有公司和组织的文件也适用该法。

美国的信息公开化立法比较完善。20世纪60年代之后，通过知情权问题的讨论，美国制定了三部保障信息公开的法律：《情报自由法》（1966年）、《联邦咨询委员会法》（1972年）、《阳光下的联邦政府法》（1976年）。此外，美国还有许多单项法律规定特定事项的公开与保密的界限。《情报自由法》规定，政府文件原则上应当公开，任何人均有权获得政府文件；政府拒绝提供文件应负举证责任，法院对政府拒绝提供文件拥有审查权。《联邦咨询委员会法》规定，政府所设立的各种咨询委员会应按照《情报自由法》和《阳光下的联邦政府法》实行会议和文件公开。《阳光下的联邦政府法》规定行政机关召开决策性会议原则上应该公开，允许公众尤其是新闻界旁听，并许可新闻界摄影和录像。只有符合10项法定理由，如涉及国防或外交机密、纯属机关内部事务等内容的会议才可以不公开举行。会议公开或不公开都必须提前一周发出通告，让公民周知。个人或组织如果认为行政机关违反了《阳光下的联邦政府法》，可以向法院起诉，由法院作出裁决。

对照国外的这些法律及做法，我国至今尚未有相似的法律规定。随着政治民主化的进程，目前关于保障公众知情权和政务公开的指导思想已在一些政策性文件中有所体现。党的十六大政治报告中第一次在文件中出现了"知情权"的提法。报告中说,要"扩大党员和群众对干部选拔任用的知情权、参政权、选举权和监督权"。在党的这种开放的指导思想的指引下,目前我国在政务公开、司法公开、警务公开、检务公开、村务公开、厂务公开等方面有了一定的进步。

(三)关于新闻舆论监督的职责

许多国家运用法律的力量,赋予新闻传媒和新闻记者实施新闻舆论监督的崇高使命。美国新闻学者和现代新闻业开创者普利策很早就指出,倘若一个国家是一条航行在大海上的船,新闻记者就是船头的瞭望者。他要在一望无际的海面上观察一切,审视海上的不测风云和浅滩暗礁,及时发出警告。1965年,英国高等法院的法官劳顿勋爵指出:"揭露欺骗行为和丑闻是报纸的职责之一。这是为着公共利益的。这也是报纸在其漫长的历史上经常所做的一件工作。"①

从20世纪80年代末期开始,我国先后发布许多行政规章,从多方面要求新闻传媒承担起舆论监督的职责。1989年发布的《中共中央国务院关于进一步清理整顿公司的决定》,1990年国家新闻出版署发布的《报纸管理暂行规定》,1992年发布的《国务院关于进一步加强质量工作的决定》,1993年颁布的《中华人民共和国消费者权益保护法》,1994年发布的《国务院关于进一步加强知识产权保护工作的决定》,1996年发布的《国务院关于环境保护若干问题的决定》,1991年中华全国新闻工作者协会制定的(后又再次修订)《中国新闻工作者职业道德准则》,都对新闻舆论监督的职责作了较为明确、具体的规定。

(四)关于新闻舆论监督的免责事由

通过法律对新闻舆论监督确立免责条款,目的是为了更好地保障新闻自由和公民的批评权、监督权等参政权利。一些西方国家较早地作出了新闻舆论监督的免责规定。在英美等国,对舆论监督免责事由大多通过著名的判例确定,如美国有名的曾格案、国防部诉纽约时报案等。这些免责条款对于广泛开展新闻舆论监督具有较大的支持力度,同时也具备

---

① 转引自王强华、魏永征:《舆论监督与新闻纠纷》,复旦大学出版社2000年版,第12页。

很强的可操作性。如英国在《诽谤法》中赋予新闻界有限特许权。这种特许权规定新闻界在进行批评监督时如符合两条原则可获得免责待遇,一是报道应公正准确,二是发表时没有恶意。芬兰的法庭规则对报刊文章或消息的作者、材料提供者、目击者提出特别保护,规定当泄露身份或要求他们出庭作证可能对他们不利时,可以"拒绝回答"。在处理诽谤行为时,美国法律明确区分对公诽谤和对私诽谤。对私诽谤指对普通百姓的诽谤,只要有客观的结果诽谤就可能成立。对公诽谤指对政府官员和公众人物的诽谤,要求主观上必须出于故意才能成立,如只有过失不构成对公诽谤。据全国记协一位工作人员在一个研讨会上提供的材料介绍,美国确立了一系列旨在保障新闻舆论监督的宪法性判例原则,主要有:发表的内容属实;报道所依据的是官方文件或程序;无恶意地公开;准确报道(即使含有诽谤性言词)官方文件或程序;对公众人物含有诽谤性言词的中性报道;出于自卫;事先征得当事人同意①。在这些情况下,新闻传媒可获免责。

我国现行法律目前没有直接针对新闻舆论监督的免责事由的相关规定,但近年来通过一些司法解释等方式实际上已经确立了这种法律支持。1993年出台的《最高人民法院关于审理名誉权案件若干问题的解答》以及1998年出台的《最高人民法院关于审理名誉权案件若干问题的解释》,对新闻传媒因从事新闻舆论监督而引发名誉权官司的情况作了比较详细的规定,初步确立了新闻侵权的过错责任原则。

三、新闻舆论监督主体的义务

从学理上讲,权利和义务是一对范畴。相对于权利而言,义务则是公民或法人按法律规定应尽的责任。作为新闻舆论监督主体的新闻传媒与公民,既享有依法行使舆论监督的权利,又负有正确合法地实施舆论监督,使舆论监督获得最大社会效益,将对舆论监督的客体可能造成的伤害减少到最小的义务。从实践上看,只有正确地构建并切实执行舆论监督

---

① 参见阚敬侠:《论我国的舆论监督法律制度》,《新闻记者》2000年第4期。

的义务,才能用好、用足法律赋予新闻传媒和公民实施舆论监督的权利,才能使这种权利的使用收到积极的社会效果,推动国家发展和社会进步,还社会以正义和公平。

考察新闻舆论监督主体的义务,大致应具备和体现六个方面的意识。

(一) 责任意识

作为新闻舆论监督主体的新闻传媒与公众,尤其是新闻传媒,应该高度重视新闻舆论监督,把这一工作作为自己光荣与神圣的历史使命承担起来,树立强烈的责任意识。这种责任意识,首先要求新闻工作者深深懂得开展新闻舆论监督的目的意义。我们在前面已经提到,马克思曾经说过,对政府当局来说,报刊是孜孜不倦的揭露者;对人民来说,它又是人民自己的教科书。列宁强调,党和苏维埃报刊最主要的任务之一,是揭露各种负责人和机关的罪行,指出苏维埃和党组织的错误与缺点。中国共产党在新中国成立后颁布的第一个有关新闻工作的决定就指出,在报刊上进行批评与自我批评,是巩固和人民群众的联系,保障党和国家的民主化,加速社会进步的必要方法。改革开放以来,党中央在一系列文件中反复强调,为了有效地防止和治理腐败堕落,使人民政权"政不息,人不亡",必须时刻加强新闻舆论监督。

强烈的责任意识要求新闻传媒把握正确开展舆论监督的动机,尤其要注意区分建设性的批评和破坏性的批评。中央曾经指出:"我们所提倡的批评,乃是人民群众(首先是工人农民)以促进和巩固国家建设事业为目的、有原则性有建设性的、与人为善的批评,而不是为着反对人民民主制度和共同纲领、为着破坏纪律和领导、为着打击人民群众前进的信心和热情,造成悲观失望情绪和散漫分裂状态的那种破坏性的批评。"[①]在当前,就要提倡有利于和谐社会建设和巩固安定团结大好局面,有利于社会主义现代化建设的积极批评,要反对违背社会主义法制和社会主义道德、破坏安定团结和生产力发展,涣散斗争,夸大阴暗面的消极批评。

强烈的责任意识还要求我们在开展新闻舆论监督时,要端正态度,对

---

① 《中国共产党新闻工作文件汇编》(中),新华出版社1980年版,第6页。

舆论监督的每一个环节认真负责。"惩前毖后,治病救人",应该是进行批评与自我批评的出发点。这里,前提是正确区分敌我矛盾和人民内部矛盾。因为对待这两类不同的矛盾,处理的原则和方法是完全不一样的。进行新闻舆论监督,应该区别不同的情况,采取不同的方针:对典型的犯有严重错误甚至犯法的腐败分子,不只应该进行公开的批评,还要给以必要的制裁。而对于工作中犯了一般错误,有着一般的缺点和不足,或虽然犯了严重错误但是愿意改正并有所改正的同志,就应该采取热情的态度进行说服、批评、教育。对于点名还是不点名,何时公开批评,放在传媒什么地方刊登(什么版次、节目),都要十分谨慎,反复推敲。

(二)大局意识

新闻传媒是公开传播的大众媒介,新闻舆论监督是面向全社会以至全世界的广泛的无遮蔽的公开批评,其对被监督批评者的压力和杀伤力是很大的。有的时候,对于被监督批评者所在的单位或组织的声誉也会带来一定的影响。因此,新闻传媒在进行新闻舆论监督时,应该树立大局意识、整体意识,不能只顾一头,忽略另一头;也不能图一时之痛快,不考虑监督批评可能产生的总体效果。换言之,大局意识要求新闻工作者在开展新闻舆论监督时,必须认真顾及与处理好公开批评与公共安全的关系,不应图一时之痛快,为媒体炒作,而不顾国家安全、国家秘密、社会安定、民族团结、市场稳定以及人民群众的身心健康。

《中华人民共和国保守国家秘密法》第二十条规定:"报刊、书籍、地图、图文资料、音像制品的出版和发行以及广播节目、电视节目、电影的制作和播发,应当遵守有关保密规定,不得泄露国家秘密。"新闻出版广播电视的行政法规、部门规章中都把国家秘密列为禁载的重要内容。按保密法规定,国家秘密包括:国家事务的重大决策中的秘密事项;国防建设和武装力量活动中的秘密事项;外交和外事活动中的秘密事项以及对外承担保密义务的事项;国民经济和社会发展中的秘密事项;科学技术中的秘密事项;维护国家安全活动和追查刑事犯罪中的秘密事项;其他经国家保密工作部门确定应当保守的国家秘密。执政党的有关秘密事项也属于国家秘密。新闻舆论监督中凡涉及上述内容,或在监督过程中会影响到上述内容泄露的,从大局出发,新闻传媒应有所回避。

新闻舆论监督中另一类同国家安全相关的传媒责任是防范煽动危害国家安全的事件的发生。"煽动是一种言论方式,可以通过口述(讲演)、文字及至广播、影视、戏剧、书画等方式来表现,但它又不同于一般的言论,其特点:一是表述方式的非理性,即使用浮夸的、情绪化的、蛊惑性的语言;二是内容的非事实性,如虚张声势,夸大其事,攻其一点,不及其余,有的还要进行造谣诽谤;三是直接面向公众,即公然散布;四是具有导致反常行动的目的,不是'书生空议论',而是希望激起他人反常狂热,采取某种不利于社会和他人的行动。所以煽动虽然也是一种表达思想的方式,但却是反常的、病态的、邪恶的,在新闻传播活动中是同新闻的真实性原则和客观公正原则完全违背的。"[1]所以,新闻舆论监督活动必须坚决防范和反对煽动危害国家安全事件的发生。

新闻舆论监督活动中,有时会涉及被批评监督对象的一些错误事实和犯错误的过程。这种情况下,新闻传媒要严格注意不掺杂淫秽和色情的内容,犯错误过程不必详尽展示,防止产生诱导性影响。新闻舆论监督还要注意遵守民族、宗教等政策,密切关注国际关系和我国的外交事务,关注当前中央和地方的中心工作安排和社情民意的变化。总之,新闻传媒和新闻记者要正确地把握全局,熟练地运用辩证法,使新闻舆论监督做到有理、有利、有节。

(三) 党的意识

新闻舆论监督必须全程接受党的领导,这是因为,在中国,新闻事业是党的事业的重要组成部分,与党休戚与共,是党的生命的一部分。舆论工作是党和国家的前途和命运所系的工作。中国共产党的根本宗旨是全心全意为人民服务,除了人民的利益,没有自己的私利。党的纲领路线方针政策集中反映了人民群众的利益和愿望。新闻舆论监督只有自觉接受党的领导,按党的方针政策实施,才能确保不偏离为人民服务的政治方向。

接受党的领导,是我国新闻舆论监督工作的一贯传统。毛泽东1954

---

[1] 魏永征:《中国新闻传播法纲要》,上海社会科学院出版社1999年版,第91—92页。

年4月提出的报纸批评要实行"开、好、管"三字方针的第三个字就是"管",这个"管"字方针指出:"管,就是要把这件事管起来。这是根本的关键。党委不管,批评就开展不起来,开也开不好。"①这里所讲的党委领导,主要是政治领导,具体表现为三个方面。第一,新闻舆论监督要执行党的政治纪律,重要舆论监督的选题、观点、时机,不能同党的方针、路线、政策相违背。第二,新闻舆论监督要执行党的组织路线。下级服从上级,少数服从多数,全党服从中央,是党的组织原则,也是新闻舆论监督的组织纪律。根据这个组织纪律,新闻传媒必须坚决执行各级党委的决策和指示,并按干部管理规定,上报需要公开批评监督的干部材料以及关于点名批评意见的请示。第三,新闻舆论监督要遵守党的保密纪律,批评稿件必须按保密规定从严把关。

党的领导应该是开明的、民主的领导,因此,坚持接受党的领导的严肃性与给予新闻传媒充分的自主权和能动性的空间应该是一致的。同时,接受党的领导和对党的组织、党的干部、党的工作进行监督批评也不应该是矛盾的。不仅如此,由于党处在执政党的地位,又领导着全国的工作,对党的组织、党的干部、党的工作进行严格的监督批评在今天的中国显得更为重要、更有意义。党委领导不仅应该把新闻舆论监督工作领导好,还应该千方百计地为新闻传媒和新闻记者撑腰,提供最充分的支持和最有力的保护。

(四) 法制意识

新闻舆论监督必须在法律规定的轨道上进行,必须依法办事,新闻传媒和新闻记者必须有强烈的法制意识。除了前面已经提到的实施新闻舆论监督时要防范损害国家安全和公共利益外,新闻传媒和新闻记者还应该自觉做到:防范侵害公民权利,防范妨碍司法公正。

在新闻舆论监督进行过程中,新闻传媒和新闻记者可能对公民的名誉权、隐私权、肖像权、姓名权、荣誉权等公民权利构成侵害。其中尤其可能侵害公民的名誉权和隐私权。因此,新闻传媒和新闻记者必须树立很

---

① 《毛泽东新闻工作文选》,新华出版社1983年版,第177页。

强的法制意识,自觉避免踩踏"法律雷区"。

名誉权是民事主体享有社会对自己的客观公正评价和维护这一评价的权利。这种评价如果在新闻舆论监督过程中受到影响甚至损害,有可能构成新闻传媒或新闻记者侵害名誉权行为。研究者指出,新闻侵害名誉权在司法实践上可分为三个层面:一是主观上出于过失而构成诽谤行为;二是主观上出于故意的侮辱和诽谤行为;三是主观上出于故意且情节严重的侮辱和诽谤行为①。对于这些行为的惩罚和规范,西方国家一般都通过诽谤法或相应的刑法、民法条款作出明确的规定,其目的是保障言论自由与名誉权之间的合理平衡。从西方的法律规定中我们可以发现,国家法律禁止和制裁诽谤行为,但为了公共利益,国家法律针对诽谤诉讼又设立了特许权,而行使新闻舆论监督行为的新闻传媒和公民可以在一定条件下获得有限特许权。这种特许权可以成为新闻传媒和新闻记者对诽谤诉讼的抗辩理由,这在实质上是为新闻传媒和新闻记者对新闻的调查核实留下一个保护空间。但是,新闻传媒和新闻记者要适用这种免于诽谤的"例外",新闻报道必须严格符合其前提条件,即公平、准确、及时的报道。新闻舆论监督能够获得有限特许权的必要条件是:公正准确,没有恶意。此外,能够对诽谤指控进行抗辩,还必须做到报道真实和公正评论。司法实践还表明,新闻舆论监督的主体主动地更正与道歉,可以减轻新闻诽谤的法律责任。

我国宪法和民法等相关法律也有关于名誉权保护的规定。这些年,司法实践中在保护名誉权和支持新闻舆论监督的平衡上也有积极的探索,努力做到既依法保护名誉权,又依法支持新闻舆论监督。有关司法解释还有更为细微的规定,如规定对于曾经依据公共机关的文书或职权行为报道某一负面新闻,而公共机关已经通过其文书或职务行为对前述新闻作出公开纠正,新闻传媒负有更正报道的义务,如果拒绝更正报道,致使他人名誉受到损害的,应当认定为侵害他人名誉权。

隐私权指个人依法享有使自己的隐私不受侵害的权利。有学者指

---

① 参见魏永征:《中国新闻传播法纲要》,上海社会科学院出版社1999年版,第218页。

出,在我国,隐私权包括:公民的姓名、肖像、住址、电话号码(不含办公电话),未经公民许可(法律有特别规定者除外,如公安机关通缉罪犯),不得公开其姓名、肖像、住址和电话号码;公民的住宅不受非法侵入或侵扰,非经公民同意,他人不得侵入公民住宅,搜查他人住宅,或以其他方式破坏公民居住安宁;公民的个人生活不受监视(依法监视居住者除外)、监听、窥探、摄影、录像,非经同意不得监视他人住所,安装窃听设施,私拍他人私人生活镜头,从窗口窥视他人室内情况;不得非法刺探他人财产情况或未经本人允许公布其财产状况;公民的通信、日记和其他私人文件,不受刺探和公开,不得私拆他人信件,偷看他人日记,刺探他人私人文件内容并将它们公开;公民的社会关系,包括亲属关系、朋友关系,不受非法调查,未经本人许可不得公开;夫妻的两性生活,不受他人干扰、调查或公开;婚外性生活(如同居、婚前性行为、第三者插足),从人格尊严考虑,不得向社会公布;公民的档案材料、计算机存储的个人资料以及公民不愿向社会公开的过去或现在的纯属个人的情况(如失恋、被强奸、患有某种疾病或曾患有某种疾病),他人不得进行搜集和公开等①。

我国将隐私权保护列入名誉权保护的范围。最高人民法院公布的《关于审理名誉权案件若干问题的解答》规定:"未经他人同意,擅自公布他人的隐私材料或者以书面、口头形式宣扬他人隐私,致他人名誉权受到损害的,按照侵害他人名誉权处理。"在新闻舆论监督活动中,侵害公民隐私权的表现大致有两种情况:一是未经本人同意公布和宣扬其隐私;二是非法侵入他人的私生活领域。例如在进行新闻舆论监督过程中,一些新闻传媒与新闻记者使用的"偷拍、偷录"的做法,以及许多新闻传媒都经常使用的"庭审直播",实际上都可能涉及隐私权保护的问题。一般认为,只有在"公共场合、针对公众人物、为了公共利益"的情况下,偷拍、偷录才有可能免受侵害他人隐私的指控。而对于"庭审直播",多数法学家认为这种做法与法理相悖,不仅可能有害于这种做法的初衷——促使司法公正,而且直接侵害他人的名誉权或隐私权。随着各种弊端被不断揭露,原先

---

① 参见张新宝:《隐私权研究》,《法学研究》1990年第3期。

支持"庭审直播"的新闻学者也有越来越多的人表示反对。

新闻传媒和新闻记者在进行新闻舆论监督时,要尊重和主动维护司法独立。司法独立的含义是:第一,司法权指服从法的引导而不接受任何命令;第二,对司法只能实行监督而不能进行指挥;第三,司法只服从法律良知,而不服从政治权势或舆论压力①。实践表明,针对司法实践的新闻舆论监督主要是对司法活动的大量报道与评论,对这种报道与评论如果不加约束,很容易干预和影响司法行为,形成"新闻审判"或"媒介审判"。"新闻审判"的主要特征是,超越司法程序抢先对案情作出判断,对涉案人员作出定性、定罪、定刑期以及胜诉或败诉等结论。"新闻审判"的报道在事实上往往是片面的、夸张的以至是失实的。它的语言往往是煽情式的,力图激起公众对当事人憎恨或同情一类情绪。"新闻审判"有时会采取炒作的方式,即由诸多媒体联手对案件作单向度的宣传,有意无意地压制相反的意见。它的主要后果是形成一种足以影响法庭独立审判的舆论氛围,从而使审判在不同程度上失去应有的公正性②。

从新闻舆论的角度看,"新闻审判"对于司法公正造成的伤害是:第一,传媒所进行的所谓的"调查",很可能同法院所认定的事实(该事实是客观的和真实的)不一致。这种"调查结论",可能给公众造成司法机构不可信的印象,从而损害法律的权威性,也可能干扰甚至左右法院对事实的认定,从而损害法律的独立性。第二,造成所谓的"庭外诉讼"或"庭外辩护",替代公诉人或律师在法庭上应起的作用,而不出现在法庭上的新闻传媒则成了超然于法律制约的"诉讼参与者"。因此,对于负责任的新闻传媒与新闻记者来说,必须拒绝和反对"新闻审判"。世界上一些国家在司法实践中常常动用"蔑视法庭法"等防止新闻舆论监督对司法独立原则的伤害。我国虽无此类法律,但宪法规定司法独立是我国司法工作的一项基本原则,规定人民法院依照法律规定独立行使审判权,不受行政机关、社会团体和个人的干预,这其中自然包括不受新闻传媒和新闻记者的

---

① 参见《"司法与传媒"学术研讨会讨论摘要》中徐显明先生的观点,《中国社会科学》1999年第5期。
② 参见魏永征:《中国新闻传播法纲要》,上海社会科学院出版社1999年版,第159页。

干涉。新闻传媒和新闻记者在实施新闻舆论监督过程中必须有这种自觉的法制意识。

(五) 专业意识

新闻舆论监督是由新闻记者通过新闻传媒所进行的社会监督,新闻记者与新闻传媒必须有相当强烈的专业意识。新闻传媒与新闻记者的一般工作内容和工作方法是:就事实报道新闻,就事实发表意见(评论)。因此,这里所谓的专业意识主要指:一要实事求是,二要全面公正。

实事求是地报道新闻是新闻工作的基本要求,是新闻记者的基本品质,也是新闻的力量所在。人们对于新闻舆论监督所依凭的事实的要求更为严格。这是因为,新闻舆论监督所提供的事实,人们会从各个方面去考量它、验证它,包括这个基本事实的每一个细节、每一个引语、所使用的每一个字眼,甚至是语气和口吻。尤其是当事人,新闻舆论监督的客体,对每一个事实和每一个细节更会细致验证品味。一旦发现某个细节错了(更不用说基本事实错了),对他们来说就是"救命稻草",就会抓住不放,就会以此来否定基本事实,甚至否定总体批评与所披露的全部事实,并进而否定批评者的动机与立场。因此,对新闻舆论监督所涉及的每一个事实、每一个细节,都必须事出有据,有百分之百的把握,都必须经得起反复验证和左右挑剔,都必须确保其在法庭上打官司必胜无疑。

实践经验表明,新闻舆论监督所依据的事实,不仅基本事实和这一事实的细节要完全真实,做到真有其人实有其事,而且新闻记者和新闻传媒应该掌握更多的这类事实,最好能做到公开见报的事实只是记者与传媒所掌握的全部事实的一部分,即记者和传媒储备有更多的"炮弹",以便必要时可以抛出更多的有说服力的、依据过硬的事实,令对方闻之生威,心服口服。

全面公正地评论事实,发表意见,除了前面提到的要出于公心,对新闻舆论监督抱有正确的立场与态度,还要从专业的角度,努力做到不片面,不偏袒,不断章取义,不意气用事。特别要注意,不要上纲上线,乱扣政治高帽。被监督对象所犯的错误属于什么性质就说是什么性质,是什么问题就说是什么问题,要就事实本身进行如实的、恰如其分的分析批判。一般说来,就事论事地进行分析评论比较有说服力,也便于对方理解接受。千万不要把偶尔为之说成一贯如此,把普通作风问题说成是政治问题,把普通的工作失误说成是路线方向性质的问题。否则,对方不仅接受不了,还会出现顶牛、对立情绪。

一般说来,新闻评论写作时要注意的地方在这里都要引起重视。此外还要懂得,新闻舆论监督中传媒所发表的评论,对于被监督者来说,具有特别强烈的针对性,所以评论意见所依据的事实,所使用的语言,行文的口气,要特别谨慎小心。这里倒不是说新闻舆论监督过程中可以少发评论,少说意见,该说话的时候应该大胆地发言,严厉地发表意见,但应该尽量做到用事实来说话,用事实本身的逻辑力量来体现分析批评的力量,这正是专业意识的体现,是传媒与记者的一种责任。

(六)平等意识

新闻传媒和新闻记者在进行新闻舆论监督时必须有这样清醒的认识:他们同被监督批评的对象在人格上是平等的,新闻传媒和新闻记者没有任何特权,他们必须尊重并主动维护对方的人格和权利,必须十分谨慎地搞好舆论监督每一个环节的工作,万一出了差错,必须坚持有错必纠,及时负责地在媒体上刊出更正与检讨,同时给对方发表更正、声明、反驳文章的机会。总之,新闻传媒与新闻记者必须树立平等意识。

孙旭培教授曾经对舆论监督中新闻传媒和新闻记者如何从平等意识出发,正确处理好同被批评监督对象的关系,防止出现新闻纠纷,提出过几个可操作的主张。他认为,第一,新闻传媒和新闻记者要虚心地听取当事人的意见。一般情况下,当事人在监督批评稿件中如果发生失实和损害名誉的情况,一般都会先和传媒联系,记者和传媒对来信要回复,对来访要接待,不能拒之不理,也不能态度不恭。第二,记者和传媒听到有关当事人的意见以后,要尽快地查清是主要事实失实,还是非主要事实失实,因为这是能否构成侵权的关键。一旦确认是主要事实失实,就应迅速作出更正,有时还需要让有关当事人发表答复或辩驳文章,并向当事人当面道歉,严重损害名誉还要通过媒介公开道歉,不能以维护传媒荣誉等各种理由拒绝更正,或拖延更正。非主要事实被确认失实,记者或传媒也要口头或书面向当事人表示歉意。当事人如果坚持对失实部分要给予更正的,也要尽可能给予更正。在做了这些工作以后,如果当事人仍提出苛刻的要求,或者向法院提起诉讼,记者和传媒也应无所畏惧,同时准备有力的证据,坚持把官司打下去,但对当事人的平等态度仍不应改变,要相信坚持正当的新闻舆论监督和平等对待当事人是不矛盾的,也要相信法院对那些滥诉和无理缠讼是不会支持的。孙旭培还提出了传媒、记者同当事人私下了结、接受法庭调解等办法。这些做法,并不会影响传媒或记者的形象,也不会伤害舆论监督的力度,反而会凸显传媒与记者平等、公正及严格自律的姿态①。

四、新闻舆论监督客体的责任与权利

作为新闻舆论监督的客体,一旦成为舆论监督事件具体的承担者即舆论监督的直接当事人,同样具有特定的责任与权利,新闻传媒、新闻记者以及广大人民群众对当事人的责任应有一定的认知,对当事人的权利也应给予尊重和维护。下面作一些简略的分析。

(一) 责任

责任就是义务,新闻舆论监督客体应该承担的责任大致是四个方面:自觉接受监督,积极配合调查,正确对待批评,认真改正错误。

第一,自觉接受监督。新闻舆论监督对象对于针对自己的监督批评,首要责任是有一个正确的态度和良好的心态,要主动支持新闻传媒和新闻记者对自己的批评与监督,不应寻找各种借口拒绝批评,反对监督,更不应恼怒怨恨,打击报复。法律和党纪规定,这样做是不允许的,将会进一步受到批评甚至处罚。

第二,积极配合调查。新闻传媒和新闻记者向当事人提起调查,当事人应积极配合,主动提供相关材料和资料,协助搞清事情来龙去脉,实事求是地认识原因、结果和本人或本单位应负的责任,不应回避调查,搪塞应付,掩盖真相,混淆视听。

第三,正确对待批评。对于传媒所发表的监督批评,要勇于承认错

---

① 参见孙旭培:《新闻学新论》,当代中国出版社 1994 年版,第 158—160 页。

误,承担责任,不应抓住枝节问题否认主要事实和主要观点。即便批评稿件有部分失实或言过其实之处,也应冷静对待,作出说明和解释。

第四,认真改正错误。对于事实准确、分析正确的监督批评,不仅应虚心接受,承担责任,还应及时制定改正错误克服缺点的方案和办法,以求得对错误缺点的彻底纠正。也可通过传媒,公开表达自己接受批评、改正错误的态度、决心以及措施办法。

(二) 权利

新闻舆论监督的客体,即被批评监督的当事人,同新闻舆论监督主体在政治上是平等的,在新闻沟通和对传媒的使用上也是平等的,被批评监督的当事人依法享有一定的权利,这种权利是不可剥夺的。这种权利包括维护客体自身的名誉权、隐私权,对失实事实和不实指责表示反对和抗议,要求更正说明和获取赔偿,还可以提出批评和诉讼以及要求调解和私下了结。

第一,维护名誉权和隐私权。前文提及,新闻舆论监督如有不慎,或主体故意所为,常常会侵害当事人的名誉权和隐私权,在这种情况下,当事人可以理直气壮地维护自己的权利,要求主体停止侵害自己的名誉权和隐私权,并对已造成的结果给予赔偿和道歉。

第二,要求更正、辩驳和赔偿。对于新闻传媒或新闻记者的监督批评中有失实内容或言过其实的指责分析,或无限上纲给予莫须有的罪名,当事人有权要求更正,也可据实进行反驳和说明,并根据自己所受到的侵害与损失,当事人可提出经济赔偿等要求。

第三,要求法庭调解、私下了结和提起诉讼。新闻传媒和新闻记者所进行的新闻舆论监督,一旦同客体发生纠纷,当事人可以根据事件进展程度和自己的愿望,要求法庭出面同传媒及记者进行调解,也可以直接同传媒及记者私下了结。如有必要,当事人也可以提起诉讼,由司法部门对主客体依法进行调查与判处。

我们上面所分析的新闻舆论监督客体的责任和权利,归根结底是为了在法律的轨道上正确地进行新闻舆论监督,力求新闻监督批评获得更好的社会效果,在这个前提下,当事人自身的权利与义务应该是一致的,新闻舆论监督主体与客体在根本利益上和根本目标上也应该是一致的。

中国新闻学研究百年回望与思考*

1918年10月,北京大学新闻学研究会成立,被戈公振在《中国报学史》中称为"中国报业教育之发端"。及至2018年,中国新闻教育和新闻学研究届满100周年。掩卷细思,新闻学百年历程的基本思考有哪些?可以说是一个十分有意义的问题。

一、理论自觉:中国新闻学成长的动力

恩格斯在《〈反杜林论〉旧序》中强调,一个民族想要站在科学的最高峰,就一刻也不能没有理论思维。他的同胞费尔巴哈在《遗留的格言》中说,作为起源,实践先于理论;一旦把实践提高到理论的水平,理论就领先于实践。

研究者考证,北京大学新闻学研究会成立的时候,曾有"一字之添"的重要过程。1918年10月14日,研究会成立会上宣读的是"北京大学新闻研究会"。校长蔡元培亲拟新闻研究会简章8条,发表在《北京大学日刊》上。简章大意是:北京大学新闻研究会的宗旨是"灌输新闻知识,培养新闻人才"。研究内容共6项:新闻的范围、采集、编辑、选题、新闻通信法、新闻纸与通讯社的组织,校内外人士均可缴费入会为会员,每周研究3个小时。在正式成立仪式上,蔡元培校长致开会词。他回忆当年同大家办《苏报》《俄事警闻》时,"与新闻术实毫无所研究","不过借此以鼓吹一种

---

* 本文原刊于《新闻爱好者》2018年第8期。

主义耳"。民国元年以后新闻纸骤增,唯以发展之道,全恃经验。因此,他认为,"苟不济之以学理,则进步殆亦有限",所以有必要组织学会研究新闻学。关于研究内容和方法,他提出:"欧美各国,科学发达,新闻界之经验又丰富,故新闻学早已成立。而我国则尚为斯学萌芽之期,不能不仿《申报》之例,先介绍欧美新闻学。"四个月之后,即1919年2月19日,由于参加研究会人员日增,决定改组,并修改研究会简章,将研究会宗旨改为"研究新闻学理,增长新闻经验,以谋新闻事业之发展"。同时,决定将"北京大学新闻研究会"改名为"北京大学新闻学研究会"①。

在"新闻研究会"的"新闻"之后加上一个"学"字,改为"新闻学研究会",一字之添,大有讲究,这至少表明,在中国起步新闻学研究之初,就有了理论的自觉和对新闻学理之追求。往大看,蔡元培率先在北京大学举办新闻学研究会,便是借用北京大学的资源,开中国新闻学研究之先河。再者,蔡校长延请徐宝璜在研究会开讲的第一门课便是"新闻学"(原名"新闻学大意")。

徐宝璜在《新闻学》第一章一起笔就指出,新闻学以新闻纸为研究对象。他说,尝考各科学之历史,其成立无不在其对象特别发展之后。有数千年之种植事业,然后有农学林学。新闻纸之滥觞既迟,而其特别发展,又不过近百年事,故待至近数十年,方有人以其为对象而特别研究之者。研究结果,颇多所得,已是构成一种科学,不过尚在青年发育时期耳。此学名新闻学,亦名新闻纸学。既在发育时期,本难以下定义:"新闻学者,研究新闻纸之各问题而求得一正当解决之学也。"此虽稍嫌笼统,然终较胜于无②。徐氏在书中还指出,新闻纸学的研究内容包括三个方面:报纸编辑、报社组织和报业经营。在第二章中他即讨论新闻纸的社会功能,当时的话语是"新闻纸之职务",也即现代语中之"社会角色",徐氏指出新闻纸的职务有六:供给新闻、代表舆论、创造舆论、灌输知识、提供道德、振兴商业。他强调,前三者,尤为重要。

由是观之,中国新闻学研究及现代新闻教育之初,便以新闻理论讨论

---

① 方汉奇:《中国新闻事业通史》第2卷,中国人民大学出版社1996年版,第98—100页。
② 徐宝璜:《新闻学》,中国人民大学出版社1994年版,第1页。

及新闻知识灌输为己任。此后开拓出一条百年新闻学研究的曲折道路。说是"曲折",盖因要坚持新闻有学,新闻事业必须循学之道而渐行之贯彻,实属不易。以权力者观之,以为新闻有学、必循理而行乃天大笑话。1927年蒋介石背叛革命后,遭到舆论反对。蒋介石说,舆论,舆论,舆论!我拿三百万元开十个报馆,我叫他说什么,他就说什么。什么狗屁舆论!我全不信①。"新闻无学论"在新中国也延续了不少年,1983年中国社会科学院新闻研究所举办纪念毛泽东90诞辰新闻学术研讨会,有个领导人发言时对自己长期坚持"新闻无学论"作了检讨,笔者当时听了深受感动。

极"左"思潮特别是"文化大革命"对新闻学研究的破坏极其彻底。统计显示,1966年5月至1976年10月,新闻学著作一共才出版43本,基本上都是新闻媒体机构内部编印的业务小册子,公开出版的寥寥无几。1968年9月1日"两报一刊"编辑部文章《把新闻战线的大革命进行到底》是对马克思主义新闻学彻底倒算的一篇奇文。《人民日报》开展《社会主义大学应当如何办?》讨论时,驻复旦大学工人、解放军毛泽东思想宣传队发表文章说,我们主张彻底革命,有些系,如新闻系,根本培养不出革命的战斗的新闻工作者,可以不办。根据这样的指导思想和舆论谋划,1969年北京广播学院被停办。1972年,包括新闻系在内的新中国成立后由党创办的第一所文科大学——中国人民大学被停办。在此前后,许多高校的新闻专业纷纷被迫下马,新中国历经艰辛发展起来的社会主义新闻教育事业,由此步入低谷。

"四人帮"覆灭之后,根据党中央的号令和部署,新闻界以极大的政治热情投入揭批林彪、江青反革命集团的斗争,清除他们在新闻界的流毒。1981年11月,在庆祝新华社建社50周年茶话会上,习仲勋代表中央书记处对新闻报道改革提出五点希望:一是真,新闻必须真实;二是短,新闻、通讯、文章都要短;三是快,新闻报道的时间性很强,不快就成了旧闻;四是活,要生动活泼,不要老一套、老框框、老面孔;五是强,要做到思想性强、政策性强、针对性强。这就是著名的"五字方针"。

---

① 冯玉祥:《我所认识的蒋介石》,参见甘惜分:《甘惜分文集》第1卷,人民日报出版社2012年版,第47页。

新闻改革对新闻学研究提出了急切的企盼。1979年3月,中共中央宣传部主持召开新闻工作座谈会。会议的首要议题是:新闻工作的重心如何转移到社会主义经济建设中来？1979年10月,在北京地区社会科学界庆祝新中国成立30周年学术讨论会新闻学组,与会者提出,新闻媒介要进行自身改革,以更好地适应新的历史时期的要求。1980年2月,北京新闻学会成立,胡乔木在会上发表长篇讲话,阐述了邓小平的要求:报刊要成为巩固安定团结、生动活泼的政治局面的思想中心,促进这个政治局面的发展。

在拨乱反正、正本清源的伟大斗争和恢复新闻学理论尊严的学术努力中,新闻院校的学术中坚始终走在前面。1978年3月31日,《人民日报》刊登复旦大学新闻系一位教师的文章,揭露和分析"四人帮"控制时期《人民日报》的错误编辑。中国人民大学新闻系教授甘惜分于1980年写出了《新闻理论基础》一书,该书是新中国成立后对马克思主义新闻学原理的首次系统论述,也是全国新闻院校清算"四人帮"封建法西斯新闻观点的理论总结。

1978年至2018年改革开放40年间,新闻学理论研究硕果累累,可以用这样几句话加以概括:新闻事业迅猛发展推动新闻学基础研究著作大批出版,马克思主义新闻观普及教育促进马克思主义新闻经典著作研究趋向繁荣,新闻改革的丰富经验使新闻理论研究的方位与层面渐次深化,新闻理论研究工作者梯队初步建成且各具活力与特色。

二、西学东渐:中国新闻学研究的破土和枝繁叶茂

回望中国新闻学研究百年历程,必须正视西学东渐的学术潮流。绵延多年的外人报刊和西方新闻著作,对百年来尤其是最初二三十年中国社会政治文化改造和新闻学的破土建设,有着深刻而持久的影响。笔者认为,年届九秩的李瞻先生在《世界新闻史》中对此分析深刻且醒人耳目。李老师说:中西文化交流,虽汉唐有之,然交融会合,则自基督教东来始。外报本为外人在华传教、经商之媒介,惟至鸦片战争前后,我国朝野对当时之世界,仍属懵懵懂懂。故外报侵入后,对我国社会及国人之观念,均

有重大深远之影响,兹举数点如下:

(1) 外报为我国近代报业及政论报业之序幕;

(2) 外报对我国近代思潮具有启蒙作用,进而促成清末"维新"及"革命"运动;

(3) 外报注重工商业之报道及其发展,直接刺激我国近代工商业之诞生;

(4) 外报主张废除科举,建立新式教育制度,此有助于清末教育制度之改革;

(5) 外报鼓吹科学新知,直接引起国人对科学研究之兴趣。

上述均外报之功绩。然外报系以本国利益为前提,言论鲜难符合我国之利益。又因我国处于次殖民地之地位,故常常因外报混淆视听,挑拨离间,而妨碍国策,动摇国本,尤其因外报遍布我国,操纵我国舆论,此对我国民族自信心之戕丧,实在无法估计[①]。

徐宝璜《新闻学》一书在作者自序中提及,本书所言,取材于西籍者不少。其实,在西方国家新闻教育趋于普及,新闻学研究初有展开的推动下,中国的新闻教育和新闻学研究也开始启动。1911年,全国报界促进会在上海举行会议,倡议成立"报业学堂",未果。而后方有蔡元培校长在北京大学创办新闻学研究会之举。而在徐书之前,国内已出版有日本新闻学者松本君平的《新闻学》,该书是出版于1899年日本的第一本新闻学著作,中国于1903年译成中文出版时,该书在日本的再版本(1900年)已易名为《欧美新闻事业》。越十年至1913年,上海广学会翻译出版了美国新闻学者休曼的《实用新闻学》(美国1903年版)。无疑,松本君平和休曼的书,对于中国新闻学研究的启动,起了重要作用。

北京大学新闻学研究会的另一位导师邵飘萍在研究会的讲课《实际应用新闻学》这部书稿,以及他的另一部书稿《新闻学总论》,也都受到西方新闻学的影响。他在前一部书出版时的"赘言"中有这样的说明:鄙人对于新闻之学,愧未深造。本书内容要点,前年曾在北京大学新闻研究会

---

① 李瞻:《世界新闻史》,台湾"国立政治大学"新闻研究所1966年版,第948页。

中演讲一部分,后又在平民大学演讲若干节,系参考欧美、日本学者之专门著述,及自身十余年来实际经历所得,以极浅显之理论,供有志青年之研究①。

在西学东渐风潮的推动下,中国学人的新闻学著作和论文发表日趋繁多。《中国新闻学书目大全》不完全统计,从1903年我国第一部新闻学书籍问世到1949年9月,全国印行的新闻学书籍共468种,这其中除很少一部分是1903年至1919年出版之外,大部分系1920年以后问世的。《中国新闻学书目大全》主编称,该书目主要根据北京图书馆(现今国家图书馆)藏书编纂,此外利用中国社科院新闻研究所藏书,没有广泛收集散落于各地图书馆及有关高校新闻专业资料室藏书,故称该书目为"不完全统计"。

根据该书目,笔者将其分类如下:

(1) 新闻学概论:研究理论新闻学的基础理论部分,其中专著52种,论文集及资料汇编35种。

(2) 新闻事业:记载与评析新闻事业一般状况3种,新闻政策6种,新闻事业经营与管理5种,新闻法与新闻自由8种,报刊与通讯社等19种。

(3) 新闻记者与通讯员:13种。

(4) 新闻业务:采访7种,写作14种,新闻摄影1种,新闻编辑12种,新闻评论6种,新闻资料工作2种,新闻作品研究47种,广告学14种,报刊发行与读报28种。

(5) 世界新闻事业历史与现状:21种。

(6) 中国新闻事业历史与现状:129种。

(7) 参考工具书:25种。

上面长长一列书目说明,在20世纪20—40年代是中国新闻学研究的高潮时期。这些著作中,既有新闻学者的潜心之作,也有相当多的官方文件,少量还是日伪当局的文件和日伪时期的作品。对其中大量研究性著作分析的结果以及从20年代兴起的中国新闻教育的回顾,都可以说明

---

① 邵飘萍:《实际应用新闻学》,参见松本君平、休曼等:《新闻文存》,中国新闻出版社1987年版,第381页。

美英及日本等国的新闻思想,对当时中国新闻学界的广泛影响。这些作品中,传达和研究欧美国家主要新闻观点的有:

(1) 报纸起源于人的"新闻欲"。

(2) 报纸的性质是公共性与营利性。

(3) 新闻定义和新闻价值,多数认为新闻乃是多数人所注意之最近之事实也;新闻价值则是多数人判认新闻事业或新闻作品所含有的价值。

(4) 新闻自由、新闻法制与新闻伦理,关于新闻自由的研究不多,研究新闻法制和新闻政策的多些,研究西方新闻伦理者更少。

(5) 新闻学是一门科学。

新中国成立之初,新闻学研究的成果及有关新闻观念的讨论不多。中国新闻学研究的又一个高潮,出现在1978年至2018年改革开放40年间。这个阶段新闻学研究的基本概况是:

第一,改革开放基本国策对中国新闻改革有极大的推动。真理标准大讨论,新闻人参与者不少,文章为中国新闻改革提供了思想来源和政策依据。当时的中宣部部长胡耀邦所作的《关于新时期的新闻工作》的报告,重新阐述了党的新闻工作的性质、新闻事业在新时期的任务。他强调指出,从党的根本性质说,党性和人民性是一致的。

第二,新的科技革命对中国新闻事业发展的有力支持。现代印刷技术催化平面媒体发展,现代科技的应用促进广播电视的繁荣,数字技术的推广扶持新闻事业的跨越式腾飞,新技术尤其是互联网技术的普及为改革开放40年最后10年(2008—2018)中国新闻媒体的融合发展打下了坚实的物质基础,也为新闻科学的创新发展插上了翅膀。

第三,新时期中国新闻教育事业突飞猛进。1978年党的十一届三中全会提出解放思想改革开放基本国策,首先为教育特别是新闻教育"解冻",推动新闻教育的普及和调整,中国新闻教育的结构走向齐备,新闻教材引进与自创相结合,初步形成中国新闻教育的特色。社会主义市场经济的建立,切实推进了新闻教育的繁荣,引进传播学学科,建立博士后培养制度,中国的新闻教育逐步加大走国际化发展道路的步伐。

第四,跨文化传播和中外新闻学术交流得到加强。中外新闻学术活动日趋活跃,跨文化传播研究不断深入,海内外合作研究得到支持,学科建设、人才培养、中国特色新闻学话语构建不断得到政策支持,财力、人力、物力的投入得到加强。有以上四个方面的政策保障、科技扶持、财力物力投入,以及新闻改革实践对新闻学研究的呼唤,中国新闻学在这40年间有了极大的发展。可以说,这40年新闻学研究的发展和繁荣,是中国新闻学百年研究最好的历史时期,是我国人才辈出、学术百花齐放、新闻学成果累累的最喜人的历史时期。这里,主要就传播学的引入和发展,总结中外学术交流所结成的一个硕果。

我国最早涉及传播学概念的文章是1956年复旦大学新闻系主编的《新闻学译丛》上面的一篇文章,该文将commumication译成"群众思想交通",这是我国最早接触"传播"一词。"大众传播"一词进入我国已经是20世纪70年代了。我国关于传播的研究性文章直到1978年才出现。这一年7月,复旦大学新闻系郑北渭教授在该系内部编印的《外国新闻事业资料》第1期上发表了两篇关于公共传播的文章,引起新闻学界的兴趣。接着,该系开始开设传播学讲座和请国外传播学者举行有关传播学的讲座。中国人民大学新闻系主办的《国际新闻界》在1979年和1980年分三期刊登该系张隆栋教授编译的《公共通讯的过程、制度和效果》一文。这是西方传播学在中国高校初步得到译介的情况。

1982年5月,美国著名传播学者威尔伯·施拉姆到中国人民大学新闻系作介绍美国传播学四位奠基人的学术报告,《国际新闻界》从1980年6月份起刊出"大众传播学专辑"。1982年11月23日至25日,在北京举行了第一次全国传播学讨论会。这次会议的召开标志着这门源于美国的新兴学科正式进入我国学界视野。对于传播学从引进到真正全面、深入的了解与研究,是从这次会议召开以后开始的。因此,1982年施拉姆的报告和全国研讨会的召开,被视为传播学进入中国的破冰之旅。施拉姆的中国之行是由他的中国弟子余也鲁教授陪同。笔者多次同余教授联系想当面向他请教访谈,可惜教务在身无法成行,不得已只能请笔者的两位弟子在香港拜访余教授。余晚年在香港经营一家书店,他抽出宝贵的时间向访者回忆了陪导师访问北京的经过。由于我的这两位弟子工作抓得紧,赶在余教授逝世前发表了这次访问记,为他和导师的破冰之旅留下了宝贵的文字。

自1982年传播学正式进入中国以来,传播学研究大致经历了传播学译介、普及、实证研究、交叉学科齐头并进等几个重要阶段,取得了一定数量的代表性成果。至20世纪90年代中期,学者提出"传播学本土化"的学科建设新方向,同时发生过激烈的争论。有研究者提出,传播学研究中国化的目的,就是通过研究中国的传播历史和现状,为传播学的丰富和发展作出中国的贡献,使传播学不至于只是"西方传播学"。还有学者直接冠之以"中国传播学"的称谓。他在论文中提出,中国传播学就是有中国特色的、具有"专利权"的传播学,如同中国历史、中国哲学一样。

为了使传播学在中国的引进和拓展坚持正确的学术方向,1982年在北京召开的第一次全国传播学研讨会上提出"系统了解、分析研究、批判吸收、自主创造"的16字方针。这个方针对于传播学在中国的健康发展,应对来自右的和"左"的思潮影响,发挥过重要作用。西方传播学进入中国不到40年,今天已成为中国新闻学的重要学科,有时新闻学与传播学并称为新闻传播学。截至2017年12月,全国681所大学开设有新闻传播学本科专业点1 244个,其中:新闻学326个,广播电视学234个,广告学378个,传播学71个,编辑出版82个,网络与新媒体140个,数字出版13个。

100年来,中国的新闻学一路走来,已经成为有相当体量的重要学科。

三、学术自由,科技助力:新闻学拓展的两大支柱

习近平总书记2016年5月17日在哲学社会科学工作座谈会上的讲话中,将新闻学列为同哲学、历史学、经济学等一样的"具有支撑作用的学科",要求"加快完善","打造具有中国特色和普遍意义的学科体系"。

回望中国新闻学发展的百年进程,可以清晰地发现,对于中国新闻学这样的以人与社会同为研究对象的人文色彩极重的社会科学的学科,其兴起、繁荣、创新,必须具有两个"支柱",一为充分的学术自由,二为雄厚的科技力量的支撑。

马克思早在170多年以前就指出，新闻传播是有规律可循的。他说，要使报刊完成自己的使命，首先必须不从外部为它规定任何使命，必须承认它具有连植物都具有的那种通常为人们所承认的东西，即承认它具有自己的内在规律，这些规律是它所不应该而且都不可能任意摆脱的①。作为反映报刊和指导报刊活动的新闻学，实质上就是研究报刊活动的规律，既然报刊乃至所有媒体的运作都必须以完全自由为前提条件，那么研究新闻学的必要前提就是学术的充分自由。百年中国新闻学研究的路程，就是一条争取学术自由——限制学术自由——再争取学术自由的斗争路程。

蔡元培首创中国新闻学研究，在北京大学开办新闻学研究会，正是那一历史阶段具有学术自由的条件。19世纪与20世纪之交的中国报业，是以革命派战胜维新派，民国报业勃兴革命舆论大增为特色的。这一阶段历经了两次办报高潮，维新变法运动期间是第一次高潮，据不完全统计，从1895年到1898年，全国出版的中文报刊达120种之多，其中80％是国人创办的。辛亥革命期间是第二次高潮，从1905年到1911年，据不完全统计，全国出版的报刊在200种以上。这其中一个主要原因，是民国之后《中华民国临时约法》规定，人民享有言论、著作、刊行之自由。

中国国民党自1927年掌握全国政权以后，即着手营建自己的新闻事业，同时加强对全国新闻传媒的控制，出台了一批新闻政策与法规，从1929年到1944年，这种法规与政策竟然达30余件。在这些法规政策的掌控下，国民党实施了严厉的新闻检查制度，新闻学研究及其成果的出版困难重重。

作为国民党新闻统制的对立面，这一时期也有一些如张友渔、邹韬奋、范长江等领导或参与的人民新闻事业与进步新闻事业。他们在同国民党当局的斗争中利用当时不多的学术自由，撰写出版了一批优秀的新闻学著作，提倡"大众喉舌"新闻观和人民新闻观。在这之前，党和人民的新闻学者如李大钊、陈独秀等人也提出了许多无产阶级新闻观。在延安

---

① 《马克思恩格斯全集》第1卷，人民出版社1995年版，第397页。

时期，党的新闻学者利用党领导下的充分的学术自由，出版了一批新闻学著作，毛泽东新闻思想也在延安宣告形成。

新中国成立后，学术自由随着政治运动的起伏经历了"文化大革命"及以前共 27 年的沉寂时期和改革开放 40 年的勃兴时期。前 27 年间，由于新闻学属于党性与实践性都很强的特殊学科，新闻学能以学术著作出版者极少。笔者 1963 年至 1968 年在复旦大学读书期间，没有读到一本铅印的真正的新闻学教材。不仅如此，复旦大学新闻系著名学者王中教授因学术观点不同，被打成右派。中国人民大学新闻系著名学者甘惜分教授也因学术主张不同于当时的"主流观点"，而遭到围攻与批斗。新闻学术研究真正的春天是从 1978 年开始的。这 40 年间，每年出版的学术著作与教材均在百部以上，全国和各省、各高校召开的新闻学术会议数十次、上百次。2018 年以来，仅学习习近平新闻舆论思想的著作已达 5 部。2018 年暑期，许多高校的新闻专业都在举行或即将举行以学习马克思主义新闻观为主题的讨论会和培训班。新闻学研究对于充分的学术自由就像人对空气和水的需求一样不可缺少。

新的科学技术革命及其成果，对于新闻学术研究的繁荣是又一个推动力。前已提及，19 世纪与 20 世纪之交的 20 年间，中国出现过两次办报高潮，除了新闻自由、学术自由等有所保障之外，科学技术的支持也是必要条件。民族资本主义产业在这 20 年间有了快速发展，为现代报业的生产流通提供了强有力的物质基础，也为媒介对广告的吸纳、报纸发行的便捷、报业资本的征集提供了许多资源与便利。党和人民的新闻事业在延安的发展，同根据地能够提供给《解放日报》、新华通讯社等较富足的物质条件和技术保障也是分不开的。

党的十一届三中全会以后，中国新闻业全面发展，固然同党的领导和政策开放有关，也同这些年来互联网技术普及发展紧密相联。互联网技术对中国媒体的发展前文已有提及，互联网技术对新闻学教学与科研的支持这里也简要作论述。用 PPT 上课，学生在"群"里提问题求答案，教师利用"百度"等寻找科研资料，已经成为今日高校新闻院系学习工作的日常情景。利用互联网技术参加国际会议，在线上发言与咨询，利用网络远程教学和进行人事考核,在今天的高校已不是一件难事。新的科学技术为新闻学的新发展增添了无穷的动力。

中国新闻学研究的百年回望,可以有许多观察的窗口,可以有更多评论的视角。笔者深知,本文仅从理论自觉、西学东渐、学术自由与科技支持三个方面进行回望和评论,难免挂一漏万。但总结中国新闻学百年建设必须是由新闻学人共同承担的大事,每人选若干小角度也不失为一种取向。于是,便有了上面这篇文章,并作为向中国新闻学研究百年献上的一束鲜花。

追忆和承传马克思的新闻初心*

马克思是马克思主义的第一奠基人,又是杰出的无产阶级报刊活动家和马克思主义新闻学的卓越开创者。在隆重纪念马克思诞辰 200 周年的时刻,回顾作为新闻记者的马克思所发表的一系列论述,令我们肃然起敬和感动不已。这些重要论述和生动事例,是我们今天建构中国特色社会主义新闻学的指导思想和理论基础,是在习近平新时代中国特色社会主义思想指导下做好新闻舆论工作的新闻职业准则和记者行为规范。

完全有根据说,马克思是一位新闻记者。恩格斯在马克思的葬仪上说:"斗争是他得心应手的事情。而他进行斗争的热烈、顽强和卓有成效,是很少见的。最早的《莱茵报》(1842 年),巴黎的《前进报》(1844 年),《德意志—布鲁塞尔报》(1847 年),《新莱茵报》(1848—1849 年),《纽约每日论坛报》(1852—1861 年)……"①马克思和恩格斯一起创办、主编 4 种报刊,协助创办和参与编辑 5 种报刊,指导编辑方针的报刊达 10 种,此外,还为 60 余种报刊撰稿和提供科学著作及文件,有更多的报刊发表过他们的声明,转载过他们的文章。笔者据《马克思恩格斯全集》统计,这两位伟人共写了 1 700 余篇(部)文章(著作),其中政论、通讯和消息约 750 篇(属于广义的新闻体裁),占总数的 45%,论战性文章 262 篇,占总数的 16%。《马克思恩格斯全集》收入他们撰写的信件 4 000 余件,这些信件中不少是谈及报刊工作和评论报刊文章的。

---

* 本文原刊于《中国广播电视学刊》2018 年第 4 期。
① 《马克思恩格斯全集》第 19 卷,人民出版社 1963 年版,第 375 页。

这令我们情不自禁地产生一种冲动:马克思一生关注报刊,没有间断地为报刊撰稿,同违背他心目中"人民报刊"、"自由报刊"、"真正的报刊"理想的言行作不妥协的斗争。他的新闻初心是什么?他为之奋斗的新闻理想又是什么?

在《新莱茵报》审判案中,马克思明确指出:"报刊按其使命来说,是社会的捍卫者,是针对当权者的孜孜不倦的揭露者,是无处不在的耳目,是热情维护自己自由的人民精神的千呼万应的喉舌。"[①]笔者认为,马克思在这里指出并强调了作为新闻舆论工具的报刊两大基本的社会使命:孜孜不倦地揭露当权者,充当人民群众的耳目喉舌。在近半个世纪的新闻生涯中,马克思忠诚地担当了他所强调的报刊与记者的这两个社会使命。这就是马克思从事新闻工作的初心,是他一生的职业理想和新闻追求。

一、报刊是人民无处不在的耳目和千呼万应的喉舌

促使马克思主动拿起报刊这个武器,甚至迫使他暂时放下心爱的学术研究去报馆当记者和编辑,大致出于两方面的原因。一是当时的德国(普鲁士)政治上太反动了,民众太不自由了,民众只能通过英国和法国的报刊略知一点自己国家所发生的事情。19世纪40年代初的德国新闻界,处在封建专制的高压之下。马克思称这一时期是德国报刊的"晚刊阶段"、"精神上的大斋期",而德国惨淡经营的报刊也只是德国社会"沼泽地上的磷火"。马克思指出,在德国,"新闻出版物堕落了","德语已不再是思想的语言了","精神所说的话语是一种无法理解的神秘的语言,因为被禁止理解的事物已不能用明白的言语来表达了"[②]。

马克思认为,对外界状况的感知是人生存的必要条件,而为了了解外界的状况,人与人之间就必须进行交往与沟通。他同恩格斯在共同撰写的《德意志意识形态》中指出:"人们对自然界的狭隘的关系制约着他们之间的狭隘的关系,而他们之间的狭隘的关系又制约着他们对自然界的狭隘的关系,这正是因为自然界几乎还没有被历史的进程所改变;但是,另

---

① 《马克思恩格斯全集》第6卷,人民出版社1961年版,第275页。
② 《马克思恩格斯全集》第1卷,人民出版社1995年版,第149页。

一方面，意识到必须和周围的人们来往，也就是开始意识到人一般地是生活在社会中的。"①这就是说，人们很早就意识到交往对于自己生存和发展的意义。人们在生活中不仅仅同自然界发生关系（尽管起初这种关系是相当狭隘的），而且开始认识到如果不以一定方式结合起来共同活动和相互交换其活动，便不能进行生产。为了进行生产，人们便发生一定的联系和关系；只有在这些社会联系和社会关系的范围内，才会有他们对自然界的关系，才会有生产。从这个意义上说，人是名副其实的社会动物，是天生的社会动物，同社会交往即同人们交往是人最基本的需求，而这种需求本身又促进人类自身的进一步发展，进而造成"新的交往方式，新的需求和新的语言"。

基于这样的认识，马克思很早就指出，早期的信息传播总是同生产活动紧紧联系在一起的。他在谈到摩泽尔河谷的农民为什么迫切需要传播活动、需要报刊时指出，这里的居民之所以如饥似渴地需要报刊和关心报刊，主要是他们的生存受到了威胁，他们对报刊的这种浓厚兴趣正是直接因实际需要而产生的。

包括信息传播在内的精神交往、精神生产不仅满足人类生存的需求，而且也促进了生产的繁荣和人类社会的发展。但是，信息传递活动和传播媒介发展不仅依赖一定的物质技术条件，也要依靠社会提供一定的政治保障和权利支持。因为，日新月异的新闻媒介事业，"给市民阶级和王权反对封建制度的斗争带来了好处"②。这是由于，传播工具不仅传递信息，也传递意见，表达传播者的倾向并形成一定的舆论。在这种情况下，关于传播的自由与控制问题就应运而生。马克思在19世纪40年代初所揭露的德国当局对信息的封锁和对传播自由的控制正是基于这样的背景。因此，言论自由和出版自由无一例外地成为各国民主运动和工人运动活动家踏上斗争生涯的第一个目标和第一个主题。作为马克思主义第一奠基人的马克思最初公开发表的几篇论文，都以呼吁和讨论新闻出版自由为核心内容。为德国民众争取了解祖国所发生的重大事件和社会真

---

① 《马克思恩格斯全集》第3卷，人民出版社1960年版，第35页。
② 《马克思恩格斯全集》第21卷，人民出版社1965年版，第457页。

相权利而斗争,让民众享有知晓与评论祖国命运的权利,成为马克思一生为之奋斗不息的新闻工作的初心。

出于这样的初心,马克思一生的报刊理想就是出版自由报刊。他指出:"自由报刊的本质是自由所具有刚毅的、理性的、道德的本质。受检查的报刊的特性,是不自由所固有的怯懦的丑恶本质,这种报刊是文明化的怪物,洒上香水的畸形儿。"①马克思强调,要运用和通过立法来保护新闻出版自由。针对当时德国当局用书报检查制度这一反动的传播法规来剥夺民众的新闻出版自由权利,马克思提出要订立符合时代要求的新闻出版法。为了捍卫新闻出版法和抨击书报检查法,他对这两种根本对立的法规作了仔细的对比。他说:"在新闻出版法中,自由是惩罚者。在书报检查法中,自由却是被惩罚者。书报检查法是对自由表示怀疑的法律。新闻出版法却是对自由投的信任票。新闻出版法惩罚的是滥用自由。书报检查法却把自由看成一种滥用而加以惩罚。它把自由当作罪犯;对任何一个领域来说,难道处于警察监视之下不是一种有损名誉的惩罚吗?书报检查法只具有法律的形式,新闻出版法才是真正的法律。""新闻出版法是真正的法律,因为它是自由的肯定存在。它认为自由是新闻出版的正常状态,新闻出版是自由的存在;因此,新闻出版法只是同那些作为例外情况的新闻出版界的违法行为发生冲突,这种例外情况违反它本身的常规,因而也就取消了自己。新闻出版自由是在反对对自身的侵犯即新闻出版界的违法行为中作为新闻出版法得到实现的。"②作了这些论述之后,马克思就新闻出版自由和新闻出版法等相关议题提出了这样一些带结论性的观点:

"应当认为没有关于新闻出版的立法就是从法律自由领域中取消了新闻出版自由,因为法律上所承认的自由在一个国家中是以法律形式存在的。法律不是压制自由的措施,正如重力定律不是阻止运动的措施一样。因为作为引力定律,重力定律推动着天体的永恒运动;而作为落体定律,只要我违反它而想在空中飞舞,它就要我的命。恰恰相反,法律是肯

---

① 《马克思恩格斯全集》第1卷,人民出版社1995年版,第171页。
② 同上书,第175页。

定的、明确的、普遍的规范,在这些规范中自由获得了一种与个人无关的、理论的、不取决于个别人的任性的存在。法典就是人民自己的圣经。""因此,新闻出版法就是对新闻出版自由在法律上的认可。"①

马克思年轻的时候,在进入《莱茵报》任政治版责编前后用很多精力研究法律同自由、新闻出版法同新闻出版自由的关系,究其目的就是一个:论证人民有权利获知自己所需要知晓的事情的信息,论证报刊有责任也有权利为人民提供他们所需要知晓的、发生在这个国家的重要事情的信息。这就是马克思的新闻初心,他就是奉此为新闻理想而进入报刊社履行自己的社会责任的。在《新莱茵报》时期,马克思向人们表明的立场就是:"我们将不用虚伪的幻想去粉饰所遭到的失败。"②马克思特别强调,报刊的责任,就是让民众及时了解事件的真相,不能不顾事实真实与否,令报道总像朝霞一般火红、晴天一般蔚蓝。

马克思不仅主张政府新闻统制下的报刊要坚持向人民报道真实的事件,就是在工人政党自己主办党报的条件下,党报依然要坚持向党员群众报道党内斗争的真实情况,充分满足他们知晓党的领导集团内部情况的需求。

对于马克思切实保障人民了解社会真相,满足人民充分的知晓权的新闻追求和高贵品质,他的战友和传记作家李卜克内西这样评论:

"马克思是一个极其忠实的人,他首先是真实的化身。一看到他立刻就能知道我们所接触的是怎样的人了。在经常处于敌对状态的'文明'社会里,当然不是任何时候都可以说真话的,否则就等于把自己交到敌人手里或把自己驱逐于社会之外。然而,不是任何时候都能说真话,绝不是说应该说假话。我不是任何时候都能说出我们感到和想到的,但这并不是说我应该或必须说我没有感到和想到的。前者是智慧,后者是虚伪。马克思是从不虚伪的。"③

---

① 《马克思恩格斯全集》第 1 卷,人民出版社 1995 年版,第 176 页。
② 《马克思恩格斯全集》第 5 卷,人民出版社 1958 年版,第 25 页。
③ 参见保尔·拉法格等:《回忆马克思恩格斯》,马集译,人民出版社 1973 年第 1 版,第 47—48 页。

二、针对当权者的孜孜不倦的揭露者

作为新闻记者的马克思的新闻初心另一方面是：成为社会的捍卫者，针对当权者的孜孜不倦的揭露者。

马克思砍向普鲁士当局的第一斧是最无情地抨击书报检查制度，他用优美的文笔射出一颗颗有力的子弹。他写道："你们赞美大自然令人赏心悦目的千姿百态和无穷无尽的丰富宝藏，你们并不要求玫瑰花散发出和紫罗兰一样的芳香，但你们为什么却要求世界上最丰富的东西——精神却只能有一种存在形式呢？我是一个幽默的人，可是法律却命令我用严肃的笔调。我是一个豪放不羁的人，可是法律却指定我用谦逊的风格。一片灰色就是这种自由所许可的唯一色彩。每一滴露水在太阳的照耀下都闪耀着无穷无尽的色彩。但是精神的太阳，无论它照耀着多少个体，无论它照耀什么事物，却只准产生一种色彩，就是官方的色彩！精神的最主要形式是欢乐、光明，但是你们却要使阴暗成为精神的唯一合适的表现；精神只准穿着黑色的衣服，可是花丛中却没有一枝黑色的花朵。精神的实质始终就是真理本身，而你们要把什么东西变成精神的实质呢？谦逊。"①笔者特别喜欢所引述的这段论述，因为马克思用了美丽的文学的笔触，有力地批驳了书报检查制度的无理与可恶。当然，马克思同时也运用犀利的语言，抨击这个万恶的书报检查制度。例如，马克思指出，书报检查制度是政府垄断的批评，是徒有法律形式的不合法的奴隶制度，是反对人类成熟的工具，是防备和压制自由的警察手段，是党派争夺私利的武器。这种抨击铿锵有力，入木三分。

马克思常常把对当权者的孜孜不倦的揭露，诠释为"无情的批判"。他在一本新杂志的创刊计划中提出，新思潮的优点就恰恰在于我们不想教条式地预料未来，而只是希望在批判旧世界中发现新世界。如果我们的任务不是推断未来和宣布一些适合将来任何时候的一劳永逸的决定，那么，我们便会更明确地知道，我们现在应该做些什么，我指的就是要对

---

① 《马克思恩格斯全集》第1卷，人民出版社1995年版，第111页。

现存的一切进行无情的批判,所谓无情,意义有二,即这种批判不怕自己所作的结论,临到触犯当权者时也不退缩。

这样,马克思就把报刊的揭露同现实的政治批判结合起来了。正是在提出报刊批判必须同政治斗争相结合的原则时,马克思分析了以往的空想社会主义学说的不足。他指出,必须从人的实际存在出发探讨社会主义的原则,并使用这种真正的原则去批判当前的政治和宗教。这样,马克思通过报刊活动把报刊实践同科学社会主义的研究结合起来了。

马克思和恩格斯在编辑《新莱茵报》时始终强调:"目前报刊的首要任务就是破坏现存政治制度的一切基础。"在长达一年的该报实践中,他们通过《新莱茵报》对整个旧世界进行了毫不留情、淋漓尽致的揭露和批判。几十年后,恩格斯回忆说:"这是革命的时期,在这种时期从事办日报的工作是一种乐趣。你会亲眼看到每一个字的作用,看到文章怎样真正像榴弹一样地打击敌人,看到打出去的炮弹怎样爆炸。"[①]《新莱茵报》是工人报刊贯彻批判旧世界这一无产阶级办报方针,使报纸成为改造旧世界的思想武器的典范。

到了党报阶段,马克思在他同恩格斯共同提出的"党的建设与党报运行机制"的新理念下,对于报刊在新条件下坚持自己的独立立场,继续监督和批评党的领导集团的路线方针与行政举措,有了新的思路和政策。他们主张:党的领导机构在道义上拥有领导党的机关报的权力,但必须坚持以党的道德和党的纲领为前提;同样,党报也拥有监督和批评党的领导机构的权力,但同样必须建立在党的道德和党的纲领的基础之上。

我们知道,报刊的批评监督功能一直受到马克思的高度重视。只是早期报刊思想中谈到批评时,批评锋芒多指向反动当局。工人报刊时期谈到批评时,批评对象主要是资产阶级当局和工人运动中的机会主义思潮。而在党报思想阶段,马克思在继续要求党报开展对反动当局的揭露批评的同时,强调指出要把监督党的领导人,批评他们的缺点错误,看作

[①] 《马克思恩格斯全集》第22卷,人民出版社1965年版,第89页。

党报的一种神圣职责,并且认为这种公开的批评是工人运动的要素,是党巩固壮大、具有战斗力的前提。

马克思特别重视党的报刊要对党的领导人进行公开监督和公开批评,基于这样三点考虑:第一,当时党已经有力量经受公开批评的打击,已经坚强到足以用自己的力量通过批评纠正党的错误特别是领导集团(党团)的错误;第二,党员群众有能力开展健康的批评并使这种批评收到良好的效果;第三,对党的领导集团和领袖人物进行民主监督和有序批评(即在党的道德、纲领和路线指导下进行),是包括党报工作者在内的每个党员的政治权利。

马克思身体力行,坚持通过各种渠道,利用各种方式,监督和批评党的领导人,使他们严格按党的道德和党的纲领办事。1875年5月22日至27日哥达合并代表大会上德国工人运动中的两派,即以奥·倍倍尔和威·李卜克内西为首的德国社会民主党(爱森纳赫派)和以哈赛尔曼、哈森克莱维尔等人为首的拉萨尔全德工人联合会实现了合并。向哥达代表大会提出的合并后的党的纲领草案包含了严重的错误和对拉萨尔派的原则让步。恩格斯和马克思阅读了登在党报上的这个纲领草案后,由恩格斯写信给奥·倍倍尔,尖锐地批判了这个妥协的纲领草案,马克思则逐节逐条批判了这个草案(后来称其为《哥达纲领批判》),并把这些批判意见寄给了党的领导人威·白拉克。后来,鉴于合并后的德国社会民主党实际上并没有执行这个纲领,马克思和恩格斯就放弃了在党报上公开发表对纲领批判意见的计划。及至1890年,重新获得自由的德国社会民主党启动起草新的纲领,恩格斯担心党的领导人对右倾机会主义采取调和主义,并给德国工人运动中长期存在的拉萨尔个人迷信以毁灭性打击,决定在党的报刊上公开发表《哥达纲领批判》。于是,1891年1月底,党的理论刊物《新时代》发表了这个文件。恩格斯认为,原则上的考虑,党的利益至上,保持马克思理论的纯洁性高于一切,他必须这样做。他在给党刊编辑的信中写道:"担心这封信(指马克思的《哥达纲领批判》)会给敌人提供武器,证明是没有根据的。恶意的诽谤当然是借任何理由都可以散布的。但是总的说来,这种无情的自我批评引起了敌人极大的惊愕,并使他们产生这样一种感觉：一个能给自己奉送这种东西的党该有多么大的内在力量呵！"①

恩格斯还因为党的领导人曾经反对在党刊上发表马克思的《哥达纲领批判》，写信给这位领导人并提出尖锐的批评。他说："你们曾企图强行阻止这篇文章发表，并向《新时代》提出警告：如果再发生类似情况，可能就得把《新时代》移交给党的最高权力机关管理并进行检查，从那时起，由党掌握你们的全部刊物的措施，不由地使我感到离奇。……我还是要你们想一想，不要那么气量狭小，在行动上少来点普鲁士作风，岂不更好？"②正是出于这种背景，恩格斯有一次甚至气愤地说："做隶属于一个党的报纸的编辑，对任何一个有首创精神的人来说，都是一桩费力不讨好的差使。"他和马克思都不愿意做这样的党报的编辑③。

长期以来，在这种复杂而艰巨的实践中，马克思和他的战友始终坚持自己的新闻初心：做社会的捍卫者，做孜孜不倦的揭露者。他们还从这些实践中总结出正确开展党报批评的原则和经验：第一，党报开展监督批评，特别是监督批评党的领导集团的缺点错误的时候，要公正和坦率；第二，党报批评不能违背党的道德、党的纲领和党的既定策略；第三，党报批评要防止敌人获得"窥视内幕"的机会；第四，党报批评还要注意把个别领导人的错误和整个党的错误区分开，把责任分清。

显然，这些原则和经验，对于今天的党报工作，今天的舆论监督和报刊批评，依然有着重要的现实指导意义。

三、马克思主义后继人对马克思新闻工作初心的坚持和发展

本文前两节对马克思的新闻工作初心作了初步的揭示、梳理和分析。笔者认为，充当人民的耳目喉舌，为人民报道世情国是，让他们了解自己的生存状况，是马克思近半个世纪投身新闻工作的一个目的，一种动力。站在人民和党的立场上，揭露当权者（行政当局、党的领导集团）的错误、

---

① 《马克思恩格斯全集》第38卷，人民出版社1972年第1版，第36页。
② 同上书，第88页。
③ 参见《马克思恩格斯全集》第38卷，人民出版社1972年第1版，第517页。

缺点、不足和腐败,助力人民和党员群众作为国家主人和党的主体的地位和权利,是马克思从事新闻工作的又一个目的,又一种动力。两者共一,即为马克思的新闻工作初心,成为马克思作为新闻记者的社会担当。

对于马克思这两个方面的新闻初心,马克思主义后继人和共产党人有许多坚持、承继和发展,这是现时代社会主义新闻事业和党的新闻事业有辉煌今天的根本动力和思想基础。

最直接和全面继承发展马克思新闻初心的当然首先是恩格斯。由于马克思和恩格斯这两位自喻为"第一、第二小提琴手"的新闻理念和新闻实践常常融为一体难分你我,我们在前两节对恩格斯的新闻初心和报刊理念已有简略提及,在此不再赘言。

严格来说,马克思主义党性学说应该是列宁时代、是20世纪的产物。其标志性成果是列宁撰写和发表于1905年的《党的组织和党的出版物》。列宁在这个文件中,首次提出了"党的出版物的原则"即党的新闻工作的党性原则。列宁对党性原则的表述是:"党的出版物的这个原则是什么呢?这不只是说,对于社会主义无产阶级,写作事业不能是个人或集团的赚钱的工具,而且根本不能是与无产阶级总的事业无关的个人事业。无党性的写作者滚开!超人的写作者滚开!写作事业应当成为整个无产阶级事业的一部分,成为由整个工人阶级的整个觉悟的先锋队所开动的一部巨大的社会民主主义机器的'齿轮和螺丝钉';写作事业应当成为社会民主党有组织的、有计划的、统一的党的工作的一个组成部分。"[①]

列宁踏上新闻和著作工作岗位之初,就明确提出要为劳动人民争取出版自由。他说,必须同资产阶级通过他们的报纸来欺骗和毒害劳动人民,而劳动人民得不到真正的出版自由这种"令人气愤的弊端"进行斗争。列宁呼吁,要让千百万劳动人民了解俄国每天发生的各种各样事情。列宁要求一切党的报刊和党的报刊工作者(文学家、著作家、撰稿人等)必须接受党的领导和监督的同时,又必须赋予党的报刊和党的报刊工作者充分的批评自由和讨论党的决议的权利。他强调这两个方面是完全一致

---

① 《列宁全集》第12卷,人民出版社1987年版,第93页。

的。应该认为,列宁的这个呼吁和要求,同马克思的新闻初心是一致的。十月革命胜利以后,进入社会主义建设阶段,列宁又强调,要少报道领导人的活动,多一些群众活动和劳动组织内部的公开报道;他要求报刊设立"黑榜",揭露党和政府以及领导干部的缺点错误,表明列宁的新闻初心坚持始终,贯彻一生。

新中国成立后,毛泽东多次指出,要向人民群众做真实的报道,不仅充分报道我们的成就,而且"应当经常把发生的困难向他们作真实的说明",天灾人祸,如实报道。他批评说,现在新闻太少、太严、太不自由,不好,要改。不要把党的政策保密起来,应尽可能在报纸上公开发表。同时还要注意,新闻不要守旧,也不要赶时髦。新闻有新闻、旧闻、不闻。1950年4月19日,在毛泽东的要求和领导下,由毛泽东亲自改定,中共中央颁布了《关于在报纸刊物上展开批评和自我批评的决定》,文件明确指出,共产党成为执政党以后开展批评与自我批评的必要性和重要性,说:"吸引人民群众在报纸刊物上公开地批评我们工作中的缺点和错误,并教育党员、特别是党的干部在报纸刊物上作关于这些缺点和错误的自我批评,在今天是更加突出地重要起来了。因为今天大陆上的战争已经结束,我们的党已经领导着全国的政权,我们工作中的缺点和错误很容易危害广大人民的利益,而由于政权领导者的地位,领导者威信的提高,就容易产生骄傲情绪,在党内党外拒绝批评,压制批评。由于这些新的情况的产生,如果我们对于我们党的人民政府的及所有经济机关和群众团体的缺点和错误不能公开地及时地在全党和广大人民中展开批评与自我批评,我们就要被严重的官僚主义所毒害,不能完成新中国的建设任务。由于这样的原因,中共中央特决定:在一切公开的场合,在人民群众中,特别在报纸刊物上展开对于我们工作中一切错误和缺点的批评与自我批评。"[①]这个文件充分说明,毛泽东对于马克思新闻工作初心的两个方面,不仅认同,而且在中国实践中有了新的发展。

随后,在邓小平、江泽民、胡锦涛领导中国新闻工作实践中,各自以自

---

① 《中国共产党新闻工作文件汇编》(中),新华出版社1980年版,第5页。

己的方式和语言,对马克思新闻工作初心都有一定的继承和发展。特别是胡锦涛在2003年12月5日以总书记身份在全国宣传思想工作会议上讲话,提出"以人为本"的原则。他说,思想政治工作说到底是做人的工作,必须坚持以人为本,既要坚持教育人、引导人、鼓舞人、鞭策人,又要做到尊重人、理解人、关心人、帮助人,要着力营造权为民所用、情为民所系、利为民所谋的良好氛围。在著名的2008年6月20日考察人民日报社的讲话中,胡锦涛又提出要坚持贴近实际、贴近生活、贴近群众的"三贴近"方针,提出保障人民的知情权、参与权、表达权、监督权的"四权"要求。

习近平关于新闻舆论工作的一系列重要讲话生动而有力地表明,他对马克思新闻工作初心的两个方面,有着深刻和透彻的理解与认同,同时又十分贴切与准确地融合中国新闻媒体的实际,把对马克思新闻工作初心的理解和创新推向新的高度。他首先从舆论的社会功能切入论述媒体与人民群众的深切关系。他说,历史和现实都告诉我们,舆论的力量不能小觑。舆论导向正确是党和人民之福,舆论导向错误是党和人民之祸。好的舆论可以成为发展的"推进器"、民意的"晴雨表"、社会的"黏合剂"、道德的"风向标",不好的舆论可以成为民众的"迷魂汤"、社会的"分离器"、杀人的"软刀子"、动乱的"催化剂"。

对于人民群众的知情需求,习近平赞同马克思的观点,要尽量去满足,努力做到透明、公开,但他又指出,怎么满足,要有具体分析。他说,新闻媒体是社会舆论的发射器,也是社会舆论的放大器。如果只看到黑暗、负面,看不到光明、正面,虽然报道的事情是真实发生的,但这是一种不完全的真实。一叶障目、不见泰山,攻其一点、不及其余,尽管这一叶、这一点确实存在,但从总体上看却背离了真实性。同时,除了一因一果,更要注意一因多果、一果多因、多因多果、互为因果、因果转换等复杂情况,避免主观片面、以偏概全。由这些分析我们可以看到,马克思关于报刊要努力满足人们知晓新闻的需求的新闻初心,经过无产阶级和党的新闻工作100多年的发展探讨,由习近平作了深入的分析、梳理和发展。

对于马克思新闻工作初心的另一方面,即揭露与批评当权者,习近平也有新的认识和新的表述。习近平说,关于新闻报道涉及的正面和负面,关键是要从总体上把握平衡。舆论监督和正面宣传是统一的,而不是对立的。新闻媒体要直面我们工作中存在的问题,直面社会丑恶现象和阴暗面,激浊扬清,针砭时弊。对人民群众关心的问题、意见大反映多的问题,要积极关注报道,及时解疑释惑,引导心理预期,推动改进工作。对于被批评者来说,对舆论监督要有承受力,不能怕自己的"形象"、"利益"受到损害而限制媒体采访报道。同时,媒体发表批评性报道,事实要真实准确,分析要客观,不要把自己放在"裁判官"的位置上。涉及重大政策问题的批评,可以通过内部渠道向上反映,不宜公开在媒体上反映。这里,习近平从思想上、理论上、新闻观念和采编方法上,把问题分析得多么正确、准确、合情、合理!

为了把新闻舆论工作做好,习近平强调要牢牢坚持马克思主义新闻观。他强调,新闻观是新闻舆论工作的灵魂,山无脊梁要塌方,人无脊梁会垮掉。党的新闻舆论工作必须挺起精神脊梁。古人说:"先立乎其大者,则其小者不能夺也。"对党的新闻舆论工作来说,这个"大",就是马克思主义新闻观。要深入开展马克思主义新闻观教育,把马克思主义新闻观作为党的新闻舆论工作的"定盘星",引导广大新闻舆论工作者做党的政策主张的传播者、时代风云的记录者、社会进步的推动者、公平正义的守望者①。

200年前即1818年5月5日,马克思主义第一奠基人马克思诞生了。今天我们纪念这位先哲就要继承他的学识、思想和事业,把马克思主义的旗帜举得更高。作为新时代新闻工作者,纪念马克思这位党的新闻工作者的典范,就要把他的新闻观学好,把他的新闻初心发扬光大,把习近平新时代中国特色社会主义新闻思想学习好、研究好,把党和人民的新闻事业推向辉煌的未来。

---

① 本节引文主要引自习近平:《在党的新闻舆论工作座谈会上的讲话》,《人民日报》2016年2月20日。

"在地狱的入口处"*

——记百岁新闻理论家甘惜分教授

一、引子：写新闻春秋，求新闻真理

甘惜分，马克思主义新闻理论家，1916年4月17日生于四川邻水县。年幼时家境贫困，3岁时父母双亡，依靠兄长挣扎度日。初中毕业后辍学，他在乡镇当小学教员。"九一八"事变后国难日深，他常读上海出版的革命书刊，思想受到触动和激励，在邻水县组织抗日救亡活动。1938年2月他奔赴延安，先在抗日军政大学学习，同年加入中国共产党。1938年秋他奉调到马列学院学习。在这里有机会经常听到党中央领导人的报告和讲课，为甘惜分打下一生事业的思想基础。1939年秋他又调回抗大，不久跟随队伍远征敌后。进入晋察冀边区后，奉贺龙将军命令调到八路军120师，任高级干部研究班政治教员，班上的学员几乎都是长征干部，新中国成立后授衔大都是中将或少将。1940年春，山西发生晋西事变，阎锡山妄图消灭新军，党中央命令120师星夜驰援晋西北，建立晋绥军区。高级干部研究班结束后，甘惜分担任晋绥军区政治部政策研究室研究员。1945年8月日本投降，内战爆发，甘惜分在晋绥军区担任军事宣传工作。1945年奉命北上绥包前线，担任前线记者。1946年1月停战协议签字，根据组

---

* 本文原刊于《新闻爱好者》2015年第3期。

织安排,甘惜分仍留在绥蒙地区,不久转为新华社绥蒙分社记者,成为《绥蒙日报》主要创建者之一。1947年甘惜分奉调回到晋绥边区首府兴县,担任新华社晋绥总分社编委,每日向新华社发稿。1949年中华人民共和国成立后,甘惜分与晋绥地区几十个干部奉中央调令,南下到刘邓部队报到,参加解放大西南重镇重庆的工作。1949年11月30日重庆解放,甘惜分和一批干部接管国民党中央通讯社,建立新华社西南总分社,并任总分社采编部主任。

1954年,西南总分社随各大行政区撤销而结束,甘惜分奉调到北京大学中文系新闻专业担任副教授。这是他一生事业的转折点,在此之前他从事新闻实践工作,此后则从事新闻教学与科研工作。用我们学生的话说,我们的老师前半生挥写新闻春秋,后半生探究新闻科学。

当时中国新闻界和新闻教育界的一个特点是:全方位向苏联学习。在中国高校新闻教学中,从莫斯科大学和苏共中央党校新闻班搬来的教材内容极为贫乏。甘惜分在讲授"新闻工作的理论与实践"课程时,为使这门课能够紧密地结合中国国情和新闻工作实际下了不少功夫,但也为以后被人"整肃"埋下了祸根。1958年,他随北京大学中文系新闻专业并入中国人民大学新闻系。1960年,"左"倾思潮泛滥,甘惜分被当作"修正主义新闻路线典型"遭批判。1961年春,甘惜分给党中央写信要求澄清事实,中宣部派出以张磐石副部长为首的调查组到中国人民大学调查甄别,宣布为甘惜分平反。但"文化大革命"开始后,甘惜分又被扣上各种政治帽子,直到十一届三中全会后,才逐步平反昭雪。

改革开放以来,甘惜分以高昂的政治热情、无畏探索真理的勇气和不倦的工作干劲,全身心地投入新闻教学、科学研究和培养研究生的事业之中。他先后担任教授、博士生导师,曾任中国人民大学舆论研究所所长、中国新闻教育学会副会长、中国新闻工作者协会特邀理事、《新闻学论集》主编等职务。1998年离休,现为中国人民大学荣誉一级教授、中国老教授协会特聘教授。

从教60余年来,甘惜分致力于中国新闻学理论教学和科研工作,为我国培养了大批新闻专业人才,著有《新闻理论基础》、《新闻论争三十年》《一个新闻学者的自白》《甘惜分自选集》和《甘惜分文集》(三卷本),主编《新闻学大辞典》和担任《新闻传播学大辞典》顾问,发表论文100多篇。

二、成果卓绝的马克思主义新闻理论家

甘惜分教授是我国成果卓绝的马克思主义新闻理论家。这不仅由于他一生主要的精力用来从事马克思主义新闻理论的研究,而且还由于他的两本新闻理论巨著在中国新闻理论研究史上具有不可替代的地位。此外,他还发表了大量具有较高学术含量的新闻科学论文。

《新闻理论基础》是新中国成立后公开出版的第一部全面阐述新闻传播规律及新闻事业的性质、特点、功能的专著。在这本理论著作中,甘惜分对于新闻学的理论体系、理论范畴、基本理论提出了一系列独创性看法,还以批判性的笔触对中国共产党党报理论进行了梳理与评点。

我们之所以把这部近20万字的著作称为中国新闻理论研究的巨著,主要是因为,它是对中国特色马克思主义新闻学理论体系的第一次系统梳理、提炼和阐发,而且力排众议,对刚刚结束的"文化大革命"及"文化大革命"之前的各种新闻理论观点进行了分析与批评,是我国在党的十一届三中全会前后理论界思想解放的一项伟大成果。在这个特殊的历史时期,敢于和能够拿出一部著作来回答种种社会思潮和新闻理念的挑战,需要有极大的理论勇气和学术胆略。这部书成稿于1981年5月,甘惜分先后到一些高校和科研机构征求意见听取批评,对于不同意见,他又很快以《对新闻理论几点分析意见的看法》公开作答,并附在这本书的后面。甘惜分的回答主要涉及这样几个方面:

一是说他"全部接受了列宁、斯大林、毛泽东的新闻观点,而对于马克思和恩格斯的新闻观点,却只接受了一半,对马克思恩格斯早期的办报思想,作者没有接受,被遗忘了或被回避了"。这一指责,与事实完全不符。马克思和恩格斯一生都在从事报刊活动,他们的办报思想随着历史的进程而不断发展。甘惜分认为马克思在青年时代就以卓越的见识阐述了人民报刊的思想,他的人民报刊思想是贯彻始终、终生不渝的。甘惜分的不

少论文和著述中曾经引用过许多马克思和恩格斯关于报刊工作的论述。我作为甘老的硕士和博士研究生开门弟子,硕士论文和博士论文选题都以青年马克思和青年恩格斯的新闻思想为研究主题,足以说明甘老对这一时期马克思恩格斯新闻思想的重视。

二是有人指责他"坚持新闻事业是阶级舆论工具"的观点。甘老对此也给予了回答和分析。他说:"我们说新闻事业是阶级舆论工具,只不过表明新闻事业这种舆论工具是有阶级性的,它不属于这个阶级,就属于另一个阶级。世界上的新闻事业中不代表任何阶级、超阶级的新闻机构是没有的,我们绝对找不出任何一家新闻机构是超阶级的。"至于"报纸是阶级斗争的工具"这个说法是否正确,甘老认为,要作具体分析。如果说这个说法作为报纸的定义,认为报纸的唯一任务就是阶级斗争,除此之外别无其他,报纸一切为了阶级斗争,一切围绕阶级斗争,这种看法显然是不对的。不但在现时不对,在过去时期也是不对的。"但是我们也不同意这样的说法,认为现在阶级已经没有了,阶级斗争不存在了,还说什么阶级斗争工具。在社会主义建设时期,新闻事业的主要作用当然应当是社会主义经济建设的舆论工具,是对人民进行社会主义政治教育和科学文化教育的舆论工具,这是不成问题的。但是当阶级和阶级斗争还存在的时候,新闻事业以从事阶级斗争作为它的职能的一个方面(不是唯一的职能),这是决不可少的。充分估计到这一点比忽视这一点,对我们的事业更为有利。在这个意义上,我们说新闻事业今天仍然起着阶级斗争工具的作用,这是没有错误的。"从甘老讲这些话以来,全球和国内30多年各种政治思想和意识形态的较量表明,甘老的这些新闻观点是正确的。事实难道不是这样吗?

三是回答对甘惜分"统一舆论和组织舆论"观点的质疑。对于统一舆论之必要,甘惜分说,人民是伟大的,是历史的主宰,但人民不是铁板一块,人民有先进、落后和中间各部分,有左、中、右之分,当人民处于分散状态和无组织状态时,人民是软弱的,是易于被敌人击破的。所以人民需要领导,需要有一个正确的坚强的领导,把他们团结起来,把力量集中起来,这样才能创造一个伟大的人民事业。在现代社会中,这只能由政党来领导。党以什么来说服人民？就是以马克思主义及根据马克思主义和实际情况相结合而制定的政策来说服人民，让人民的思想统一在马克思主义这面旗帜之下。党运用什么手段去宣传自己的思想和政策呢？最有力的手段就是报纸等一切新闻舆论工具。这点已被各国的历史所证明，尤其为百年来国际共产主义运动所证明。由此我们的结论就归结到这一点：新闻事业的作用在于统一思想和统一舆论。

对于组织舆论，甘惜分分析说，历史经验证明，无产阶级领袖利用报纸来统一思想和团结同志借以建立党的组织，把报纸作为建党的组织者，在建党任务完成之后，这个具体"组织者"的作用确实已经消失了、过时了，但是报纸在党联系群众，在党和群众之间架起一座精神桥梁的这一组织者的作用不但没有消失，而且在无产阶级已经夺取政权之后，报纸的这一组织作用越发显得突出起来了。报纸的这种组织作用，也就是组织舆论的作用。新闻事业组织舆论，就是在党和群众之间、群众和群众之间进行情况交流、思想交流、经验交流的总过程。党和群众之间的思想联系问题，是统一舆论和组织舆论的问题。甘惜分进一步指出，组织舆论是现代新闻事业的日常工作，无论哪一个阶级的新闻事业都逃不了这个规律。

《新闻论争三十年》是甘惜分20世纪80年代前半期新闻学论文的自选本，收集有关马克思主义新闻学基本观点、新闻工作客观规律、唯物辩证法与新闻工作、新闻学与历史学、新闻与宣传等新闻界论争中的代表性论题所发表的15篇论文。这些论文表明，仅仅过了5年时间，甘惜分的新闻观点有了很大的发展，表明他对新闻真理的追求和严格的自我反省。这部著作中有一篇《论我国新闻工作中的"左"的倾向》。他指出，"左"的思想的第一个表现就是片面强调报纸是阶级斗争的工具，而忽视它也是调节人民内部矛盾的工具，是调节阶级关系的工具。第二个表现是片面强调党报是党的报纸，不同程度地忽视了它也是人民的报纸。第三个表现是浮夸之风。首先是报喜不报忧。其次是讲话不讲分寸，不留余地，不顾后果。再次是崇尚空谈，不着边际，尽说"伟大的空话"。第四个表现是重实践，轻理论，轻视新闻理论研究。第五个表现是不注意发挥新闻工作者的积极性和独创性。

这部著作收集的另一篇论文是《对立统一规律在我们笔下》，集中讨论新闻工作者的方法论原则。甘惜分在文中指出："我们在这里所强调的方法论，是指新闻宣传工作中的思想方法，也就是观察问题和处理问题的方法，这属于认识论的范畴，而不属于新闻业务的范畴。这种思想方法问题是每个新闻工作者每天必须思考的问题，他的工作的成功或失败常常有赖于他对方法的掌握如何而定。"接着，他以理论与实践相结合的方法论原则，分别论述了 20 个题目。其中有辨利弊、分敌我、观全局、明冷热、务虚实、判真伪、兼褒贬、顾上下、操攻守、表主客、见点面、察快慢、求异同、论质量、定正反、审动静、掂轻重、重奇突、别内外、通古今 20 个方面的辩证思考。这里有科学的观察，有智慧的选择，有现实的考量，也有作为一位老新闻工作者 60 余年经验的运作。作为学生，我特别喜欢老师对这 20 个题目辩证的深刻的阐发。

甘惜分老师的上述两本专著，以及这两本专著所阐发的新闻学观点，具有广泛而深刻的影响。在当时全国 40 余万名新闻工作者中间，《新闻理论基础》一书发行超过 20 万册，不少新闻院校都将这本书作为教材。

三、新时期现代舆情调查与研究的开拓者

甘惜分教授是我国特别是新时期现代舆情调查与研究的开拓者，其标志性成果是 1986 年创立的中国人民大学舆论研究所。这是中国大陆第一家从事舆情民意调查与研究的学术机构，甘惜分是首任所长。他为该所拟定的宗旨是：运用现代科学方法和技术手段，开展舆论调查与研究，其任务有三：第一，及时准确地进行民意测验，沟通和传导社会舆情，分析社会舆论的现状和变化趋势，为政府有关部门了解民意及施政决策提供参考，为社会团体企事业单位提供咨询；第二，调查新闻传播效果，为我国舆论机构提供实证研究和数据资料；第三，在舆论调查的基础上，研究具有中国特色的舆论学的建构、特点及功能。

从我的视野观察，甘老师自从创设和领导舆论研究所以来有两个方面的变化。其一，更加关心普通百姓的生存状态，更加同情普通民众的民主要求。由于各地民众常有冤情投诉无门的情况发生，他们往往误认为

舆论研究所是上访机构。甘老常教导我们要关心这些来所投诉的民众,尽各自所能做好接待与解释工作。在老师的教诲与感召下,我们都能热情负责地做好这方面的工作。其二,在了解、研判民意舆情的过程中,推动着对舆论学基础理论的深入研究。甘惜分教授在领导舆论研究所的过程中,先后提出和研究过"多声一向论"、"新闻信息三环理论"等新闻舆论的基础性论题。甘惜分认为,社会主义中国的所有新闻事业应不同于资本主义国家的新闻事业,应毫无例外地坚持社会主义方向和坚持为人民服务的方针,不容许有反社会主义倾向存在。在这一总的政治方向下,中国共产党各级机关报是党的喉舌,其他非党报纸则与党的机关报有所区别,应从各自不同特点反映人民的多种意见、多种建议、多种批评、多种表扬、多种来自不同渠道的信息。如果发现违反社会主义方向的情况,任何人均可对其进行批评或批判,但也容许其反批评和申辩。如确有反社会主义言行,按纪律和法律处置。这样有利于社会的相互沟通,有利于消除政府和人民之间的隔阂,有利于培养新闻人才,有利于提高中国新闻事业在人民中以至在全世界的威望,有利于实现全国人民安定团结、心情舒畅的局面。这就是甘惜分主张的"多声一向论"的主要观点。

甘惜分提出的"新闻信息三环理论",把信息、新闻、新闻机构发布的新闻(他称之为发布新闻)三者区别为新闻信息的三个层次。信息是最广泛的范畴,是自然界和社会中最普遍的现象,是宇宙间任何事物在运动中对外界发出的一切信号。信息无处不在、无时不在、无所不在。没有信息,生命也就停止了。地球上出现了生物,特别是生长了高级生物之后,它们感知信息,并相互传递信息,但这也只属于动物的本能。只有出现了有思维能力的人类,才能认识外界的信息并以一定的符号沟通信息以改造世界。这种被人类认知了的最新信息相互传递,这就是新闻。但这种人与人之间相互沟通的新闻,一般不带有利害关系,仅把自己所看到或听到的新近变化或奇闻逸事向亲友转述,这类新闻的数量极大。人类发明了纸、笔和印刷术,使新闻传播的手段为之一变,出现了专门发布新闻的机构,最早是报纸,而后通讯社、广播、电视相继产生,新闻传播更加迅速。但由于任何新闻机构总是有其控制者,他们相互对立,各有利害关系,所以发布的新闻都是从万千事件中经过严格挑选并从自己的立场对事件加以解释,才予以发布的。发布的新闻不但只占每天发生事件的极小部分,而且不同程度地带有一定的政治倾向性(纯客观报道较少)。这样,信息和新闻信息就存在着三种状态:第一大环是每日发生的无穷无尽的自然界和社会的信息;第二环是人与人之间相互传播的新闻;第三环是新闻机构从每日万千新闻中挑选出来加以发布供广大受众接受的新闻。甘惜分提出的三环理论的意义,不仅在于区分这三者的不同性质,尤其在于打破发布新闻的起源混同于生物本能的旧观点,那种旧观点的实质是掩盖现代新闻界的倾向性。

甘惜分教授主持和指导舆论研究所近30年,是中国现代舆情调查和研究的开拓者。他领导实施的多次调查结果曾经受到党和国家领导人的关注和重视。著名的"首都知名人士龙年展望"调查及其发现,成为至今最有影响力的舆论调查和研判的成功项目。

四、人格魅力,学术勇气,理论胆略

甘惜分教授在他的一本著作的封底,写过这样的"自白":

我是一个平凡的人
没有引吭高歌和摇旗呐喊
却也难于沉默不语
生就一副犟脾气继续着自己的追求
不幸的是我搞了一门学问叫作新闻学
就是这样受命运的安排自投罗网
闯进这个"无学之学"的圈子里面来研究新闻学

人生之旅并不都是铺的红地毯
也有乱石堆云、惊涛骇浪
追逐名利而又想学术上有所成就
二者兼而得之只是一种幻想
科学是不能依靠权力与金钱占有的

这些"自白",令我们做弟子的深为老师的人格魅力、学术勇气和理论胆略所折服。每每温习老师的这些"自白",总难以忘却他在"文化大革命"前后不断被批判、被靠边、被关牛棚的经历,难以忘却他的一本名为《一个新闻学者的自白》的著作,奔走十年在内地不得出版最终只能到香港地区付梓的辛酸。

1996年元旦,甘老的博士们到他家聚会,大家提议,在他80大寿(是年4月17日)时出一本新集子,以志庆祝。老人欣然同意,而且立即动手,经过3个月已经编就,并在生日之前的4月15日写完"自序"。其中,甘老写道:

> 就我自己来说,由于长期受党的教育,又在新华社工作过10年,我的新闻思维方式开始是完全正统的,也可以说是官方的思维方式。我那些年之所以被不少朋友和学生称为正统派,不是没有原因的。但是经过最近40年的长期研究,对科学真理的追求,探索新闻的规律,再加上40年来中国各方面情况包括新闻工作情况的几次急剧变化,我的思维方式逐渐向第二种思维方式转移,即向严格的科学思维方式转移。这一转移令我自己吃惊,也使一些朋友和学生惊异:为什么在中国共产党领导下革命几十年的一个老干部会发生如此巨大的思想转折?

> 回答是清楚的:认识真理是逐步的,有一个发展过程。我运用自己的独立思考,一步步向真理靠拢。我在《新闻论争三十年》一书的扉页上引用的马克思的话:"真理占有我,而不是我占有真理。"今天我仍然恪守这句箴言。

> 关于这本书的书名也煞费周折。最早想取名《在地狱的入口处》,是窃取马克思的思想,科学的入口犹如地狱的入口,我搞的这门新闻之学,到处都是雷区,有如地狱之门,在门外徜徉尚可,一深入堂奥,便可能触及禁条,知难而返。……而一门科学之未能触及核心,始终在门外徜徉,必不能致真理之精微。

可就是这样一本讲真话、求真理的新闻理论家的倾心之作,却没有一家出版社敢于出版。他们的理由是:文中有较多的批评,或者有较多的自我批评。而这些批评或自我批评可能触及当时的禁条。有的出版社竟然提出,如果我童兵敢签字,担保此书出版不会受到指责,他们就出版。甘老自己,我的师弟们,特别是王锋师弟,找了十几家出版社都没谈成,结果只好转到香港一家出版社出版。正应了甘老当初取书名的感觉:在地狱的入口处,而且徘徊了十年之久!

甘老自己对这本书的命运也感叹不已。他继 1996 年的自序之后,2000 年听说有出版希望了,又写了一个"又序",表示自己没有更多精力对全书文稿再作一次认真的修订感到遗憾,同时又进一步强调了这样一个见解:科学研究在于探索事物的规律。新闻的规律,一言以蔽之:扩大信息量,反映真实情况,反映时代真相,反映社会舆论状况,表达人民的舆论意志,引导人民思想健康。一切与此相反的方针和政策,我看都是不对的。

事实又一次让老师失望。又过了 5 年,希望再次降临,即可以到香港一家出版社付梓。为此,甘老又写了一个短序:再说几句话。他在其中说:"还要说明的是,这本书的内容,记录的是一个学术思想的历程,而不是一个人的回忆录。"正由于此,他表示对过去的文章一个字也不改,除非是错别字或技术上的差错必须改正之外,思想和学术观点完全不必改动。因为这些已成为一种历史的记录,就应该让它作为历史而存在,让读者对它作为一种历史产物认识和评判吧!

这本书所载的论文,的确让我们能够认识一个真实的甘惜分。他是一个真正的马克思主义者,是一个了不起的新闻理论家。他的论文和他的观点都是他真诚研究的结果。我们从这些论文中可以清楚地看到一个学者坚持真理、敬畏真相、修正错误、与时俱进的高贵学术品格。这里略举几个例子:

1979 年 10 月 10 日在中国社会科学院举行的中华人民共和国成立 30 周年学术讨论会新闻组会议上,甘惜分发言强调:报纸是人民的,是属于人民的,党报同时也是人民的报纸,应当充满人民的声音,应关心他们的疾苦,反映他们的喜怒哀乐,我们要为办好一张人民的报纸而努力奋斗。他还特别强调指出,长期以来我们都有一个指导思想,认为报纸的作用和力量,就在于它能使党的政策最迅速地同群众见面。这个思想是正确的,但并不全面。应当说,报纸的作用和力量,还在于它是人民的喉舌,把人民的声音形成一股巨大的舆论力量,对党、对国家、对社会产生一种监督力量。

1979年9月23日,甘惜分有个学术发言,提出要打破批评的禁区。他说,应当坚信,打破报纸批评的禁区,这是历史的必由之路,这是社会主义民主的必由之路,而且一般地说,这也是现代民主政治的必由之路。应当坚信,打破报纸批评的禁区,会立刻在我国政治生活中引发生机勃勃的反应,党的威信会更加提高,群众的政治热情会更加昂扬,社会风气会更加健康,不正之风将逐渐减少。如果说"孔子作《春秋》而乱臣贼子惧",我们对干部开展无私的批评也将使那些违法乱纪者、玩弄特权者、官僚主义者知所畏惧。干部作风正,则群众也将学习效法,目前我国人民深为忧虑的社会风气问题必将大为改观。

1991年甘惜分在香港中文大学召开的国际学术会议上发表了《争论有益于新闻科学的发展》的学术报告,后由香港友人译成英文在美国《交流》季刊1994年夏季号全文发表。在这篇长文中,他就新闻媒体的功能、党性与人民性的关系、掌握新闻规律、舆论导向与客观公正的关系、社会主义新闻自由、新闻批评、新闻指导性等七个问题作了长篇、详尽的分析与阐发。甘惜分指出,中华民族是一个具有悠久历史文化的民族,也是一个酷爱自由的民族。正因为酷爱自由,所以常在争论中表达自己的自由意志。争论不是坏事,而是好事。真理愈辩愈明,有如燧石相击,越打越亮。中国新闻界的历史,就是一部争论不休的历史。甘惜分评述了新闻界不断争论的问题,建构了自己的观念,表达了对这些争论问题的立场。应该说,这篇长文本身就是一个极好的又十分简洁的新闻若干理论的系统阐述,我们从中可以再次领略这位百岁新闻理论家的人格魅力、学术勇气和理论胆略。

五、言传身教培育新闻后辈

甘惜分教授1978年开始指导第一批硕士研究生时,已经62岁了。

他常对我们说,我们这辈人让一个又一个运动荒废了许多时光,现在要抓紧工作,把失去的时间补回来。这里,主要结合甘老指导我怎样做人为文,谈点感想。

1981年我硕士毕业时很想回老家找个学校教书,以便家人团聚和照看年迈的父母。甘老为了动员我留在中国人民大学任教,特地在星期天从城里赶到学校跟我谈心。他把我带到人民大学西门原新闻系所在的两层楼旁边,指着一个楼道说,"文化大革命"中有几个造反派就是在这里把系主任套上绳索拉下来的,现在新闻系的老师都有一股劲,要重新让新闻系焕发青春,可我们年纪都大了,需要你们这批小青年来接班。

甘老更多的是通过他的人格魅力,引导我们学会做人,学会做学问。这里简要记叙一点他同王中教授相处的情景。1980年5月,西北五报召开新闻学术研讨会,甘老带我一起赴会。这个会虽由西北五报召集,但因为是"文化大革命"后召开的第一次全国性学术会议,与会者有100多人,而且借兰州军区会堂举行,声势颇为浩大。报到时听说复旦大学的王中老师也到会,他便对我说,王中是你的老师(我毕业于复旦大学,但那时王中已不在新闻系任教),我想利用这次开会的机会,向他当面表示道歉,因为我在1957年"反右派"时批判过他,说过一些不该说的话。当天晚上,肖华将军到甘老房间看望他,甘老和肖华在延安时相识,甘老向肖华也谈到第二天准备向王中道歉的想法,肖华表示支持。谁知第二天正式开会时安排几位长者致辞,王中老师讲话时谈到当年被打成"右派",说有几个人批判过他,会场上就有一位。当时搞得甘老十分尴尬,但他会后还是同王中见了面,诚恳地说,我们之间的新闻观点,是可以争论一辈子的,但是1957年我对你无限上纲,现在向你当面道歉。事后,甘老在一篇文章中还写道:我对王中欠了债,我决不赖账,而是在众目睽睽之下公开认账。他还说过,王中同志的不幸,就如同其他各条战线敢于直言的同志一样,要你无声你却偏要说话,撞到了大鸣大放诱敌深入这个枪口上,倒下了。这不只是个人的不幸,而是民族的不幸,国家的不幸,党的不幸。这个历史教训,千万不可忘记。后来他还对我说过,1957年我写过两篇文章批判过王中,我不是赶浪头,而是发自内心深处的思想分歧。据我分析,这可能是我们之间所处环境和所受教育不同造成的。1988年他去上海调研,还专程到王中府上探视。回京后他对我说:"你老师身体太差了,我很担心。"1994年12月他刚从国外归来,听到王中逝世,遥望南国,不禁黯然神伤。问我,有人写了悼念文章没有,我回说没见到,他当即说:"我写一篇。"不久他写的悼文《满怀凄恻祭王中》发表在上海《新闻记者》上。甘老这种光明磊落、胸襟开阔的品格,深深地教育和感染了我们这些学生。在这样的导师带领下,耳濡目染,我们怎么会不进步?

对我这样的"老学生",甘老不仅政治上开导、学术上指点,连健康、作息、营养各个方面都严格检查、细心关照。有一次学院组织外出秋游,家属可以同行,甘老对我夫人说:"童兵同志教学科研担子都很繁重,你要照顾好他,现在猪肉不贵,七八毛钱一斤,多买点给他补补。"我夫人笑着说:"甘老,你这是'乾隆年间'的价钿了,不过你放心,我会照你的话去做的。"顺便在此提一下,甘老前些年的起居饮食全由师母文老师精心照料,甘老完全不必为家务事操心,"油瓶倒了老甘都不会扶一下"(师母语)。师母也是参加革命工作多年的干部,又在革命历史博物馆任职,但对我们这些学生十分关爱。她还烧得一手好菜,我们都特喜欢吃她烧的饭菜,尤其是那个陈皮牛肉,现在想起来都不免流口水。可惜师母不幸于1995年8月21日因心脏病猝死。甘老在一本书的后记里对师母有一段深情的回忆。

就此打住吧,文章够长的了。愿我们的老师、新闻学界泰斗甘惜分教授身体健康,永远健康,用他自己的话说:"我要争取活到120岁!"

(写于2015.2.7—9)

(注:本文引用的甘惜分教授的文字,全部摘自他的著作,恕不一一注明,请读者海涵,并向甘老表示由衷的谢忱。)

马克思主义新闻理论的坚守与创新*

在当今世界,马克思主义新闻理论无疑是最有指导价值和影响活力的新闻理论。为此,从理论与实践的结合上努力推动中国特色社会主义新闻理论建设,坚守马克思主义新闻观,在学习和借鉴西方国家新闻理论时坚持消除不适合中国现实需要的观念、范式和方法的影响,在当前具有突出重要的意义。

一、马克思主义新闻理论的渊源

马克思主义新闻理论主要有三个渊源。其一是马克思主义基本理论,特别是科学社会主义学说。马克思主义新闻理论创立之前,已有一定的基本理论积累。比如空想社会主义学说中关于新闻及传播的论述,早期空想社会主义者对精神交往的必要性与重要性的讨论,法国空想社会主义者关于舆论和宣传的观点,圣西门、傅立叶和欧文三大空想主义者的诸多关于新闻的探讨和丰富的报刊工作经验,都为马克思和恩格斯创立马克思主义新闻学提供了极其宝贵的思想资料。马克思、恩格斯、列宁、毛泽东、邓小平直到习近平,由他们直接构建和发展的马克思主义新闻理论,后人不断吸收前人的精神劳动成果,并结合当时时代的新经验和新分析,把马克思主义新闻理论的发展推向深入和广泛。

其二是马克思主义经典作家各自所在国文化的养分,浸润和滋育着

---

* 本文原刊于《新闻爱好者》2016年第10期。

马克思主义新闻理论的发展。马克思和恩格斯参加了青年黑格尔派的哲学—政治运动。这场"空前的革命"不仅席卷一切"过去的力量",也为他们新闻理论的转化提供了新的动力。列宁生活在两个时代、两个世纪的交错点上,他受到十二月党人、民粹主义等思潮的影响,最后迈过这些思想,提出了适合俄国国情的新闻理念。毛泽东从"一定的文化是一定社会的政治和经济在观念形态上的反映"的理念出发,对当时中国的文化进行了全面的反思和分析,提出了新民主主义文化的新理念。在广泛的阅读生活中,以儒学为代表的中国传统文化对毛泽东的影响最广泛、最持久。湖南这一片洋溢着湘学士风的土地,也给毛泽东以极大的乡土文化的影响。湖南学风远届屈子,中经贾谊,后到周敦颐、王船山、魏源、谭嗣同,千百年淀积,世代人发扬。湖南又历来推崇士学,兴办书院。重内圣之道的理学同重外王之术的实学并举,在湖南交织扎根。到了晚清,形成以推崇性理哲学,强调经世致用,主张躬行实践为基本特征的湘学士风。这些,对毛泽东一生的思想及新闻理念的建构有直接的影响。

其三是长期丰富深刻的新闻实践经验的理论总结。马克思和恩格斯是无愧于"报刊活动家"称号的。他们的一生都没有离开过报刊工作。恩格斯在马克思的葬礼上说:"斗争是他得心应手的事件,而他进行斗争的热烈、顽强和卓有成就,是很少见的。最早的《莱茵报》(1842年),巴黎的《前进报》(1844年),《德意志—布鲁塞尔报》(1847年),《新莱茵报》(1848—1849年),《纽约每日论坛报》(1852—1861年)……"[①]直至马克思逝世前夕,还在关注着祖国的党报《社会民主党人报》。在他身后,留下了上千斤各国出版的报纸。恩格斯的名字也是同一连串报刊紧紧联在一起的。他是《新莱茵报》、《新莱茵报·政治经济评论》的编辑,是《德意志电讯》、《知识界晨报》报刊的撰稿人,是《莱茵报》、《北极星报》的通讯员,是《派尔—麦尔新闻》、《军事总汇报》等报刊的专栏作家,是各国社会主义报刊和党报的指导者。直到逝世前几天,他还询问奥地利《工人报》的出版情况,在勤勤恳恳的"笔头工作"中度过了光辉的一生。

---

① 《马克思恩格斯全集》第19卷,人民出版社1963年第1版,第375页。

列宁是继马克思和恩格斯之后，世界无产阶级又一个报刊活动大师。在各个时期的职业调查表上，列宁都填写"著作家"、"新闻记者"、"政论家"。十月革命以后，第一次全俄新闻工作者代表大会选举列宁为名誉主席。以后，按照传统的做法，每年苏联新闻工作者协会颁发的第一号记者证永远属于列宁。列宁一生都没有脱离新闻工作。他说，他幻想最多的是为工人写作，他最关注和最乐于从事的是报刊工作。他创办编辑的报刊达30多家，《火星报》、《前进报》、《无产者报》、《新生活报》、《真理报》、《社会民主党人报》、《曙光》杂志、《思想》杂志、《启蒙》杂志等都是列宁亲自创办或长期发表文章的主要报刊。列宁一向认为会晤来访者和在工人集会上发表演讲具有巨大意义，然而当他为工人报刊撰写文章时他却说："无论是做专题报告，还是参加群众集会，我现在都不能去，因为我每天都要给彼得格勒的《真理报》写东西。"①

同列宁相似，毛泽东从早期研读报刊开始，到后来成为卓越的报刊活动家，积累了极其丰富的经验，发表了大量新闻作品和报刊工作论著。这些成果，成为毛泽东新闻思想的前期基础。据不完全统计，在整个新民主主义革命时期，毛泽东就新闻与宣传工作所发表的论述、指示、谈话，仅收入《毛泽东选集》第1至4卷的，就有120多篇。在抗日战争和解放战争时期，他为新华社撰写和修改的新闻稿和评论文章，超过200篇，其中以新华社社论、评论形式收入《毛泽东选集》三、四卷的共18篇。新中国成立以后，毛泽东继续以许多精力指导报纸、通讯社、电台和电视台工作，仅收入《毛泽东新闻工作文选》的有关新闻工作的论述，就有20余篇。他本人在日理万机之际，还常常撰写新闻稿件和评论，并修改了大量稿件。比马、恩、列、斯幸运，毛泽东1918年至1919年在北京大学图书馆工作时，曾经参加北京大学新闻学研究会，系统地听取徐宝璜主讲的新闻学基本理论和邵飘萍主讲的新闻采编业务知识，这使他得以有机会全面了解新闻学的理论与业务，日后在同党的新闻实践的比较分析中逐渐形成自己的新闻思想。

---

① 《列宁文稿》第6卷，人民出版社1977年第1版，第424页。

中国共产党的各个历史时期领导人都高度重视新闻宣传工作，亲自参加和领导新闻宣传工作。长期和丰富的新闻宣传实践，为他们有中国特色的马克思主义新闻观的形成和发展，提供了重要的实践条件。

总之，相应的经济政治动因，厚实的文化教育背景，长期的新闻宣传工作经验，加上空想社会主义者几辈人的历史积累，是马克思主义经典作家形成和发展马克思主义新闻理论不可缺少的时代条件和物质基础。

二、马克思主义新闻理论的发展

马克思主义新闻理论的发展，首先得益于170多年来马克思主义经典作家同封建政府和资产阶级政府以及资产阶级办报思想的斗争。

这种斗争，首先是从马克思和恩格斯开始的。19世纪30年代末40年代初，德国正处于资产阶级革命的前夜，争取民主和自由的斗争开始高涨，关于普鲁士的出版状况和争取出版自由的斗争，显得特别糟糕和尖锐。因为当时的新闻出版界，处于封建专制的高压之下。马克思称这一时期的德国报刊是"晚刊阶段"、"精神上的大斋期"，惨淡经营的德国报刊只是德国社会星星点点的"沼泽地上的磷火"。他指出，在德国，新闻出版界堕落了，德语已不再是思想的语言了，精神所使用的话语是一种无法理解的神秘的语言，"因为被禁止理解的事物已不能用明白的言语来表达了"。恩格斯对当时形势的分析同马克思不谋而合。他说："书报检查的压制在普鲁士竟束缚了这样巨大的力量，只要把这种压力稍微减轻些，就会产生无比强大的反作用。普鲁士的舆论愈来愈集中在两个问题上，即代议制和出版自由，特别是后者。不管国王怎样，首先要他给予出版自由，而出版自由一旦争得，再过一年必然会争得宪法。如果实行了代议制，普鲁士下一步将怎样发展，那就很难预料了。"[①]

正是由于对封建专制统治的不满与反抗，使得马克思和恩格斯的新闻理论的第一个话题：出版自由思想得以形成发展，并进一步培育出新闻理论的各个重要观念。马克思说，出版自由不能出于等级的行会的见解，

[①] 《马克思恩格斯全集》第1卷，人民出版社1996年第1版，第543页。

而应该从市民群众的需求构建对出版自由的基本观点。这是马克思在出版自由问题上的第一次转变。接着,他强调出版自由在政治民主权利中的地位和作用。他说,自由是全部精神存在的类的本质,是人的本质的体现。他开始提出用新闻出版自由法代替书报检查法的主张,他说:"应当认为没有关于新闻出版的立法就是从法律自由领域中取消新闻出版自由,因为法律上所承认的自由在一个国家中是以法律形式存在的。"①值得重视的是,马克思在这里第一次明确提出了法律自由和人民自由的概念。这是对卢梭等资产阶级启蒙思想家学说的继承和发展,显示出马克思为人民争取新闻出版自由的倾向。在论证"自由报刊的人民性"的过程中,马克思的这种进步倾向处处可见,他对新闻理论的认识也步步深入。

在反对形形色色机会主义路线错误的过程中,马克思和恩格斯的新闻理论有了一个又一个重大的发展。19世纪70年代工人政党开始普遍诞生,不少政党活动家在反对无政府主义等思想中,把党报看作政党存在的标志,看作联系工人群众的组织中心和思想中心。在这种情况下,马克思和恩格斯开始提出自己的党报思想。这些思想主要有:每一个社会主义的报刊都是第一国际的中心,是党的中心;工人阶级有觉悟的组织迅速发展的最好证明,就是它的定期报刊数量的不断增加;每一张党的报刊的出版,总是意味着党大大地向前发展了。这些观点的提出,标志着马克思主义党报思想初步形成。这一思想的形成,既是他们对一系列党报工作经验进行理论总结的结果,又是反对形形色色的机会主义办报方针的结晶。他们先后同拉萨尔主义、英国工联主义、巴枯宁主义、杜林主义等进行艰苦的有效的斗争,在一系列批判、分析机会主义办报路线的论战中,发展自己的党报思想。

马克思和恩格斯还在指导党报工作,特别是引导党报实施监督批评党的领导集团的斗争中,发展自己的党报思想和新闻理论。这其中,他们首先总结了党报的性质,他们用"党的武器"和"党的阵地"来表征党报的性质。其次,他们总结党报具有的三大使命是:阐述党的政治纲领,监督

---

① 《马克思恩格斯全集》第1卷,人民出版社1995年第2版,第175页。

党的领导集体,用科学原理武装工人。

同马克思和恩格斯有相似的一面,又有自己的特点,列宁在发展马克思主义新闻理论方面,突出地结合社会主义建设的伟大实践,有所突破和创新。列宁对报刊在新的历史时期性质和功能的变化进行积极探索,获得了对社会主义时期新闻传播规律的新认识。为使布尔什维克和苏维埃报刊能够紧跟历史潮流的变动,为国家和党的工作重心的转移提供必要的信息资源和舆论支持,列宁首先强调报刊必须坚定不移地坚持一个原则,那就是"以生产为中心"。他强调,报刊应该成为社会主义建设的工具。此外,列宁还就社会主义出版自由、无线电广播、共产国际报刊宣传的任务,提出了许多重要的理论观点和政策规范。

毛泽东是20世纪继列宁之后又一位杰出的马克思主义理论家和卓越的报刊活动家,他在发展马克思主义新闻理论方面也有重大的贡献。由于毛泽东新闻理论产生发展于世界的东方,产生发展于社会主义中国,有许多独特的内容和独特的表现形式,充满中国特色和中国风格。因此,毛泽东新闻理论是马克思主义新闻理论在中国的发展。毛泽东新闻理论的主要内容是:报刊是一定社会经济的反映;报纸的主要作用是迅速广泛地宣传党的方针政策;全党办报群众办报的方针;舆论一律又不一律新制度下舆论工作的方针;报纸宣传的策略与艺术;生动活泼新鲜有力的文风;政治家办报的方针。

随后几任党的领导者结合中国新闻舆论工作的经验和教训,有重点地发展了马克思主义新闻理论。邓小平结合改革开放大局强调新闻传媒在社会民主化法制化进程中的功能与作用。江泽民针对北京风波强调社会舆论的表达与引导。胡锦涛针对党风建设的弊端提出新闻报道以人为本的方针。习近平关于新闻舆论工作一系列方针政策的调整举措,把中国特色社会主义新闻理论建设与创新,切实有效地推向前进。

第二次世界大战以来,当代全球马克思主义者在欧洲北美等国结合资本主义国家的新特点和国际共产主义运动的新发展,对马克思主义新闻理论进行了较为深入的探索,提出了一些有意义有创见的新观点和新见解。这些观点和见解有待同社会主义国家的新闻理论工作者进行广泛深入和坦率诚恳的交流与探讨。其中的一些新观点新见解,相信会对马克思主义新闻理论体系和研究方法,有新的积极的推动和发展。

三、马克思主义新闻理论面临的挑战和机遇

进入21世纪以来,马克思主义新闻理论面临着严峻的挑战和难得的发展机遇。

其一是20世纪最后十年苏联东欧亡党亡国的惨痛教训,使马克思主义新闻理论的生命力和权威性受到极大挑战。苏联东欧瓦解以后,亡党亡国(原先执政的无产阶级政党不复存在或性质有了极大改变)之痛使原先的社会主义国家传媒工作者对马克思主义新闻理论及这一理论指导下的新闻出版政策的正确性产生极大的怀疑,使他们放弃原先的新闻理论而另择其他理论和其他方法。继续坚持社会主义制度的国家的传媒工作者对于这种理论及方针也产生了不同程度的犹豫和动摇。

其二是20余年来互联网技术的迅速发展,新闻理论的部分内容被颠覆。马克思主义新闻理论的一些内容也不再适用。社会主义国家的传统媒体的生存与发展遇到极大困难。一些国家的信息安全和新媒体普及发展障碍重重,而防范举措又回天无力。

其三是进入21世纪以来,以美国为首的西方资本主义势力打压社会主义新闻传媒、对社会主义国家实行"和平演变"的新思路新举措新办法日甚一日,力度也越来越大。苏联东欧瓦解以后,美国停办自由欧洲电台,加强自由亚洲电台,各种和平演变中国的势力捏在一起,各种名目的反共活动层出不穷。从2000年以来,以"颜色革命"、"花朵革命"为代表的剿灭民族独立和社会主义运动的种种计谋接二连三施行。其中,以中国为假想敌人,以中国为斗争对象的阴谋和活动不断升级。

其四是利用中国改革开放之机,历史虚无主义、民粹至上主义,包括新闻自由等各种西方文化思潮进入中国,有代表性的西方新闻传播学著作没有分析和批判地在全国流传,在一些课堂和学术会议上个别西方传播学者散布反对马克思主义新闻理论的观点和言论。甚至某些人还别有用心地利用互联网散布不实信息,把正常的学术研讨引向错误方向。

以上四个方面的挑战,影响马克思主义新闻理论的研究和发展,同时又是马克思主义新闻理论一个很好的难得的发展机遇。

第一,如果能够实事求是地、全面深刻地总结苏联东欧亡党亡国的教训,有助于我们在思想理论上很好地调整党和政府的方针政策,更加自觉地推进中国改革开放大业。特别是在经济体制改革的同时,切实有效地推进政治体制改革,使人民政权真正掌握在无产阶级手里,确保中国人民的江山千秋万代不变色。

第二,更加自觉地推动以互联网为核心的新媒体建设,既使我国的信息传播安全可靠,不为西方敌对势力所用,又使各类新媒体运作和信息传递高速顺畅;既使各级党委、政府和全国企事业单位能够广泛利用新媒体技术推进党务政务公开,又使各族人民对新媒体技术用得上、用得起、用得方便。

第三,抓紧意识形态工作的教育与管理,正确引领社会舆论,构建社会舆论表达和引导的新格局。从指导思想上提高认识,充分估计西方势力亡我之心不死的严重政治态势,从政策上把握西方文化准入规范,从工作上调整文化交流要求,切实把握好中外文化交流和新闻信息准入的要求与原则。

第四,要以新闻传播、文化艺术、教书育人三方面为抓手,重新审视新闻阅评的要求和分寸,做到不对有用的新闻亮红灯;文化艺术交流既重视艺术欣赏价值,又强调社会主流价值观;教书育人要重视指导教师的价值引导,不让宣扬西方社会价值观和资产阶级新闻观的课程及教材进课堂。

如果以上四个方面的工作得到重视和落实,并且坚持不懈,当前马克思主义新闻理论面临的挑战不仅可以有效应对,马克思主义新闻理论本身也将在有利条件下得到坚守和发展。

四、马克思主义新闻理论的坚守和创新

对于马克思主义新闻理论在当代的坚守和发展,建议要着重抓好以下几项工作:

第一,习近平在哲学社会科学座谈会上指出,对待马克思主义首先要

真信真懂，对待马克思主义新闻理论也是一样，必须真信真懂，不能假信假懂。否则，既不能坚守马克思主义新闻理论，也无法在实践中贯彻马克思主义新闻理论，更不能在马克思主义新闻理论同非马克思主义新闻理论交锋时自觉地捍卫马克思主义新闻理论。当然，也就更谈不上在实际中自觉地参与马克思主义新闻理论的创新发展。

要真信真懂马克思主义新闻理论，基本的要求是能够在理论同实践的结合上搞明白什么是马克思主义新闻理论，什么是非马克思主义新闻理论。同时要敢于把自己摆进去，敢于联系自己的思想实际和现实表现，对于弄明白的观点敢于坚持；对于一时没能搞明确的观点敢于承认，敢于进行自我批评，敢于否定这些错误的认识而去拥抱真正的马克思主义新闻理论，并在今后的更为广泛的实践中不断地吐故纳新，在不断地吸收和坚守发展中寻求马克思主义新闻理论的新成果、新方法。

第二，坚守马克思主义新闻理论，要敢于拥护和参与使马克思主义新闻理论中国化、时代化和大众化的探索和实践，令马克思主义新闻理论在"三化"过程中不断得到深化、本土化和掌握越来越多的民众。依笔者之见，这里所谓的"中国化"，即要求运用中国的新闻实践和学术语言，表达和阐述马克思主义新闻理论的基本原理、范畴、方法论。所谓的"时代化"，即要求我们所理解、把握和坚守的马克思主义新闻理论，能够全面展示当代全球和中国主流媒体的体制、机制和原理方法，能够完整吸纳当代各国新闻传媒运作的新经验和新成果，能够运用新兴媒体的思路、技术和方法，表达与阐明新闻传播的基本规律及传统媒体、新兴媒体融合发展的新成果。所谓的"大众化"，即要求这种理论既是大众新闻实践的理论呈现，又能够为民众的信息需求和沟通需求提供全方位的服务，一切媒体——传统媒体和新兴媒体的全部活动都坚持以人民为中心的工作导向。

在坚持马克思主义新闻理论"三化"过程中，当前要反对两种错误倾向：一是认为要求实现"三化"是实用主义和功利主义；二是认为以中国一己去取代全球实际，以点代面，不能反映新闻传播的基本规律。不反对和消除这两种错误倾向，马克思主义新闻理论就不能为当代中国的新闻实践服务,就不能为亿万人民群众服务,就不能紧密联系和服务于当代中国的社会发展。

第三,坚守马克思主义新闻理论,一定要善于正确认识和适应当前媒体生态的变化和信息传播的新特点。一种事物,一个人,要想在世界上存在并且发挥作用,必须及时发现客观生存条件的变动并认识这种变动的规律,必须采取相应的办法和政策以适应这种变动及变动的规律。马克思主义新闻理论也是这样。自20世纪90年代以来,尤其是进入新世纪以来,国际政治最大的变动莫过于苏联东欧的瓦解和这些国家政体改变及执政党的衰败。科学技术上最大的变动莫过于互联网在全球的普及和世界传播格局的重组。经济贸易上最大的变动莫过于中国作为世界第二大经济实体的崛起而打破原美苏两霸掌控全球的态势。在这种崭新的媒介生态下,马克思主义新闻理论如何坚守,如何继续指导社会主义国家新闻媒体的运作?值得我们认真思考和集思广益。

在新形势下正确认识新的媒介生态和新闻舆论传播的新格局,要集中智慧和力量做好两个应对:一是理性地善待媒介生态变化;二是从思想、政策和规范上善待媒体。

面对媒体生态新变化,执政党要主动应对,不能怨天尤人,不能一味堵塞,而要以主要精力思考和克服执政方针的某些弊端、新闻政策的某些不足。只有这样,马克思主义新闻理论才有坚守的空间和施展引导力的空间,马克思主义新闻理论自身也才有不断完善、不断拓展的空间和内力。

面对媒介生态变化的外部条件和新媒体自身发展的内部特点,执政党要根据新形势和新特点,切实做好善待媒体、善用媒体、善管媒体的工作。

善待媒体,要平等对待传统媒体和新兴媒体,确保不同媒体享有相同的生存条件,包括新闻生产、流通、销售、税收以及新闻来源提供等。除机关媒体享有法律保障的个别条件外,在获得新闻来源、新闻生产设施、媒体工作者政治待遇等方面,对不同媒体均一视同仁,公平对待。

善用媒体,要根据新闻传播规律和新兴媒体规律使用媒体。要让政府、执政党和广大人民群众,都依法享有使用媒体的权利。执政党和政府要彻底克服主观随意性,不顾新闻传播规律指挥媒体做这做那,损害新闻舆论传播的客观性、真实性、公正性、全面性。要充分讨论通过新闻媒体的运行规律,不以新闻信息安全为借口,随意封堵信息来源,对网络的信息收集和传送随意干预。

善管媒体,要依法对新闻媒体进行管理和监督。对于传统媒体和新兴媒体运作的各个环节,没有管理法规的要抓紧制定,已有法规不完善的要抓紧修改补充。所有这些媒体管理法规,要尽可能地同国际接轨,不政出偏门、法出偏门。在执法过程中,要宽紧适当,并尊重新兴媒体的一些新特点,执法量刑要充分考虑新兴媒体行业的人员构成和传播技术特点。

善待媒体、善用媒体、善管媒体方针的执行,特别要注意媒体运作同媒体生产者的关系,对媒体工作人员要有人格的尊重和人性的关怀。这一点,根据以往多年的教训,我们当千万小心和千万慎重。只有这样,才能使媒体工作者立场鲜明又心情舒畅地去学习、把握和执行马克思主义新闻理论,用理论去有效、正确地指导实践。

第四,这里有必要特别强调,坚守马克思主义新闻理论,必须坚定不移地坚持以人民为中心的工作导向。从根本上说,贯彻马克思主义新闻理论用以指导当代新闻传媒的生产流通和消费,完全是为了更好地造福人民,满足人与人之间信息沟通、意见交流和情感融汇的需求。这里,要正确地处理好服务政府与服务民众,媒体盈利和造福民众的关系。

媒体必须依法为政府服务,为执政党服务,特别是机关媒体,其由政府或执政党出资举办,由政府或执政党派员主持,理所当然地应为政府或执政党服务,充当其忠实喉舌。但媒体以广大民众为受众,其传播的信息与表达的意见能否为民众接受与理解,是决定任何媒体传播是否有效、是否成功的关键。大多数媒体都是这样。即便是机关媒体,虽由政府或执政党出资,其资金也还是来自人民的纳税和其他投入。不仅如此,即便政府与执政党,其宗旨也是全心全意为人民服务,为人民办事。因此对于服务政府还是服务民众来说,我们的回答只能是一个:服务民众是第一位的,即便服务政府,归根结底还是要为民众服务。

在市场经济条件下，多数传媒应该争取盈利，一则可增加媒体再生产能力，减少生产成本，二则可以减少人民负担。但是确保媒体盈利和造福民众相比较，后者是第一位的，传媒盈利，说到底还是要为人民办事。

破解了上述两个问题之后，传媒工作坚持以人民为中心的工作导向，就有了基本保证。这样马克思主义新闻理论就有了说服力，就有了坚守的物质基础和思想保证。

马克思主义新闻理论，不仅要无条件地坚守，还要根据新的环境、新的条件和新的需求不断改革创新。创新是马克思主义新闻理论生命力之所在。根据当前中国媒体现状和新闻舆论工作实际，新闻理论的创新首先要求提出并论证新闻体制与机制创新的必要性与紧迫性。新闻理论在这个问题上应贡献理论支持和思路引领。

我国的新闻体制和机制，发扬马克思恩格斯和列宁开创的传统，继承我党自延安办报办电台办通讯社的做法，加上新中国成立以来多年的艰苦摸索，已有成熟的经验，也有深刻的教训。由于媒介生态的改变和国际新闻交流的新特点，一些体制的弊端和机制的低效逐渐暴露，亟待调整和改革。马克思主义新闻理论可以为这种调整和改革提供学理上的论证和指导。还有一些涉及体制机制的重大问题，如体制构建的多样性，如现行宪法规定的公民享有出版自由，民间能否创办报刊？20世纪50年代规定的党报不得批评同级党委的禁令，在新时代能否突破？新闻理论应提供公开讨论甚至试点的平台。

马克思主义新闻理论的发展创新需要提倡和保护敢破敢立、勇敢探索的精神。创新是新的进取、新的提升、新的开拓，没有任何经验可以借鉴，事先也不会有任何保险举措，唯一可依凭的，就是马克思主义新闻理论的基本原理和基本方针。所以，我们要允许改革者试错，要给改革者以全面有力的支持。对于改革者来说，要下功夫深入实际搞好调查，切实掌握创新的全部依据和完备的数据，然而更重要的是，最牢固地把握马克思主义新闻理论全部要旨，既反对教条主义，又反对实用主义，用马克思主义新闻理论指导改革创新发展，又用改革创新发展的新成果丰富马克思主义新闻理论。这是新闻舆论改革者和新闻理论研究者的哲学，又是不断奋进发展的动力。

五、在学科体系构建中推进马克思主义新闻理论建设

习近平在哲学社会科学工作座谈会上提出，当代中国的伟大社会变革，不是简单地延续我国历史文化的母版，不是简单套用马克思主义经典作家设想的模板，不是其他国家社会主义实践的再版，不是国外现代化发展的翻版，不可能找到现成的教科书。我国哲学社会科学应该以我们正在做的事情为中心，从我国改革发展的实践中挖掘新材料、发现新问题、提出新观点、构建新理论。这同样也应该是马克思主义新闻理论今后发展与创新的方向和原则。

在我国的哲学社会科学体系中，新闻学是具有支撑作用的学科，又是同新兴学科如互联网等新媒体有密切联系的学科，还是同许多其他学科如哲学、美学、伦理学、管理学等交叉发展的学科。在这样的学术发展进程中，新闻理论作为新闻学的基础部分，应该站得更高，看得更远，把握得更全面更深入。

习近平强调指出，学科体系同教材体系密不可分。新闻学作为一门党性和实践性都十分强烈的学科，新闻理论既要坚持党性，又要突出反映实践、指导实践、服务实践的鲜明的实践性。这一特点规定了新闻理论的教材建设十分重要。新闻理论的教材建设搞好了，新闻学的学科体系才会有新的提升和新的拓展。

习近平还十分重视哲学社会科学发展中的话语体系建设。他要求善于提炼标识性概念，打造易于为国际社会所理解和接受的新概念、新范畴、新表述。这个任务，也是马克思主义新闻理论的重要使命。新闻理论建设的坚守和创新，也包括对马克思主义概念、范畴、表述的坚守和创新。

总之，马克思主义新闻理论的发展，应该从哲学社会科学学科体系的高度，从新闻学学科建设的高度，切实抓好理论教材和学术话语建设入手。这样，马克思主义新闻理论的坚守和创新就有了明确的方向、清晰的路子，就一定会取得更加辉煌的成果。

试析马克思主义新闻观的哲学基础[*]

哲学的根本问题是思维和存在、精神和物质的关系问题。人们对自然界和人类社会的许多问题的基本认识,都以一定的哲学理念为依据和出发点。马克思主义新闻观也不例外,它以马克思主义哲学作为自己的认识工具和方法论原则。

马克思主义经典作家分析一切社会现象的基本方法,是从社会生活的各种领域中划分出经济领域来,从一切社会关系中划分出生产关系来,并把生产关系当作决定其余一切关系基本的原始的关系。马克思主义经典作家从这一基本的社会结构框架出发,考察新闻传播事业在社会生活中所扮演的角色,发现新闻传媒的特征和功能,认识新闻传媒生产、发展及演进的规律,论证新闻信息和媒介意见的社会作用。

马克思主义新闻观以辩证唯物主义和历史唯物主义作为自己的哲学基础,在长期的新闻传播实践中检验和强化自己的真理性,克服片面性,不断地走向完善和深化,从而显示出无穷的生命力和巨大的战斗力。

下面,我们从五个方面简略分析马克思主义新闻观的哲学基础。

一、从事物联系的普遍性考察人类社会交往的必要性

马克思主义哲学指出,宇宙是各种事物相互间普遍联系的总体。人类社会是由人类个体构成的有机整体,各个个体的相互联系和相互交往

---

* 本文原刊于《南京社会科学》2016年第1期。

是人类社会得以存在和发展的最重要的前提。人类首先离不开在物质生产基础上的交往活动。人类社会作为一种物质存在物,必须以空间上诸多个体的共同活动和时间上诸多个体的连续活动为条件,这种社会个体的活动的互动性和连续性,正是事物有机联系的普遍性和客观性的反映。所以马克思说:"社会——不管其形式如何——究竟是什么呢? 是人们相互作用的产物。"①

人类就是在这种物质关系中进行着各种交往活动,其中包括极为重要的精神交往。人类个体间的精神交往是相对较为远离生产劳动过程的交往形式,它在很大程度上超越了直接的生产过程和经济利益关系,但它始终不会脱离物质活动和经济利益。马克思和恩格斯指出:"思想、观念、意识的生产最初是直接与人们的物质活动,与人们的物质交往,与现实生活的语言交织在一起的。观念、思维、人们的精神交往在这里还是人们物质关系的直接产物。"②

随着人类社会的进步和生产力的发展,特别是物质利益同精神生产分离后,人们的精神交往具有独立的形式和自身的特点,并对物质生产的方式产生一定的反作用。这正是客观世界中各种事物交互运动复杂多变特性的反映。所以马克思指出,精神活动呈现在人们眼前的,是一幅有种种联系和相互作用无穷无尽地交织起来的画面,但即便是在这种情况下,精神交往仍然不可能摆脱物质生产和物质利益。马克思强调了这样一条马克思主义基本原理:"物质生产的生产方式制约着整个社会生活、政治生活和精神生活的过程。不是人们的意识决定人们的存在,相反,是人们的社会存在决定人们的意识。"③

马克思主义经典作家不仅重视人们进行精神交往的必要性,而且强调要为人们实现自由的精神交往提供各种保障。马克思和恩格斯提出:"既然人的性格是由环境造成的,那就必须使环境成为合乎人性的环境。既然人天生就是社会的生物,那他就只有在社会中才能发展自己的真正

---

① 《马克思恩格斯选集》第 4 卷,人民出版社 1995 年版,第 532 页。
② 《马克思恩格斯全集》第 3 卷,人民出版社 1960 年版,第 29 页。
③ 《马克思恩格斯选集》第 2 卷,人民出版社 1995 年版,第 32 页。

的天性,而对于他的天性的力量的判断,也不应当以单个个人的力量为准绳,而应当以整个社会的力量为准绳。"①马克思还专门谈到思想自由对于精神交往的意义。他说:"只有在人们思维着,并且对可感觉的细节和偶然性具有这种抽象能力的情况下,才可能有人与人之间的社会关系。"②

马克思主义经典作家不仅重视社会制度对于保障言论出版自由的重要意义,而且十分强调传播技术对交往活动的巨大作用。马克思和恩格斯指出,工人"斗争的真正成就并不是直接取得的成功,而是工人的越来越扩大的联合。这种联合由于大工业所造成的日益发达的交通工具而得到发展……中世纪的市民靠乡间小道需要几百年才能达到的联合,现代的无产者利用铁路只要几年就可以达到了"③。

总之,事物联系的普遍性决定了人与人之间精神交往的必要性。正是人们的精神交往,激活了社会新闻信息的流动。捍卫新闻信息传受的自由权利,成为争取普遍人权的早期目标。为维护和发展人们交往的权利和条件,不仅要建立方便交往的制度,而且要为保障和优化交往活动不断地发展传播技术。

事物之间联系的普遍性这样一个基本的马克思主义哲学原理,对新闻传播活动和党及国家新闻政策的制定,对当前正在全面深入进行的政治体制改革和新闻改革,应该有很大的启迪和有力的引领作用。

其一,各级党委、政府和广大干部,各类新闻传媒及其主管部门,要充分尊重和敬畏包括知情权、表达权、参政权、监督权在内的基本人权,要为不断扩大和完善"四权"深入地无畏地去改革政治体制和新闻传播体制。世界大事、国家大事、地方大事必须有法制和政策为保障,充分地让人民群众知晓。国家和政府的重大决定,也同样要在法制和政策的保护下,经人民群众充分讨论和最后定夺。只有这样,全国上下、大江南北、各行各业、干部群众才能真正实现上情下达、下情上达、下情互达。

其二,要对新中国建立以来制定颁布(或内部实行)的妨碍人与人之

---

① 《马克思恩格斯全集》第2卷,人民出版社1957年版,第167页。
② 《马克思恩格斯全集》第47卷,人民出版社1979年版,第255页。
③ 《马克思恩格斯选集》第1卷,人民出版社1995年版,第98页。

间沟通交流的政策、规定、法规进行比较彻底的清理和废止。对于国家机密、政党机密和其他机密的立法及相关规定,要根据当前全球形势全国形势的新变化,对照世界多数国家的新发展,进行必要的修订,争取在一个不太长的时间里,同国际多数国家的相关规定和做法接轨。要抓紧做好相关规定的修订,尽早批准实施国际人权公约有关公民政治权利和民主权利的条约。

其三,要在发展经济增加国民收入的同时,尽快尽多地减少公民用于沟通交往的成本,减少资讯消费收费,进一步扩大收视收听公共传播的群体和地区,切实加快传统媒体与新兴媒体融合的步伐,切实提升媒体融合的效果,切实保障广大人民群众享受到改革开放和新闻改革的实惠和好处。凡是同扩大民众沟通交流相关的电子产业、电信产业、传媒产业,必须坚定不移地把社会效益放在第一位,国家和政府应该为此不断地加大必要的投入。

以上三项工作切实做到、做好了,相信中国人民的相互联系、沟通、交流必定会有根本的改观,并提升到一个新的水平。

二、从存在决定意识规律认识新闻传播的本质

辩证唯物主义认为:"人脑是思维的器官,但不是思维的源泉。意识是人脑的机能,但是光有人脑还不能产生意识。人们只有在社会实践中同外在的客观世界打交道,使人脑和其他反映器官同客观世界发生联系,才会产生意识。"[1]正如马克思所说:"观念的东西不外是移入人的头脑并在人的头脑中改造过的物质的东西而已。"[2]恩格斯也说:"我们自己所属的物质的、可以感知的世界,是唯一现实的;而我们的意识和思维,不论它看起来是多么超感觉的,总是物质的、肉体的器官即人脑的产物。物质不是精神的产物,而精神本身只是物质的最高产物。"[3]

承认外部世界及其在人脑中的反映,是唯物主义认识论的基础。新

---

[1] 肖前、李秀林、汪永祥:《辩证唯物主义原理》(修订本),人民出版社1991年版,第134页。
[2] 《马克思恩格斯选集》第2卷,人民出版社1995年版,第112页。
[3] 《马克思恩格斯选集》第4卷,人民出版社1995年版,第227页。

闻传播活动是人们有明确目的和动机的社会行为，是人们认识外部世界和反映外部世界的意识活动。新闻作品，作为观念形态的东西，是人们反映和评论外部世界的产物。因此，新闻传播者的新闻传播活动，对于客观存在的东西，对于外部世界，有着绝对的依赖性。新闻传播的客体，主要是人们丰富多彩的社会实践活动，新闻传播者和他们的新闻传播活动对于人们的社会实践，有着直接的依赖性。没有外部世界，离开人们的社会实践，新闻传播活动就失去了反映客体和报道依据，新闻作品就成了无本之木、无源之水。

一部新闻传播史表明，新闻传播的本源乃是物质的东西，是事实，是人类在与自然的交往中和在社会生活中所发生的事实。新闻是事实的报道，事实是第一性的，新闻是第二性的，客观事实在先，新闻报道在后。新闻报道总是带有这样或那样的性质，比如重要性、新鲜性、趣味性等等，这些"性质"是从哪里来的？是由什么东西决定的？它们是由新闻所报道、所反映的事实自身决定的。事实决定新闻的种种"性质"，而不是"性质"对于客观事实或新闻报道有什么决定作用。当然，不同的社会制度，新闻传播者不同的价值取向，会影响事实的取舍和对这些事实所含性质的表现，但事实及其所含有的性质是根本的，是第一性的。马克思在谈到报刊的本质时指出："自由报刊是观念的世界，它不断从现实生活中涌出，又作为越来越丰富的精神唤起新的生机，流回现实世界。"[1]

新闻报道作为新闻传播者这个行为主体反映客体即外部世界的产物，同客体本身是不一样的，新闻传播者的意识活动及其产物新闻作品，使物质状态的客体变成了精神状态的观念成果。所以马克思曾经这样论述："正是由于报刊把物质斗争变成思想斗争，把血肉斗争变成精神斗争，把需要、欲望和经验的斗争变成理论、理智和形式的斗争，所以，报刊才成为文化和人民的精神教育的极其强大的杠杆。"[2]出于对报刊等新闻传媒这种极其重要的社会功能和特点的深刻认识，马克思主义经典作家向来看重新闻传媒在意识形态领域的独特地位和巨大作用。

---

[1] 《马克思恩格斯全集》第1卷，人民出版社1995年版，第179页。
[2] 同上书，第329页。

由于意识对于存在的相对独立性和意识主体的个体主体性,马克思主义经典作家在论述意识与存在的相互关系时还指出,人的社会实践不但为意识提供现实的对象和内容,而且也为意识提供现实的主体。作为意识主体的人,他们只有在认识和改造外部世界的社会实践中,才能在实践活动和意识活动两个方面同时成为同周围环境既对立又统一的活生生的主体。"在对象化的实践活动中,人们既不断地再生产着外部的对象世界,同时也不断地再生产着全新的主体即人自身。同时,实践的物质活动还为人们的意识活动提供了越来越广泛和重要的认识工具。"[①]所以马克思指出,生产不仅为主体生产对象,而且也为对象生产主体。在新闻传播活动中,新闻传播者不仅生产新闻作品,也为新闻作品培育读者、观众和听众,同时,也为从事这种新闻生产培育着新闻工作者自身,为新闻生产的再生产和扩大生产培育着更多、更优秀的新闻传播者。这就是意识活动的能动性。

意识对于存在的能动性还表现在,人们在从事一件实际工作之前,先有明确的计划和设想,然后根据这些计划和设想去创建新的客观世界。毛泽东说,"一切事情是要人做的","做就必须先有人根据客观事实,引出思想、道理、意见,提出计划、方针、政策、战略、战术,方能做得好。思想等等是主观的东西,做或行动是主观之于客观的东西,都是人类特殊的能动性。这种能动性,我们名之曰'自觉的能动性',是人之所以区别于物的特点"[②]。

意识活动对于外部世界的能动性的实现是有条件的。意识主体要懂得和尊重客观规律,从现实可行的条件出发,并且具有勇敢进取、百折不回的意志和毅力,把革命热情和科学态度结合起来。马克思主义经典作家谈到新闻传播者发挥反映和推动社会历史进程的作用时,一方面要求新闻传播者客观公正、实事求是地认识和反映现实世界,另一方面又要求社会为新闻传播者创造良好的传播环境,提供切实有力的制度支持。

存在决定意识这一唯物主义原理,从根本上规定了新闻传播者对于

[①] 肖前、李秀林、汪永祥:《辩证唯物主义原理》(修订本),人民出版社1991年版,第152页。
[②] 《毛泽东选集》第2卷,人民出版社1991年版,第477页。

客观事实与新闻报道两者关系的基本立场:先有事实,后有新闻。也从根本上规定了一切新闻生产的基本程序:先获知构成新闻的基本素材——事实,包括人、事、时间、地点、事件的前因后果,再通过各种信息符号的运用,构建和"复原"事实和事件,以新闻作品的形式再现给关注这些事实和事件的众多受众。

一切成功的新闻报道,一切优秀的新闻作品,都是老老实实、规规矩矩、认认真真、一丝不苟地按照认识论的这一基本要求去认知事实,按照新闻生产的基本规程去操作的结果。反之,一切失败的新闻报道,一切错误的甚至被受众唾弃的新闻作品,除了立场、观点、价值取向等原因,最根本的,就是违反了唯物主义认识论原理,违反了先有事实后有新闻这一新闻生产的基本规程。

为此,为了坚持唯物主义认识论原则,排除和克服违反新闻生产规程的种种主客观因素,我们特别要坚持以下四点基本要求:

其一,对构成新闻的基本要素,对构成新闻传播和新闻作品的基本事实,新闻传媒和新闻传播者应持有敬畏之心,要毫无私心杂念地恪守几百年来新闻界始终不渝的新闻职业道德:为社会和公众生产真实、客观、公正、全面的新闻作品。其中,要特别强调和实践这样的理念:真实报道新闻是一切新闻传媒立足之本,是一切新闻作品的生命,是每个新闻传播者最重要的品格。

其二,把提供真实、客观、公正、全面的新闻报道作为每个新闻传媒和新闻传播者的基本功,真正把每个新闻传媒机构建成专职的调查研究机构,使每个新闻传播者成为名副其实的调查研究工作者。在新闻传播机构和整个新闻界,应造成这样的共识和舆论:造假的新闻传媒是最差的新闻传媒,造假的新闻记者是完全不称职的新闻传播者,要让这种传媒关门,让这样的记者下课。

其三,新闻界最来不得半点唯心主义和教条主义。要在新闻界形成这样的理念,构建这样的新闻运作机制:不唯上,不唯书,只唯实,一切以客观事实是从,一切从事实出发。为此,要从更广泛的角度考察,要在全国逐渐形成这样的风气甚至制度:主管部门不再过细地干预传媒报道什么不报道什么,传媒主管不再干预记者对事实的选择和对事实的细节提出不切实际的要求。进一步争取在全国传媒引进海外传媒长期以来的成功做法:记者只对事实负责,传媒负发表的责任。

其四,通过舆论鼓励传媒和记者讲真话,通过制度保护传媒和记者讲真话,通过司法救济支持传媒和记者讲真话。新闻界的一切规章制度,国家的一切新闻立法,都要有利于主张、支持、保护新闻传媒实施真实报道,有利于记者在坚持真实报道的过程中成长成才。从观念上走好第一步,从制度的顶层设计上下功夫,在新闻传播全过程坚持唯物主义认识论,坚持先有事实后有新闻的规程,是当前便于切实操作的实际步骤。

三、对立统一法则制约新闻传播机制

对立统一法则是自然界、社会和思维发展的普遍规律,揭示任何事物都包含着内在矛盾性,矛盾双方既统一又斗争,推动事物的发展和转化。列宁指出:"统一物之分为两个部分以及对它的矛盾着的部分的认识,是辩证法的实质。"[1]毛泽东在《矛盾论》中对此作了更为详尽的阐释,他说:"按照辩证唯物论的观点看来,矛盾存在于一切客观事物和主观思维的过程中,矛盾贯穿于一切过程的始终,这是矛盾的普遍性和绝对性。矛盾着的事物及其每一个侧面各有其特点,这是矛盾的特殊性和相对性。矛盾着的事物依一定的条件有同一性,因此能够共居于一个统一体中,又能够互相转化到相反的方面去,这又是矛盾的特殊性和相对性。"[2]

运用辩证唯物论的立场与方法考察新闻传播活动,我们可以发现,在新闻传播活动中,新闻传受双方所传播与接收的各种信息、观念与舆论,实际上无一不是自然界和社会生活中各种矛盾事物及其每一个矛盾侧面的公开披露,无一不是传受双方对这些矛盾事物及其侧面的数量上的把握和质量(性质)上的认定。新闻传播者每天、每时、每刻都在对汪洋大海般涌来的成绩与问题、好人好事与坏人丑事、大好形势与缺点不足等等事实进行考察选择,权衡其利弊得失,对报道时机的快与慢、报道量的大与

---

[1] 《列宁选集》第2卷,人民出版社1995年版,第556页。
[2] 《毛泽东选集》第1卷,人民出版社1991年版,第336页。

小、新闻处理的重与轻等等进行决策定夺。这实际上就是对辩证法的活的运用。

因此,新闻传播的机制,是由对立统一法则规定的,其实施过程无不受到对立统一法则的制约。在新闻传播过程中,自觉地掌握和运用对立统一法则,新闻传播就正确,就有效,就能充分发挥新闻传媒巨大的社会功能;不按辩证法办事,违背对立统一法则,随心所欲,盲目传播,就不会有好的传播效果,有时甚至会走向反面。人说新闻工作犹如江河湖海,既可载舟又可覆舟,能否学好用好对立统一法则,是顺水行舟不翻船的关键。

坚持辩证法,运用对立统一法则指导新闻传播活动,首先要求我们从事物的发展变化观察事物,把握事物运动的走向。新闻传播者对新闻事实的选择和对传播效果的考量,必须以发展变化的眼光,考察和把握利弊得失,把对事实的选择和对效果的预测放到一定的条件下。特定的时空条件下,新闻传播中的利弊、敌我、冷热、虚实、真伪、褒贬、上下、攻守、主客、点面、快慢、异同、正反、动静、轻重、内外、古今、软硬、是非等等是可能互相转化的,事物的这一方,可能被另一方所取代,优势演变为劣势,上风沦为下风,正面效应成为负面效应。用因循守旧的观点看事物,以千篇一律的方法做传播肯定搞不好新闻工作。"蔑视辩证法,是不能不受惩罚的。"[1]

其次,对立统一法则要求新闻传播者全面地观察事物,处理各种社会矛盾关系。列宁指出:"辩证逻辑要求我们更进一步。要真正地认识事物,就必须把握住、研究清楚它的一切方面、一切联系和'中介'。我们永远也不会完全做到这一点,但是,全面性这一要求可以使我们防止犯错误和防止僵化。"他还指出:"辩证法要求从相互关系的具体的发展中来全面地估计这种关系,而不是东抽一点,西抽一点。"[2]

任何事物都表现为一定的量和质,量和质都是事物本身所固有的规定性。量和质是不断变动的,新闻报道的正是事物的这种量变和质变。

---

[1] 《马克思恩格斯选集》第4卷,人民出版社1995年版,第300页。
[2] 《列宁选集》第4卷,人民出版社1995年版,第416页。

量变是质变的准备,质变是量变的结果,质变又会引起新的量变。不断地质量互变,事物就不断前进发展。新闻传播者每天忙忙碌碌,就是寻觅和捕捉这种变化,并在第一时间及时地向公众报道和评说这种变化。

体现事物质与量对立统一的是"度"。所谓度,就是一定事物保持自己质的量的限度,是和事物的质相统一的限量①。处于稳定态的事物,它的量和质既是对立的,又是统一的。新闻传播者如果能及时、正确地认识和把握这个"度",也就能准确地度量和报道该事物的量和质,这样的报道也易达到可靠和良好的传播效果,这就是报道"适度"。

再次,对立统一法则还要求新闻传播者具体地分析具体情况,实事求是地反映和指导实际工作。列宁说:"马克思的辩证法要求对每一特殊的历史情况进行具体的分析。"②新闻传播者所要反映的自然界千变万化,所要报道的人类社会千头万绪。对报道者来说,千事万物有着说不完道不尽的特殊性,因果联系中的多样性因素神奇地起着作用,偶然性情况对必然性趋势不可避免地会有冲击,种种主客观条件的变化又是造成人们难以预料的特殊性出现的原因。因此,新闻传播者必须克服本本主义、教条主义、形式主义等的影响,到生活中去,到群众中去,进行深入细致的调查、了解、研究,掌握第一手材料,具体问题具体分析,准确无误地反映、报道和评说每一个具体的人物和事件。正由于此,客观、公正、真实、全面地报道新闻,成为中外新闻传播者必须遵循的新闻传播活动的基本准则。

认识和把握对立统一法则对新闻传播机制的制约,对新闻传播者来说,有两点是特别重要的。一是要学会选择有说服力的、能够"讲话"和表明立场的事实,让这些事实替你说话,为你表达立场。记者不该轻易地直接站出来自说自话。二是要学会正确地把握好"说话"的"度",不过量报道,不过度说话。报道的信息量要适可而止,话要讲到恰到好处。否则,新闻报道可能走向反面,令人不信,叫人生厌。

---

① 肖前、李秀林、汪永祥:《辩证唯物主义原理》(修订本),人民出版社1991年版,第216页。
② 《列宁选集》第2卷,人民出版社1995年版,第700页。

四、经济基础与上层建筑互动原理规定新闻事业的性质

关于经济基础与上层建筑的相互关系,马克思在《政治经济学批判》序言中有一段经典论述:"人们在自己生活的社会生活中发生一定的、必然的、不以他们的意志为转移的关系,即同他们的物质生产力的一定发展阶段相适合的生产关系。这些生产关系的总和构成社会的经济结构,即有法律的和政治的上层建筑竖立其上并有一定的社会意识形式与之相适应的现实基础。物质生活的生产方式制约着整个社会生活、政治生活和经济生活的过程。不是人们的意识决定人们的存在,相反,是人们的社会存在决定人们的意识。社会的物质生产力发展到一定阶段,使同它们一直在其中运动的现存生产关系或财产关系(这只是生产关系的法律用语)发生矛盾。于是这些关系便由生产力的发展形式变为生产力的桎梏。那时社会革命的时代就到来了。"①

马克思的这段经典论述表明,在马克思主义经典作家看来,社会结构是由经济基础和上层建筑(上层建筑又由政治上层建筑和思想上层建筑即意识形态构成)两大部分构成,经济基础是社会结构的基本部分,它制约着整个社会生活、政治生活和精神生活的过程,上层建筑是由经济基础决定并为其服务的。但是,上层建筑又有相对独立性并具有一定的能动作用,即它可能成为生产力发展的推动力,也可能成为生产力发展的障碍。

就新闻传播事业在社会结构中占据的地位和它所具有的主要社会功能来考察,新闻传播事业是一种上层建筑;在上层建筑中,新闻传播事业不是政治上层建筑即国家机器,而是思想上层建筑即意识形态形式。这是根据马克思主义关于经济基础与上层建筑关系的学说,对新闻传播事业性质及功能的定位。

在政治学说、法律学说、哲学、宗教、文学、艺术、道德等意识形态形式中,新闻传播事业及其学科新闻传播学以什么特征同各种意识形态形式

---

① 《马克思恩格斯选集》第2卷,人民出版社1995年版,第32—33页。

相区别呢？以新闻手段。毛泽东指出："在社会主义国家,报纸是社会主义经济即在公有制基础上的计划经济通过新闻手段的反映,而资本主义国家报纸是无政府状态和集团竞争的经济通过新闻手段的反映不相同。"①这里的新闻手段,泛指消息、通讯、评论、图片及编排和传播形式的总称,专指新闻传播者用事实说话的特殊手法。

马克思和恩格斯有一系列论述强调意识形态的能动作用。这些论述为我们认识新闻传播事业对于社会经济基础的能动作用以及对于意识形态其他形式的能动作用,提供了理论指导。马克思和恩格斯还特别重视精神生产支配者的作用。他们指出:"统治阶级的思想在每一时代都是占统治地位的思想。这就是说,一个阶级是社会上占统治地位的物质力量,同时也是社会上占统治地位的精神力量。支配着物质生产资料的阶级,同时也支配着精神生产资料,因此,那些没有精神生产资料的人的思想,一般地是隶属于这个阶级的。占统治地位的思想不过是占统治地位的物质关系在观念上的表现,不过是以思想的形式表现出来的占统治地位的物质关系;因而,这就是那些使某一个阶级成为统治阶级的关系在观念上的表现,因而这也就是这个阶级的统治的思想。"②马克思和恩格斯对社会统治思想的这些论述,为我们正确认识和把握新闻传播的指导思想、新闻传媒的性质和功能、新闻传播者的历史使命,指明了方向。

进入 20 世纪之后,无产阶级政党在许多国家先后建立,党的报刊如雨后春笋般迅速发展。马克思主义经典作家在新的历史条件下关于党的组织和党的报刊的许多论述,将马克思和恩格斯关于社会主导观念的思想推向深化。

列宁在《党的组织和党的出版物》一文中,鲜明地提出了党的出版物的口号和新闻传播工作的党性原则。列宁强调："写作事业应当成为整个无产阶级事业的一部分,成为由整个工人阶级的整个觉悟的先锋队所开动的一部巨大的社会民主主义机器的'齿轮和螺丝钉'。写作事业应当成

---

① 毛泽东:《文汇报在一个时间内的资产阶级方向》,《人民日报》1957 年 6 月 14 日。
② 《马克思恩格斯选集》第 1 卷,人民出版社 1995 年版,第 98 页。

为社会民主党有组织的、有计划的、统一的党的工作的一个组成部分。"①列宁提出的报刊工作党性原则,鲜明地强调了党的领导对于报刊工作的重要性,也明确规定了党的报刊自觉地接受党的领导的必要性。

经济基础与上层建筑互动的原理,为我们认识和把握不同历史时期、不同社会制度下的新闻传媒的性质,认识和坚持社会主义制度下新闻传媒的正确政治方向提供了理论武器。实行改革开放政策以来,我国经济呈现多种经济成分,近年来混合经济又有很大发展。经济多种成分发展的结果,必然会导致一些新闻传媒产权所有和经营权多样化的变化。但是,不论传媒的属性出现怎样的变化,它们是社会主义社会的新闻传媒的根本性质不会改变,这些传媒必须坚持党的领导,必须坚持社会主义政治方向的原则立场不会改变。强调和坚持这一点,在当前有着突出重要的现实意义。

五、人民的历史主人地位决定人民是新闻事业发展的动力

马克思主义经典作家高度重视人民群众在推动历史进程中巨大的创造力。列宁指出:"马克思主义和一切社会主义理论的不同之处在于,它出色地把以下两方面结合起来:既以完全科学的冷静态度去分析客观形势和演进的客观进程,又非常坚决地承认群众(当然,还有善于摸索到并建立起同某些阶级的联系的个人、团体、组织、政党)的革命毅力、革命创造性、革命首创精神的意义。"②列宁特别强调,群众生气勃勃的创造力是新社会的基本因素,生气勃勃的创造性的社会主义是由人民群众自己创立的。

马克思主义经典作家根据相信群众、依靠群众、尊重群众在革命和建设中的首创精神的历史唯物主义原理,提出新闻传播事业是人民群众联合起来的事业的观点,规定了全党办报、群众办报的开门办报方针。毛泽东指出:"我们的报纸也要靠大家来办,靠全体人民群众来办,靠全党来办,而不能只靠少数人关起门来办。"③

---

① 《列宁选集》第1卷,人民出版社1995年第3版,第663页。
② 同上书,第747页。
③ 毛泽东:《对晋绥日报编辑人员的谈话》,《毛泽东新闻工作文选》,新华出版社1983年版,第150页。

出于对群众力量的充分肯定和为人民服务的使命感,马克思主义经典作家强调新闻传播工作者要根据人民群众的需要,向他们提供可靠、适用的新闻作品。列宁在《苏维埃政权的当前任务》中说:"就拿公开报道这样一种组织竞赛的办法来讲吧。资产阶级共和国只是在形式上保证这一点,实际上却使报刊受资本的支配,拿一些耸人听闻的政治上的琐事来供'小百姓'消遣,用保护'神圣财产'的'商业秘密'掩盖作坊中、交易中以及供应等等活动中的真实情况。"我们"必须系统地进行工作,除了无情地压制那些满篇谎言和无耻诽谤的资产阶级报刊,还要努力创办这样一种报刊:它不是拿一些政治上的耸人听闻的琐事供群众消遣和愚弄群众,而是把日常的经济问题提交群众评判,帮助他们认真研究这些问题"[1]。

马克思主义经典作家要求新闻传播者忠诚地为人民服务,努力为受众写作。刘少奇对新闻记者说:"你们的任务是写给读者看,读者就是你们的主人,他说你们的工作没做好,那就等于上级说的,你们没有话说。""你们是人民的通讯员,是人民的记者,要全心全意为人民服务。""你们要了解人民群众中的各种动态、趋向和对党的方针政策的反映。人民包括各阶层,要加以区别。要善于分析具体情况,看各阶层人民有什么困难、要求和情绪。要采取忠实的态度,把人民的要求、困难、呼声、趋势、动态,真实地、全面地、精彩地反映出来。""你们的笔,是人民的笔,你们是党和人民的耳目喉舌。"[2]

马克思主义经典作家要求新闻传播工作者要谦逊,要努力向人民群众学习,向社会学习。毛泽东批评有些文艺工作者不熟悉群众,不懂群众语言,英雄无用武之地。他说:"文艺工作者同自己的描写对象和作品接受者不熟,或者简直生疏得很。我们的文艺工作者不熟悉工人,不熟悉农民,不熟悉士兵,也不熟悉他们的干部。什么是不懂?语言不懂,就是说,对于人民群众的丰富的生动的语言,缺乏充分的知识。"[3]因此,毛泽东要

---

[1] 《列宁选集》第3卷,人民出版社1995年版,第492—493页。
[2] 参见刘少奇:《对华北记者团的谈话》,《刘少奇选集》(上卷),人民出版社1981年版,第401—402页。
[3] 《毛泽东选集》第3卷,人民出版社1991年版,第850—852页。

求文艺工作者必须同群众打成一片,经过长期的甚至是痛苦的磨炼,了解群众,懂得他们的语言。他还要求文艺工作者学习马克思主义知识,学习社会。从当年参加文艺座谈会的人员看,毛泽东这里所说的文艺工作者,是包括新闻传播工作者的。

为了教导青年人,尤其是加入党报工作者行列不久的青年新闻工作者,恩格斯曾经提出许多中肯和严格的要求。恩格斯说:"但愿他们能懂得:他们那种本来还需要加以彻底的批判性自我修正的'学院式教育',并没有给予他们一种军官证书和在党内取得相应职位的权利;在我们党内,每个人都应当从当兵做起;要在党内担任负责的职务,仅仅有写作才能和理论知识,即使二者确实具备,都是不够的,要担负负责的职务还需要熟悉党的斗争条件,习惯这种斗争的方式,具备久经考验的耿耿忠心和坚强性格,最后还必须自觉地把自己列入战士的行列——一句话,他们这些受过'学院式教育'的人,总的说来,应该向工人学习的地方,比工人应该向他们学习的地方要多得多。"[①]

从党的十七大以来,党中央强调新闻传播工作要充分体现以人为本的原则。党的十八大以后,更要求把以人为本的原则落实到新闻、宣传、舆论工作的方方面面。习近平在一系列重要讲话中反复强调,一方面要真正让人民群众享受到改革开放的实惠和成果,另一方面又要求进一步放手发动群众,让他们真正成为实现"中国梦"的主力。

随着新闻改革和经济改革的不断深入,商业利益无孔不入地进入包括新闻传媒业在内的各行各业。这种渗入的结果之一,是对人民群众在新闻传媒业发展中作用的忽视,令一些作品粗制滥造、庸俗低级,遭到群众的厌恶和反对。对此,我们要引起警惕,采取切实措施给予坚决抵制和纠正。人民的新闻传媒业一定要以高度的社会责任感,为人民提供合格的精神食粮,成为党和人民都满意的社会主义上层建筑,成为人人喜闻乐见的文化事业和文化产业。

---

① 《马克思恩格斯选集》第4卷,人民出版社1995年版,第399页。

从范畴认知深化马克思主义新闻观研究*
——对习近平关于新闻舆论、网络传播和哲学社会科学工作讲话提出的十对范畴的思考

习近平在哲学社会科学工作座谈会上提出,要善于提炼标识性概念,打造易于为国际社会所理解和接受的新概念、新范畴、新表述,引导国际学术界展开研究和讨论。确定一门学科的标识性概念,明确这门学科的理论范畴,对于这门学科的学习和研究,具有重要的基础性意义。

唯物辩证法认为,范畴是人的思维对客观事物普遍本质的认知、概括和反映。马克思主义新闻观的核心内容,是对涉及新闻传媒生产和消费、新闻信息传受活动的一系列范畴的规定与诠释。科学认知这些范畴,是学习和把握马克思主义新闻观的有效方法及必要途径。

习近平于 2016 年 2 月 19 日在党的新闻舆论工作座谈会上,4 月 19 日在网络安全和信息化工作座谈会上,5 月 17 日在哲学社会科学工作座谈会上分别围绕新闻舆论、网络传播、哲学社会科学发表了重要讲话。笔者在初步学习和研究这三个讲话的基础上,提出十对范畴并进行深入及系统的思考。这里把自己的初浅体会和感悟写下来,同对这些范畴有兴趣的学者及读者交流切磋。

---

* 本文原刊于《新闻大学》2016 年第 5 期。

一、新闻舆论的功能与舆论失控的危害

习近平高度评价哲学社会科学巨大的社会功能。他指出,哲学社会科学是人们认识世界、改造世界的重要工具,是推动历史发展和社会进步的重要力量。因此,坚持和发展中国特色社会主义必须高度重视和发展哲学社会科学。

习近平把哲学社会科学分为马克思主义学科、支撑学科、优秀重点学科、新兴学科和交叉学科,具有重要文化价值和传承意义的"绝学"以及冷门学科等几类。他把新闻学列为支撑学科之一,并且对这门学科借以依存的新闻传播事业巨大的社会功能给予充分的肯定和评价。他指出,做好党的新闻舆论工作,事关旗帜和道路,事关贯彻落实党的理论和路线方针政策,事关顺利推进党和国家各项事业,事关全党全国各族人民凝聚力和向心力,事关党和国家前途命运。

作为一对范畴的另一端,功能的对立面是"危害"。习近平在这三个讲话中虽然没有使用"危害"这个字眼,但他分析新闻舆论工作的问题和新闻传播作品时,却分明看得出他对新闻舆论工作存在的功能性问题和功能性弊端,特别对失控状态的新闻舆论的批评和不满。从宏观上考察互联网功能不足与功能障碍时,习近平指出,网络空间乌烟瘴气、生态恶化,是不符合人民利益的。他还从技术层面考察,指出,同互联网强国相比,中国互联网的创新能力、基础设施建设、信息资源共享、产业实力等方面差距不小,而最大差距是核心技术。他说,核心技术掌握在西方国家手里,等于我们的"命门"受制于人。好比我们在别人的墙基上砌房子,势必经不起风雨。

新闻舆论的正功能,我们当努力去实施,去展示;而对那些舆论失控的"危害",对那些没有技术保障的舆论机构与舆论机制,则要认真对待,全力防范,使"危害"能够转化为正面功能。这是党领导下的新闻舆论工作者的首要责任和必要担当。

对于新闻舆论的正面功能和舆论失控的负面功能——危害这一对范畴,传媒生产者每天都有所选择和有所规避,民众的媒介生活也时时有所

遭遇和经历。作为新闻理论研究工作者,应对这一对范畴高度重视,寻找其中的规律,追求新闻舆论正面功能的实现,防范负面功能的出现。而新闻舆论主管部门则应通过立法和政策,提倡和保护正面功能,反对和防范负面功能,使党领导下的新闻舆论工作真正体现党的意志,反映党的主张,维护党中央权威,促进全党的统一团结。

二、网络舆论的引导与管理

习近平高度重视网络舆论,十分看重利用现代网络引领社会舆论。他说,网络空间是亿万民众共同的精神家园。网络空间天朗气清、生态良好,符合人民利益。可是,网络世界并不平静,网络安全成为舆论引导的首要障碍。他在讲话中列举当前严重影响网络安全、妨碍网络空间清静的一些表现。比如,利用网络鼓吹推翻国家政权,煽动宗教极端主义,宣扬民族分裂思想,教唆暴力恐怖活动。针对这些严重违法乱纪行为,习近平严正指出,互联网不是法外之地。他说,我们要本着对社会负责、对人民负责的态度,依法加强网络空间治理,加强网络内容建设,做强网上正面宣传,培养积极健康、向上向善的网络文化。笔者理解,这些方面,正是中央一再强调的管理网络舆论的几个重要方面。

考虑到网络空间的许多内容来自传统媒体,所以全面抓紧网络舆论管理工作时,也应该关注习近平提到的全面强化新闻舆论工作管理的渠道与内容。他指出,新闻舆论工作各个方面、各个环节都要坚持正确舆论导向。党报党刊、电台电视台要讲导向,都市报和新媒体也要讲导向;新闻报道和副刊、专题节目、广告宣传、娱乐类社会类新闻、国内新闻和国际新闻都要讲导向。

针对全球和国内媒体日益强化的分众化、差异化传播趋势,习近平特别重视当前要加快构建舆论引导新格局,要全力推动媒体融合发展,要主动借助新媒体传播的优势。他说,要抓住时机,把握节奏,讲究策略,从时度效着力,体现时度效要求。这里的时度效,就是抓准时机,抓住时机,做好报道、舆论和宣传工作;讲究报道量适度,价值观念传播与评价适度。有了科学的时机把握、信息量的适当把握、舆论与宣传的策略把握,就可以实现新闻舆论工作的时度效的齐备和平衡,就可以实现网络舆论的安全可靠、准确高效。这样,管理水平就可以上一个新的台阶。

对于网络舆论的引导和网络舆论的管理这一对范畴,在当前具有十分紧迫的现实意义。既要科学地利用网络技术来引导舆论,又要防范和反对由于网络的普及和无序运用影响舆论,所以又必须加强对网络舆论的管理。而在网络管理中,我们当前存在的"一抓就死,一放就乱"的政策低效运作乏力的被动状况,催促着理论研究早出成果,尽快提出有效的政策建议。

三、舆论监督与正面宣传

党的新闻舆论工作的职责之一是调动舆论的力量,对社会生活、党政机构和广大领导干部进行监察督促,使领导机关和领导干部的一言一行、政策主张,都处于广大民众和新闻传媒的监督之中。为此,习近平指出,新闻媒体要直面工作中存在的问题,直面社会丑恶现象,激浊扬清,针砭时弊。同时,他又要求,媒体发表批评性报道,要事实准确,分析客观。

习近平特别要求党政机关和各级干部,对于传媒的舆论监督要有正确的、积极的态度。在谈到网络批评时,他指出,对于网上那些出于善意的批评,对于互联网监督,不论是对党和政府提的还是对领导干部提的,不论是和风细雨的还是忠言逆耳的,我们不仅要欢迎,而且要认真研究和吸取。

坚持舆论监督,同坚持正面宣传方针是不对立、不矛盾的。习近平强调,舆论监督同正面宣传是统一的。他说,形成良好网上舆论氛围,不是说只能有一个声音、一个调子,而是说不能搬弄是非,颠倒黑白,违法生事,违法犯罪。他强调,团结稳定鼓劲,正面宣传为主,是党的新闻舆论工作必须遵循的基本方针。当前做好正面宣传,习近平强调关键是增强吸引力和感染力。这样,在提出并分析舆论监督与正面宣传这一组范畴时,习近平的思路是:一方面要坚持正面宣传不动摇,强调团结稳定鼓劲,同时又允许有多种声音,多个调子;另一方面又要坚持舆论监督,敢于批评工作中的问题和社会生活中的丑恶现象,不允许造谣生事,违法生事。为坚持正面宣传并有所成效,当前要增强正面宣传的吸引力和感染力。为坚持舆论监督并有所成效,当前要欢迎各种批评监督,而不在乎这种批评监督针对谁,采取什么方式以及批评监督的力度。同时批评和监督又必须保证事实准确,分析客观。按这样的思路去落实执行正面宣传和舆论监督这对范畴,一定可以获得不错的理想的效果。

四、信息公开与网络安全

习近平完全支持和全力扶植信息公开的基本政策。他说,网民来自老百姓,老百姓上了网,民间也就上了网。群众在哪儿,我们的领导干部就要到哪儿去,不然怎么联系群众呢?他用普通民众同网络生活一体化这个特点,来说明实现信息公开的意义。

为使信息公开落到实处,习近平要求互联网企业增强使命感和责任感,共同促进互联网持续健康发展。他同时又要求领导干部和领导机构提高认识,以确保信息公开和利用互联网的水平。他要求领导干部增强同媒体打交道的能力,要求干部善于运用媒体宣读政策主张,了解社情民意,发现矛盾问题,引导社会情绪,动员人民群众,推动实际工作。

习近平还要求党政领导机关和广大领导干部,针对当前的传播新环境和接收终端新特点,不断改善党对新闻舆论工作的领导。他强调,这是新闻舆论工作健康发展的根本保证。

同信息公开相伴随的是网络安全。习近平指出,网络安全和信息化是相辅相成的。他说,安全是发展的前提,发展是安全的保障。这里,习近平把信息公开和网络安全这一对范畴讲得十分清楚和明确。

习近平指出,从世界范围看,网络安全威胁和风险日益突出,并日益向政治、经济、文化、社会、生态、国防等领域传导渗透。他要求全党和广大干部群众,对于网络安全问题,要高度重视,采取切实有力的举措,从严防范,从实做起,并正确处理好信息公开和网络安全的关系。为正确认识和全面有效调节好这一对范畴,习近平强调要做到"三个坚持":坚持鼓励支持和规范发展并行,坚持政策引导和依法管理并举,坚持经济效益和社会效益并重。坚持做到了这三点,就可以有效处理好信息公开和网络安全这一对矛盾,可以真正有效地实现既保证信息公开,又能够使信息在公开传递中不在安全方面出现任何弊端。

五、引导人民与学习"草野"

习近平在这几个讲话中始终如一,深刻执着地贯穿着一个思想:以人民为中心。引导人民,就是将人民引导到正确的目标,全心全意地为人民的福祉服务;学习草野,就是拜人民为师,向人民请教,以人民的利益为评判政绩、考核干部的标准。他借用古人的话语,"知屋漏者在宇下,知政失者在草野",指出为政者应多向"草野"学习请教。他说,许多网民称自己为"草根",那网络就是现在的一个"草野"。"草野"者,依笔者的理解,就是普通老百姓、基层民众集群而居的"社区",就是他们关心天下事议论家国情的"论坛"。

作为党组织的喉舌和作为社会公器的大众传媒(无论是传统媒体还是新兴媒体),自然负有引导人民、引领民众沿着党指出的方向和法律规范的轨道,争取自己福祉的神圣使命。但是这种引领,必须立于人民群众之中,从人民群众的现实水平出发,并从解决实际问题入手。对此,习近平有一段非常亲民的,站得很高的讲话。他说,不能要求网民对所有的问题都看得那么准,说得那么对。要多一些包容和耐心。对建设性意见要及时吸纳,对困难要及时帮助,对不了解情况的要及时宣介,对模糊认识要及时廓清,对怨气怨言要及时化解,对错误看法要及时引导和纠正,让互联网成为我们同群众交流沟通的新平台,成为了解群众、贴近群众、为群众排忧解难的新途径,成为发扬人民民主、接受人民监督的新渠道。

以此为出发点,习近平要求新闻舆论工作者转作风改文风,俯下身,沉下心,察实情,说实话,动真情,努力推出有思想、有温度、有品质的作品。把这样的作品奉献给"草根",以这样的姿态服务于"草野"。那么必然的结果肯定是以人民为中心,这样的"草根"肯定是拥护党的领导的热情的民众,这样的"草野"肯定是对国家负责、对世界负责,昂扬向上、知无不言、言无不尽的舆论场域。

在这几个重要讲话中,习近平多次提到党政组织、新闻舆论媒体和新闻舆论工作者要学习"草野",对"草野"尽心尽责;多次要求在围绕中心、服务大局中找准坐标定位,牢记社会责任,不断解决好"为了谁、依靠谁、我是谁"这个根本问题。同时又提出要严格要求自己,加强道德修养,保持一身正气。

由此可以看出,对于引导人民和学习草野这一组范畴,我们的正确立场应该是,从以人民为中心的工作导向出发,既要努力认真地引导人民,把他们带领到党指出的方向和目标,又要虚心诚恳地向人民学习,拜他们为师。能够将这两方面的关系处理好,这一对范畴就不愁解决不好。

六、人才使用与人才培养

人才队伍的使用与培养,是这三次重要讲话中提到的十分重要、亟待化解的一对范畴。

使用和培养,其前提是对人才的重视和尊重。习近平指出,媒体竞争关键是人才,媒体优势核心是人才优势。要加快培养造就一支政治坚定、业务精湛、作风优良、党和人民放心的新闻舆论工作队伍。习近平要求新闻传播工作者提高业务能力,勤学习,多锻炼,努力成为全媒型、专家型人才。要严格要求自己,加强道德修养,保持一身正气。要深化新闻单位干部人事工作改革,对新闻舆论工作者在政治上充分信任,工作上大胆使用,生活上真诚关心,待遇上及时保障。

谈到信息化工作时,习近平用一章之篇幅谈聚天下英才而用之,为网络事业发展提供有力人才支撑。他说,人才是第一资源。古往今来,人才都是富国之本、兴邦大计。"得人者兴,失人者崩。"网络空间的竞争,归根结底是人才竞争。建设网络强国,没有一支优秀的人才队伍,没有人才创造力迸发、活力涌现,是难以成功的。他特别谈到,互联网主要是年轻人的事业,要不拘一格降人才。要解放思想,慧眼识才,爱才惜才。互联网领域的人才,不少是怪才、奇才,他们往往不走一般套路,有很多奇思妙想。对待特殊人才要有特殊政策,不要求全责备,不要论资排辈,不要都用一把尺子衡量。

在使用人才、培养、善待人才的过程中,同时又要进行必要的人才管理。管理人才,要从尊重人才、重视人才出发。习近平说,知识分子有思想、有主见、有责任,愿意对一些问题发表自己的见解。各级党委和政府、各级领导干部要就工作和决策中的有关问题主动征求他们的意见和建议,欢迎他们提出批评。对来自知识分子的意见和批评,只要出发点是好的,就要热忱欢迎,对的就要积极采纳。即使一些意见和批评有偏差,甚至不正确,也要多一些包容、多一些宽容,坚持不抓辫子、不扣帽子、不打棍子。人不是神仙,提意见、提批评不能要求百分之百正确。如果有的人提出的意见和批评不妥当或者是错误的,要开展充分的文理工作,引导他们端正认识,转变观点,而不要一下子就把人看死了,更不要回避他们、排斥他们。各级领导干部要善于同知识分子打交道,做知识分子的挚友、诤友。

习近平认为,对于作为知识分子一部分的新闻舆论工作者,既要根据党的新闻舆论工作和新闻信息化工作的需要合理使用,又要采取负责、合理和有效的途径严格要求、热情培养,对他们的不足和缺点要能够宽容、理解、引导,既帮助他们进步,又做他们的好朋友。这样,对人才使用和培养这对范畴的认识和破解,就会有积极的效果。从习近平关于人才使用和人才培养管理这一系列论述,我们可以总结出正确对待人才培养和人才使用这对范畴的正确立场和方法:在使用中培养,在管理中使用,而处理好这对范畴的前提是对人才的尊重和重视。

七、中国特色与世界视野

习近平提出,要按照立足中国、借鉴国外,挖掘历史、把握当代,关怀人类、面向未来的思路,着力构建中国特色的哲学社会科学,在指导思想、学科体系、学术体系、话语体系等方面充分体现中国特色、中国风格、中国气派。

习近平高度重视"中国特色"。他说,哲学社会科学的特色、风格、气派,是发展到一定阶段的产物,是成熟的标志,是实力的象征,也是自信的体现。从这个角度看,建设中国特色的新闻舆论事业,推动中国特色的信息化事业发展,应该把"中国特色"放到重要地位,作为主要目标。

如何理解"中国特色"，习近平在三个重要讲话中提出了几个不可缺少的要素和重点。

首先是坚守党性原则，坚持党对新闻舆论工作和信息化工作的引导。习近平强调，坚持党性原则，最根本的是坚持党对新闻舆论工作的领导。党和政府主办的媒体是党和政府的宣传阵地，必须性党。

其次是坚持以人民为中心的工作导向。习近平要求坚持党性和人民性相统一，把党的理论和路线方针政策变成人民群众的自觉行动，及时把人民群众创造的经验和面临的实际情况反映出来，丰富人民精神世界，增强人民精神力量。谈到网信事业时，习近平讲得更具体，更深刻。他说，网信事业要发展，必须贯彻以人民为中心的发展思想。要适应人民期待和需求，加快信息化服务普及，降低应用成本，为老百姓提供用得上、用得起、用得好的信息服务，让亿万人民在共享互联网发展成果上有更多获得感。

再次，要通过一系列原则和规范的贯彻，构建"中国特色"。习近平强调，团结稳定鼓劲，正面宣传为主，是党的新闻舆论工作必须遵循的基本方针。做好正面宣传，要增强吸引力和感染力。同时，又要做好舆论监督，舆论监督和正面宣传是统一的。习近平还强调，新闻舆论工作必须创新理念、内容、体裁、形式、方法、手段、业态、体制、机制，增强针对性和实效性。要适应分众化、差异化传播趋势，加快构建舆论引导新格局。

在强调和努力构建"中国特色"的同时，习近平又高度重视要有全球眼光，世界视野。强调"全球眼光"，习近平首先提出要有世界视野关怀的新思维、新思路、新想法、新追求。他指出，这是中国伟大变革的新特点。当代中国的伟大变革，不是简单延续我国历史文化的母版，不是简单套用马克思主义经典作家设想的模板，不是其他国家社会主义实践的再版，也不是国外现代化发展的再版，不可能找到现成的教科书。

谈到哲学社会科学发展时，习近平指出，观察当代中国哲学社会科学，需要有一个宽广的视角，需要放到世界和我国发展大历史中去看。他强调，面对世界范围内各种思想文化交流交融交锋的新形势，如何加快建设社会主义文化强国，增强文化软实力，提高我国在国际上的话语权，迫切需要哲学社会科学更好发挥作用。习近平还注意引导我们从全球视野发现我们新闻舆论和互联网信息传播的差距。他说,同世界先进水平相比,同建设网络强国战略目标相比,我们在很多方面还有不小差距,特别是在互联网创新能力、基本设施建设、信息资源共享、产业实力等方面还存在很大差距,其中最大的差距在核心技术上。

既强调中国特色的弘扬,又不断拓展哲学社会科学工作者和新闻舆论工作者的世界视野和全球眼光。对这一对范畴认识清了,在工作上举措周全了,我们就能在时间和空间上掌握主动权,就能在数量上极大地推进新闻舆论工作和互联网建设,就能在质量上争取新闻舆论工作和互联网建设有一个新的提升。

八、学习借鉴与生搬硬套

习近平十分强调学习和借鉴,强调要向历史成果学习,向外国同行学习。他提出,我们既要立足本国实际,又要开门搞研究。对人类创造的有益的理论观点和学术成果,我们应该吸收借鉴。他说,我们不能把一种理论和学术成果当成"唯一准则",不能企图用一种模式来改造整个世界。特别是对外国的理论、概念、话语、方法,一定要有分析,要有鉴别,适用的就拿来,不适用的就不要生搬硬套。哲学社会科学要有批判精神,这是马克思主义最可贵的精神品质。

谈到哲学社会科学研究时,习近平强调,要坚持不忘本来、吸收外来、面向未来,既向内看,深入研究关系国计民生的重大课题,又向外看,积极探索关系人类前途命运的重大问题;既向前看,准确判断中国特色社会主义发展趋势,又向后看,善于继承和弘扬中华优秀传统文化精华。习近平要求立足于中国文化,坚持中国文化自信的同时,又要求善于向一切先进的文化学习借鉴。他说,在当前,要加快发展具有重要现实意义的新兴学科和交叉学科,使这些学科研究成为我国哲学社会科学的重要突破点。这里,无论新兴学科还是交叉学科,新闻学都在其间。我们应根据中央的部署和习近平的要求,切实把新闻学作为哲学社会科学中的支撑性学科,作为必须重点突破的学科,以高度的社会责任感,把它搞上去,争取有重大突破和较快提升。

新闻学和传播学起初是舶来之学。因此,向新闻学和传播学发生最早、积累很多、成果丰硕和研究范式及研究方法科学性较强的西方国家学习,是必要的。改革开放近40年,我们这样做,也收到一定的效果,现在,新闻学学科建设和学术研究水平同西方发达国家相比,差距已有一定的减少。这方面,有一些经验值得总结。但也有不少教训值得记取。以笔者之见,最大的教训可能是生搬硬套西方新闻学和传播学的原理与方法。比如,轻视质化研究,抬高量化研究;不顾国情和媒介生态,把传播学原理、范式和方法当作无所不能的学问和模式等等。所以,如果把传播学集大成者施拉姆对中国的"传播学破冰之旅"看作传播学在中国发展的起始,30多年中中国传播学研究基本上还没有开始自己的系统研究和体系构建。这一点值得我们焦虑和反思。

既要向外国学习,实行"拿来主义",又要反对生搬硬套,莫分精芜地一概拿来。有这个认识,又有过细的操作,学习借鉴和生搬硬套这一对范畴就一定可以处理好,既学到真东西,又不被假货欺骗。

九、学科构建与话语创新

习近平高度重视哲学社会科学的发展。他是从中国文化的高度看待哲学社会科学的地位和使命的。他说,站立在960万平方公里的广袤土地上,吸吮着中华民族漫长奋斗积累的文化养分,拥有13亿中国人民聚合的磅礴之力,我们走自己的路,具有无比广阔的舞台,具有无比深厚的历史底蕴,具有无比强大的前进定力,中国人民应该有这个信心,每一个中国人都应该有这个信心,我们说要坚定中国特色社会主义道路自信、理论自信、制度自信,说到底是要坚定文化自信。

习近平详细地分析了学科体系、学术体系和话语体系对于建设哲学社会科学的意义。如何构建中国特色哲学社会科学学科体系,习近平提出当前要针对一些学科设置同社会属性联系不够紧密,学科体系不够健全,新兴学科、交叉学科建设比较薄弱等问题,突出优势,拓展领域,补齐短板,完善体系。从加强学科建设的思路出发,当前要做的具体工作是:

一要加强马克思主义学科建设。

二要加快完善对哲学社会科学具有支撑作用的学科,如哲学、历史学、经济学、政治学、法学、社会学、民族学、新闻学、人口学、宗教学、心理学等,打造具有中国特色和普遍意义的学科体系。

三是要注重发展优势重点学科。

四是要加快发展具有重要现实意义的新兴学科和交叉学科,使这些学科研究成为我国哲学社会科学的重要突破点。

五是要重视发展具有重要文化价值和传承意义的"绝学"、冷门学科。

将新闻学同上述五点"挂钩对照",可以清晰新闻学的学科定位和学科学术研究的任务。新闻学中的马克思主义新闻观,是马克思主义学科中的有机组成部分,在辩证唯物主义和历史唯物主义、政治经济学(文化产业经营管理)、宣传教育和社会舆论引导等方面,拓展和丰富着马克思主义哲学、政治经济学和科学社会主义研究领域。新闻学对哲学社会科学具有的支撑作用,侧重于它的学术视野主要放在人与社会、人与人之间的客观信息(新闻信息)与主观信息(评论意见和情感信息)及其传播上面。

新闻学是当前社会科学中的"显学",因为新闻学研究的是当代人纵向交往和横向沟通的现象与规律,新闻传播产业在各国均是支柱产业。新闻学既可列入新兴学科(新兴媒体及其运作规律),又可列入交叉学科(按已有新闻学学科分支统计,有新闻哲学、新闻美学、新闻社会学、新闻经营管理学等十余个交叉学科)。从新闻学的这些学科特点看,它作为一门独立学科的全面构建仍面临着重大任务,还有待时日和更多的研究力量的投入。

习近平对于学科话语也有许多论述。他指出,发挥我国哲学社会科学的作用,要注意加强话语体系的建设,在解读中国实践、构建中国理论上,我们应该最有发言权,但实际上我国哲学社会科学在国际上的声音还比较小,还处于有理说不出、说了传不开的境地。要善于提炼标识性概念,打造易于为国际社会所理解和接受的新概念、新范畴、新表述,引导国际学术界展开研究和讨论。这项工作要从学科建设做起,每个学科都要构建成体系的学科理论和学科范畴、学术概念。

习近平关于哲学社会科学体系构建和学术话语建设的论述,对新闻学学科建设和话语建设十分重要。实际上,在科学研究中,学科体系和话语体系也是一对范畴,学科体系是由话语群构成的,话语又是根据学科内容产生和变化的。两者之间,形成一种不可分割的范畴关系。学科可能给话语以指导和引领,但如果学科指导思想错误,也可能导致话语失误;话语扎实可靠,可为学科构建提供坚实有力的支撑;话语杂芜甚至错误,也会使整个学科架构松散乏力,根基不牢。由此观察新闻学,无论是学科体系打造还是新闻学术话语建设,其中的问题都不少。新闻学学科体系从1918年北京大学新闻学研究会开始构建,在今天看来,现代性和科学性还有待努力。传播学学科体系至今基本上还停留在译介西方著作的阶段。此外,以西方的新闻学或传播学某些话语冲击中国特色社会主义新闻学学科体系的现象,还时有发生。总之,要解决好学科体系的构建与话语体系创新这对范畴,对新闻学研究来说,任重而道远。在这个构建和创新过程中,我们既不能采取教条主义态度,又不能采取实用主义态度。也就是说,其难度是很大的。

十、真懂真信与不懂假信

在这几个重要讲话中,习近平一再强调,从事哲学社会科学研究,从事新闻舆论工作和网络传播工作,都必须坚持以马克思主义为指导,自觉地把中国特色社会主义理论体系贯穿研究和教学全过程,转化为清醒的理论自觉、坚定的政治信念、科学的思维方法。

习近平有针对性地强调指出,坚持以马克思主义为指导,首先要解决真懂真信的问题。哲学社会科学发展状况同其研究者坚持什么样的世界观和方法论紧密相关。人们必须有了正确的世界观和方法论,才能更好地观察和解释自然界、人类社会、人类思维各种现象,揭示蕴含在其中的规律。只有真正弄懂了马克思主义,才能在揭示共产党执政规律、社会主义建设规律、人类社会发展规律上不断有所发现、有所创造,才能更好地识别各种唯心主义观点,更好地抵御各种历史虚无主义谬论。

习近平指出,坚持问题导向是马克思主义的鲜明特点。问题是创新的起点,也是创新的动力源。只有聆听时代的声音,回应时代的呼唤,认真研究解决重大而紧迫的问题,才能真正地把握历史脉络,找到发展规律,推动理论创新。

同对马克思主义真懂真信相对立的,是假懂不信。这里的不懂,就是习近平在讲话中批评的对马克思主义搞教条主义、实用主义,就是找一大堆马克思主义经典作家的语录,生硬"裁剪"活生生的实践发展和创新,就是用一种所谓的"唯一准则"和模式来改造整个世界。这里的不信,就是有人认为马克思主义已经过时,认为中国现在搞的不是马克思主义;有人认为,马克思主义只是一种意识形态说教,没有学术上的学理性和系统性。习近平还指出,实际工作中,在有的领域中,马克思主义被边缘化、空泛化、标签化,在一些学科中"失语"、教材中"失踪"、论坛上"失声"。这种情况必须引起我们高度重视。

习近平指出的对马克思主义真懂不懂、真信假信的问题,在新闻教育界和新闻传播界确实存在,在有的学校情况还较为严重。有的所谓"新闻传播经典文献"书目中,竟然没有一本马克思主义经典作家的新闻论著。有的认为讲好了"新闻学概论",就是引导学生学习了马克思主义新闻观。有的教师认为马克思主义新闻观枯燥乏味,缺少学理性和吸引力。在个别学习马克思主义新闻观的论坛上,把一些西方新闻观点吹到天上,而对马克思主义新闻观则充满着贬斥和嘲讽。有的所谓"新闻暑期学校",从课程设置和讲课人的安排看,简直成了西方新闻经典的补习学校。习近平所批评的"失语"、"失踪"、"失声"现象在新闻学科中表现得十分明显。

习近平在"2·19"讲话中指出,新闻院系教学方向和质量如何,在很大程度上决定着新闻舆论工作队伍的素质。要把马克思主义贯穿到新闻理论研究和新闻教学中去,使新闻学真正成为一门以马克思主义为指导的学科,使学新闻的学生真正成为牢固树立马克思主义新闻观的优秀人才。对照习近平的要求,分析新闻学界和新闻业界的现状,我们不能不感到肩上的使命艰巨,任务繁重。

以上笔者对习近平三个讲话中涉及新闻学学科建设和理论研究的十

对范畴进行了初浅的提炼和分析。这十对范畴,有的双方在一定条件下存有某种对立态势;有的一方只是内含其中的一种元素,但这种元素对于总体具有一定的制约关系;有的则是矛盾着的两个对立面。仔细分析这些对立、冲突的矛盾、矛盾侧面或某些元素,有利于把我们的研究工作引向深入,而对这些关系的辩证分析,则有利于我们把新闻学学科建设的若干重要方面研究得更加细腻和更加全面。诚如本文题目所揭示,认知范畴的这种做法,目的只是想令马克思主义新闻观的学习更加深入些、深刻些。

习近平高屋建瓴、满怀信心地指出,我们所处的时代是一个需要理论而且一定能够产生理论的时代,是一个需要思想而且一定能够产生思想的时代。一切有理想、有抱负的哲学社会科学工作者应该立时代之潮头,通古今之变化,发思想之先声,积极为党和人民述学立论,建言献策,担负起历史赋予的光荣使命。让我们响应习近平的号召,把新闻学研究不断推向深入。

(本文有关习近平的引文,均出自文中提及的他的三次重要讲话。)

关于当前新闻传播几个理论问题的思考[*]

题记：
　　一个民族要想站在科学的最高峰，就一刻也不能没有理论思维。
　　　　　　　　　　　　　　　　　　　　——恩格斯

当前新闻界朋友提出了不少有意思的问题，参加的一些会议议论了许多有争议的看法，同研究生相聚交换了对一些观点的评论，自己也往深处思考了不少感兴趣的话题，于是，夜思日记，便有了这篇不成熟的文章。

一、主流媒体与非主流媒体

大众传播是当代人类最重要的社会行为之一。

如果说，传播是个人或团体主要通过符号向其他个人或团体传递信息、观念和情感的活动的话，那么，大众传播则是人们借助被称为"延伸的人体"新闻传媒所进行的寻求与获取新闻信息，以适应生存发展需求的能动的社会行为。

从系统论看，系统与外部环境相互联系和相互作用所产生的重复现象谓之功能。而从日常生活观察，功能也就是效能，指事物或方法所发挥的有利作用。大众传播的功能，即人们通过使用大众传媒所获得的有益效能。大众传播功能的实现，需要两个必要条件，一是具有一定水准且容

---

[*] 本文原刊于《新闻与传播研究》2013年第1期。

易获得的传播媒介，二是较为开放的制度保障。这里，先讨论媒介及其功能。

媒介指社会生活中能使双方（人或事物）发生关系的人或事物。在传播活动中，媒介特指用来表达含义的静态或动态的物体或物体排列。大众传播媒介，尤其是新闻传播媒介，特指用于交流、传播新闻信息的工具，包括报纸、期刊、广播、电视、新闻电影、通讯社电稿等六种传统媒介，也包括方兴未艾的新兴媒介，主要是互联网络、移动互联网络（手机通信）、新型广播电视和综合媒体等四种。

无论是传统媒介还是新兴媒介，其中有一些总会由于其特殊的贡献、作用或功能，受到执政党和政府的青睐，享受某些政策上的倾斜，得到某些物质和财务上的支持。人们往往把这类媒介称之为主流媒体或核心媒体。从中国的情况看，所谓主流媒体，一般有四个特点：关注重大问题，发挥重要影响，具备权威地位，党政机关支撑。胡锦涛考察人民日报社工作时，明确把党报党刊、电台电视台视作主流媒体。他说："要从社会舆论多层次的实际出发，把握媒体分众化、对象化的新趋势，以党报党刊、电台电视台为主，整合都市类媒体、网络媒体等多种宣传资源，努力构建定位明确、特色鲜明、功能互补、覆盖广泛的舆论引导新格局。要把发展主流媒体作为战略重点，加大支持力度，扩大覆盖面和影响力。"[①]

对于主流媒体的身份认定，发行量和收视收听率不是绝对指标，尽管一般情况下，报刊的发行量、电台的收听率和电视的收视率也相当重要。英国的《泰晤士报》发行量比同一集团下的《世界新闻报》及《太阳报》要少得多，但被人称为"大力神"的《泰晤士报》在英国报界的龙头地位是没有一家报纸可以撼动的。

我们不能说，也不应该说，非主流媒体的社会使命无足轻重。有的集团在给主流媒体和非主流媒体定位时提出："大报（即主流媒体）抓导向，小报（即非主流媒体）抢市场。"这个口号及其指导思想是错误的。非主流媒体在占据市场份额上挑着重担，但在舆论导向上的责任也不轻。同样，

---

① 胡锦涛：《在人民日报社考察工作时的讲话》，《新闻战线》2008年第7期。

主流媒体在坚持舆论导向上负有重大使命,但也同样在市场份额的占领上要作贡献。

主流媒体和非主流媒体在新闻报道分工、舆论引导分层、联系对象分众上有所不同,相互间建构一定的互动关系,在导向与市场、对上与对下、对外与对内、社会效益与经济效益若干方面有所侧重,表现出不同特色和风格,是能够做到和能够做好的。我们期待着这样的典范问世,企盼着这样的经验成熟。

主流媒体和非主流媒体的定位不是不变的。非主流媒体也可以挑大梁。我们知道,2006年美国《时代》周刊竟将"互联网上内容的所有使用者和创造者"评选为当年的"年度人物"。该周刊对这位年度人物"你"的评语是:"是的,你是今年的年度人物。你控制着信息时代,欢迎来到你的世界。""你已控制了全球媒体,建立并为'新的数字民主社会'奠定了框架,无偿地提供内容并在职业人士的领域中击败职业人士。"①

由此我们可以想象一下,在未来的岁月里,谁将是主流媒体,谁又将成为非主流媒体,还真难说。我们只能说,主流媒体和非主流媒体是相对而言的,它们之间只是一种动态的定位,其间的博弈和易位,也许是绝对和永恒的。

二、官方舆论场和民间舆论场

舆论学对舆论场的解释是,舆论场指含有若干相互刺激因素,从而使许多人形成共同意见的时空环境。这里的"场"是指同现实事物相联系的外在环境的总体。无数个人要求及意见只有在"场"即外在环境的作用下,经过多方面的交错、协调、组合、扬弃,才能形成一致性共识,舆论便成为这种场的产物。不少学者指出,当下中国的媒体生态和结构发生了巨大变化,执政者控制媒体的绝对权威已经式微,"一言兴邦"、"社论治国"的时代已经过去,特别是新兴媒体带来的媒介资源泛社会化,彻底改变了传统媒体,尤其是主流媒体主宰舆论的格局。今天中国的民众,同时生活

---

① 转引自夏德元:《电子媒介人的崛起——社会的媒介化及人与媒体关系的嬗变》,复旦大学出版社2011年版,第61页。

在官方舆论场和民间舆论场,甚至还生活在海外舆论场三个场域之中。他们在这三个或两个充满着各式各样、丰富多彩的舆论世界中,有着充分的权利和机会自由选择,择善或择趣而从之、听之、行之;反之则弃之、拒之、斥之,甚至反其道而行之。

这里有必要特别提出,要尊重和高看民间舆论场。这个来自民间,能够形成草根民众共同意见的时空环境,直接表达着人民的意志、意识和精神,张扬着以人民意见为主体的舆论。民间舆论的三种形态:潜舆论——怒目冷对,显舆论——众声喧哗,行为舆论——上街"散步"、游行、示威,对现行秩序和社会结构无不具有极大的冲击力。因此,官方舆论场和官方及主流媒体,对民间舆论场必须持有敬畏和尊重的姿态。实际上,执政党和政府近些年也确有不小的进步。自2003年孙志刚事件以来,政府不少议程设置和重大决策,便直接来自民间舆论和民间舆论场。

海外舆论场的存在和它的力量也不可忽视。提到"海外",不要将它们简单地划为"友好国家"和"敌对国家"两类。这两类中间存在着大量中间、"灰色"地带。因此,我们不妨将海外舆论场划分为三类,左、中、右三方的舆论,对我们都有一定的参考价值。这些年,中国人通过各种渠道,可以分别接触到这三类舆论。尤其是大学生,尽管有关方面设置了"防火墙",其实他们都有"翻墙"的本事。正因为这样,海外舆论场这些年对中国人,尤其是知识阶层,影响已不可小觑。

我们的工作,是寻找和发挥官方舆论场和民间舆论场的合力。用一位学者的话,就是增加官方和民间这两个舆论场的"最大公约数",消除它们之间的隔阂。为此,官方媒体和主流媒体要尽快、尽好地实现三个转变:从立足信息发布权向掌控信息解释权的转变;从意见表达者向意见平衡者转变;从社会守望者向社会对话组织者转变①。

在操作层面上,官方舆论场、官方媒体和主流媒体可以从四个方面进行自我调整:

第一,增强官方媒体和主流媒体的公信力和亲和力。如果官方媒体

---

① 参见周廷勇:《增加官民舆论场的"最大公约数"》,《人民日报》2012年7月24日。

和主流媒体能够自觉地抢报敏感话题,敢于设置重要议程,在第一时间报道突发公共事件,公信力肯定会有所提高。如果能够更多地站在公民视角和社会利益一边思考问题,尊重公民的知情权、参与权、表达权、监督权,主动地诉求民意,使用百姓语言,亲和力也会有所增强。

第二,官方媒体和主流媒体在重大社会事件和重大社会问题的报道及评论上要争抢话语权,同普通群众想在一起,说在一起。为此,要确保四个第一:重大新闻第一报道,重大决策第一解释,重大议题第一发声,对自己报道与评论的错误缺点第一更正。

第三,主动呼应民间舆论场运作,壮大"网上统一战线"。要团结和扶植意见领袖理性发言,及时回应民间舆论场的热点和焦点话题,有理有利有节地应对海外舆论场的敏感话题。这样主动打通三个舆论场,就可以积极主动,积累人气,官方舆论场和主流媒体,就可以同民间舆论场和谐相处,互动互补。

三、民意表达与舆论引导

从法理上看,表达权是公民通过言论和行为自由表达立场观点及利益诉求的政治权利,它是公民政治权利的集中展示。2012年6月国务院新闻办公布的第二期《国家人权行动计划(2012—2015)》中关于推进公民表达权建设提出:畅通各种渠道,依法保障公民的言论自由和表达权,加强对新闻机构和新闻从业人员合法权益的制度保障,依法保障新闻从业人员的知情权、采访权、发表权、批评权、监督权,维护新闻机构、新闻采编人员和新闻当事人的合法权利。国务院新闻办的这个计划,根据当前中国国情,把表达权和新闻从业人员的相应权利,表述得十分清楚。当然,计划不等于法律,我国目前还没有表达权的专门立法,对新闻机构和新闻从业人员表达权的法律救济也不齐备。以笔者之见,这两个方面是首先需要加强的。

在新闻实践中,既要充分地表达民意,又要完成舆论引导的使命,两者之间如何平衡,如何协调,如何实现两全其美,是我们的目标,也是问题的难点。舆论引导又称舆论导向,指新闻传媒对社会舆论走势的引领。

从理论上讲,所谓舆论引导,就是运用舆论操纵(如不喜欢此词,也可用驾驭、支配等词)人们的意识,指引人们的意向,从而控制人们的行为,使他们按照社会管理者制定的路线、方针、规范从事社会活动的传播行为。一般说,舆论引导包括三方面的内容:一是对当前社会舆论的评价,二是对当前舆论及舆论行为的引导,三是就某些社会事件组织舆论。舆论引导的主体是大众传媒尤其是新闻传媒、社会知名人士、各种社会组织的领袖人物和各类意见领袖。

舆论引导之所以历来为人们,特别是社会管理者所看重,是由舆论的社会功能决定的。正面舆论能够对社会发展起到推动与引领作用,而负面舆论则对社会发展起着破坏和阻滞作用。重大的社会舆论能够形成一定规模的社会运动,产生推动或阻碍历史发展的重大变革。正确的舆论引导可以疏导、激发、抑制人们的思想和行为,优化社会的宏观调控;同时,它又是调节社会人际关系不可或缺的手段,是微观社会管理的杠杆[①]。

舆论引导的成功与否,取决于复杂的经济政治和文化社会背景,同各阶级阶层的利益配置及社会心理的平衡密切相关。当然,最根本的还取决于舆论本身的合法性和合理性。此外,新闻传媒在引导过程中是否尊重并遵守舆论运行规律和新闻宣传规律,也是一个重要的因素。换言之,正确的舆论引导,必须充分考虑当下的舆论态势和舆论主体、客体、对象以及传媒载体的深刻变化,科学把握整个社会舆论格局和引导方向、引导力度和引导方法的适宜性。

舆论引导的前提是充分而合理的舆论表达。在新媒体时代,相对于舆论表达的快速变化,舆论引导存在着较大的滞后性。我们首先要突破的是,在新的舆论表达环境下如何建构与之相适应的舆论引导新格局。

改革开放以来,中国遭遇千年未有之大变局。中国同时面对全球化、社会转型和媒介化三重变革。在这过程中,中国又同时面临三种力量的崛起:一是中国力量的崛起,二是社会力量的崛起,三是新媒体力量的崛起。三种力量的同时崛起,带来了中国社会表达语境的深刻变化。这些

---

① 此节参考并吸纳了甘惜分教授主编的《新闻学大辞典》"舆论导向"条内容,河南人民出版社1993年版,第41—42页。

变化主要表现在:表达主体多元化、表达诉求多样化、表达渠道复杂化、表达秩序无序化。

在这种表达语境的新变动中,舆论引导没有随之而改变,因此陷入困境是难以避免的。面对逐渐开放、多元、不确定的舆论环境,舆论引导面临着巨大的挑战。无论是在宏观层面,如理念和制度,还是在微观层面,如技术和方法,舆论引导都不得不应对一系列新的问题,不得不作出一系列新的改革。在这种新的变动中,中国传统的舆论引导体制和机制暴露出不小的弊端。执政党通过掌握有限的媒介资源,对官方舆论场进行完全控制的局面已被打破。仅仅依靠发表领导人讲话,通过党报社论发号施令,隐瞒重大事故信息和张扬于政府有利的信息等传统做法已经失效。在表达语境新变动中确立新的舆论引导理念,建构新的舆论引导体制和机制,采用新的引导方法,争取新的引导成效,是放在执政党、政府和所有媒体,尤其是官方媒体和主流媒体面前的新任务新使命。

新形势下舆论引导的新境界,笔者以为应该是:在充分满足民众表达需求的前提下,有效实施舆论引导,并获得政府和民众双双满意的效果。为此,主流媒体在舆论引导中要挑重担,执政党对之要加大支持力度,扩大覆盖面和影响力。而通常情况下被视为非主流媒体的互联网,执政党则要充分认识它的社会影响力,高度重视互联网的建设、运用、管理。这些要求,正是对主流媒体与非主流媒体在舆论引导上的不同定位和相应的顶层设计。而在功能和内容上,应该把握好社会舆论多层次的实际,和媒介分众化、对象化的新趋势;把坚持正确舆论导向和通达社情民意统一起来,把体现党的主张和反映人民心声统一起来;注重在报道新闻事实中体现正确导向,在同群众交流互动中形成社会共识,在加强信息服务中开展思想教育;用事实说话、用典型说话、用数字说话,化解矛盾,理顺情绪,引导各方面群众共同前进。相信按照上面几个方面精心设计和积极操作,舆论引导一定会有新的发展,建构新的格局,达到新的境界。

四、信息公开与信息安全

信息公开是现代社会的基本标志,也是现代政党严格自律的传统。

列宁十分明确地指出,没有公正性来谈民主是可笑的。新政权建立之后,列宁把公开报道提到巩固政权的高度加以论述。他强调,只有当群众知道一切,能判断一切,并且自觉地从事一切的时候,国家才有力量。毛泽东在新中国成立之初的一个报告中明确批示:"广东大雨,要如实公开报道。全国灾情,照样公开报道,唤起人民全力抗争。一点也不要隐瞒。"①之后由于复杂的历史的和现实的原因,信息公开的传统受到损害,直到改革开放之后,公开报道才得以较好地恢复,并且在2008年终于公布了新中国首个政府信息公开条例,开启信息公开有法可依的新局面。

经验和教训从不同角度说明,信息公开必须以法律为保障。任何政治权利和民主自由都以法律认可和保护为前提。信息公开,也必须有专门的法律加以确立和保障。马克思在谈到新闻出版自由时就指出:"法律是肯定的、理论的、不取决于个别人的任性的存在。法典就是人民自由的圣经。""新闻出版法就是对新闻出版自由在法律上的认可。"②由斯观之,中国的信息公开较之过去有了长足进步,因为我们已经拥有一部由中央政府公布的具有法律或法规性质的"条例"。但我们又不得不指出,此条例级别不高,而且其中没能吸纳国际上在信息公开相应法律中都有的一个基本精神:公开是原则,不公开是例外。为此,我们依然要呼吁,中国应该尽早制定和出台信息公开法。在坚持信息公开原则,贯彻政府信息公开条例过程中,我们还有许多不足,存在不少问题,主要是:有法不依,以纪代法,以罚代法。有法不依表现在:政府有时不能根据信息公开条例的规定,及时公开相关信息;对于新闻记者依法提出的获取相关信息的要求不予支持,甚至搪塞推诿;以虚假或空洞的"通报"等代替条例规定的新闻发布。以纪代法表现在:用一系列政策规定、电子传真、邮件等成文甚至非成文的纪律约束代替明确的法律文书,用随意性很强的口头通知或指令限制甚至取消条例保障的传媒与记者应有的权利和自由。以罚代法表现在:对政府或相关部门违反条例规定不公开必须公开的信息,限制甚至剥夺传媒及记者获取信息权利的言行,不依据条例规定给予处理而代之

---

① 参见《毛泽东新闻工作文选》,新华出版社1983年版,第214页。
② 参见《马克思恩格斯全集》第1卷,人民出版社1995年第2版,第176页。

以一般性批评;对传媒和记者违反条例规定,发表不应公开发表的信息,或侵害保密法及公民隐私权的行为不作处理而代之以罚款等行政处罚。所有这些做法,不同程度上侵害了信息公开原则的贯彻和执行。

信息公开和信息安全是一对矛盾。随着社会信息公开传播的进展,信息安全问题也相对突出起来。信息安全是相对信息公开而言的,意指信息公开之后及信息公开过程之中,由于把关不严或操作不当,给国家安全和社会安定带来的损失,以及科技、军事、经济等机密和个人隐私被泄露。从防范角度说,信息安全就是"为保护信息在采集、处理、存储、传输和使用过程中不被泄露或破坏,以确保信息的完整性、保密性、可用性和可靠性而采取的措施和行动。主要包括信息系统安全、信息安全和管理安全"[1]。

联系新闻传播实际,为确保信息安全,笔者以为可从下列几个方面采取措施:

首先,要牢牢树立保密观念和保密意识。坚持信息公开的目的,是为了推动国家建设、社会进步和人的全面发展。如果因为信息公开而泄露了国家机密,伤害了民众的隐私,那么这种公开就失去了基本的意义。因此,在实施信息公开的过程中,时刻保持清醒的保密观念和保密意识,十分重要。

其次,实施信息公开,必须有法可依,依法办事,必须按程序、分步骤、有计划,必须区分轻重缓急、利弊得失。因此,坚持信息公开,要花费一定精力制定信息公开的实施细则,并以切实的工作,保证这些法律受到重视和执行。

最后,建立有效的检查与考核机制,确保信息公开收到积极有益的效果,防范信息公开不到位,或者信息安全受侵害。同时,针对由于滥用信息自由而导致信息安全的破坏,要制定切实的应急机制和办法。

信息公开和信息安全的动态平衡,对于信息公开的积极而有效的实现十分重要。我们应该努力地、主动地去探索和维护这种平衡的实现,使

---

[1] 参见《辞海》(第六版彩图本)第4卷,上海辞书出版社2009年版,第2556页。

两者共同发展,既广泛、普遍地保护信息公开,又能拨开乱云飞渡,避免信息安全受到不必要的损害。

五、流言防治与知情有度

流言又称传闻、小道消息。流言是舆论的一种畸变形态。一般情况下,流言的生成,其内容总是同公众有一定相关性。而且,流言的传播范围与传播速度,同其对公众利益和兴趣呈正相关关系。经验表明,流言的生成与传播,又同被传播者也就是流言受众自身的批判能力、知情权利成反比。流言受众的认知能力,分辨是非的能力,批判谬误的能力,同流言的传播范围、传播速度呈负相关关系。对于知情甚多且又有相当明辨力的民众来说,流言的影响力是有限的。流言的生成,往往由于民众缺乏可靠的信息来源,对自己四周的情况因状况不清而不安和忧虑。如果社会当时又处于危机状态,则更会加剧这种不安和忧虑。流言的生成,还常常由于官方媒体对带有负面性质的信息不予及时披露或迫于官方压力无法公开报道,给了大量非官方的、民间的甚至地下的非法出版物以可乘之机。在这种主客观情景下,流言便一传十、十传百地流传开来。因此,生活经验和教训告诉我们:流言止于社会生活的透明,止于信息传播的公开。

毋须回避:近几年中国的政治生活和社会生活中,流言屡禁不止,有时甚至泛滥成灾。究其原因,重要的一条就是信息不透明,对于虚假信息的揭露也不及时。其实,所谓对虚假信息的揭露,也就是用真实的信息去批驳那些流言、传言和谣言。比如,2012年"两会"期间,北京一时流言四起,闹得沸沸扬扬,直到20天后,才有一家大报通过一篇评论,回应和批驳这些流言。这里有两个值得讨论的问题,一是当这些流言刚刚生成尚未广泛传开的时候,首都这么多传媒为何不着一字?二是为什么非要等到20天后才来辟谣,而且这家辟谣的大报居然还受到了表扬。其实,这两个问题无非说明:由于信息发布不透明才导致流言产生,由于对流言的揭露不及时才导致流言泛滥。简言之,要防治流言,应该在第一时间发布真实信息,使流言失去生成的土壤。万一不能将流言扼杀于襁褓之中,也必须在最短的时间里,用客观真实的新闻报道击碎那些流言使之无法广泛传播。

公开、透明地传播社会信息,正是满足民众知情权的基本要求。所谓知情权,就是公民依法获取由国家机关及其他管理机构掌握的公共信息的权利,它是全体公民基于人民主权、作为国家主人所必然拥有的权利[①]。针对这些情况,胡锦涛要求:"要完善新闻发布制度,健全突发公共事件新闻报道机制,第一时间发布权威信息,提高时效性,增加透明度,牢牢掌握新闻宣传工作的主动权。"[②]最近南京市委书记杨卫泽在该市党政新闻发言人培训班上讲话时指出:"重大政策出台、重点工作推进,必须及时召开新闻发布会,突发事件和热点问题发生后必须尽快发声,不能等谣言漫天飞的时候再出来说话。每个新闻发言人都要说得好、说得准,说明大事,说细小事,说透难事,说清坏事。"[③]如果各地、各部门都能做到这些,流言还有滋生之地么?

让我们再来考察知情权的实现。从法理上说,公民只能依法获知公共信息和社会信息。所谓依法,就是说公民知情权的实现,是有前提的,是有条件的。公民知情,不仅必须依法,而且还应有度。我们主张,"公开为原则,不公开为例外"是信息公开制度的基本精神,但"行政公开的公共利益必须和不公开的公共利益互相平衡"[④],也应是社会生活的重要原则。如美国《信息自由法》规定,涉及国家安全、商业秘密、个人隐私等九项信息,就列于信息公开之外。中华人民共和国政府信息公开条例第八条也明确规定:行政机关公开政府信息,不得危及国家安全、公共安全、经济安全和社会稳定。国务院办公厅关于施行政府信息公开条例时对于保密等也专门作出了明确的规定。政府信息公开和公民知情权的保障,应该根据各方面情况有计划、有程序地逐步推进。国务院新闻办 2012 年 6 月公布的第二期《国家人权行动计划(2012—2015)》对于知情权建设的安排

[①] 参见林爱珺:《知情权的法律保障》,复旦大学出版社 2010 年版,第 36、44 页。
[②] 胡锦涛:《在人民日报社考察工作时的讲话》,《新闻战线》2008 年第 7 期。
[③] 参见《扬子晚报》2012 年 10 月 23 日。
[④] 参见王名扬:《美国行政法》(下),中国法制出版社 1995 年版,第 975 页。

是：深入推进政务公开，继续从法律法规政策层面规范和拓展知情权范围，不断提升公民知情权的保障水平。要求做到：凡是不涉及国家秘密、商业秘密和个人隐私的政府信息，都向社会公开；所有面向社会服务的政府部门全面推进办事公开制度，依法公开办事依据、条件、要求、过程和结果，充分告知办事项目有关信息；推进审计工作信息公开；不断完善政府新闻发布制度、新闻发言人制度和党委新闻发言人制度；建立健全领导干部任免信息向社会公开制度，依法公开事业单位信息和进一步推进厂务、村务公开。以笔者之见，这就是中国当前的"知情有度"，即公民依法有权获知的主要公共信息。同时我们也相信，这些主要的信息公开了，流言和谣言也就从根本上失去了滋生的土壤。

"十二五"期间，中国的经济发展和政治体制改革都面临着重大的考验。新闻舆论机构和新闻从业人员身处媒介生态和传播主体与客体的复杂变动之中。在这崭新的时空语境下，新闻传播研究工作者必须眼观六路耳闻八方，注重调查研究，潜心一手资料，既要利用新兴信息科技提供的"千里眼顺风耳"，又要开动思想器官，多思多想，在信息海洋里分析又分析，比较又比较，思考又思考。既要"回到马克思"，仔细体悟马克思主义新闻观的理论真谛，又要扎根中国大地，观察周边世界的变动和亿万民众的心态，以期在新的信息传播环境中把新闻传播学研究水平提升到一个新的高度。

新闻改革新思路和新闻教育新突破*

"发展要有新思路、改革要有新突破、开放要有新局面、各项工作要有新举措",是党的十六大决定的全局性要求。去冬今春以来,第十六届党中央对于深化新闻改革提出了一系列鼓舞人心的新思路。人们把以胡锦涛为总书记的党中央的这些新思路称为"从北京吹来的一股清新的风"①。这股春风同样指引着、激励着、催促着新闻教育的创新与突破,去开拓同新闻传播新发展相适应的新的局面。

一、第十六届党中央深化新闻改革的新思路

第十六届党中央总书记胡锦涛和主管思想宣传工作的李长春去冬今春以来,多次到一些省、市和许多主流媒体视察与调研、了解和指导新闻宣传工作,发表了许多切中新闻宣传工作弊端和新闻改革突破点的极为重要的指示,在新闻理论创新、体制创新及机制创新上提出了一些新人耳目的新思路和新举措。这些重要指示、新思路和新举措,对于从根本上调整中国新闻宣传工作的社会定位,引导进行了24年的新闻改革走出瓶颈,开创中国新闻宣传工作新局面,具有深刻的理论价值和现实指导意义。

第十六届党中央深化新闻改革的新思路大致可以梳理为以下几个方面。

---

* 本文原刊于《中国传媒报告》2003年第4期。
① 周瑞金:《吹来一股清新的风》,《新闻记者》2003年第1期。

（一）体现党的意志和反映人民心声

党中央负责同志指出，要在始终坚持与党中央保持高度一致的同时，做党性和人民性的统一论者，把体现党的意志和反映人民心声紧密结合起来，统一起来。在这个前提下，进一步办出特色，办出风格，不断开创新的局面。党中央主管宣传思想工作的负责同志在谈到舆论导向时也强调，要坚持对党负责和对人民负责的一致性，切实增强宣传思想工作的针对性、实效性和吸引力、感染力。他说，导向的正确，不仅体现在坚持正确的政治方向上，而且体现在宣传效果上，要改进宣传方法，提高引导水平，关注群众切身利益，联系群众身边实际，运用群众的语言，报道有实在内容的、有新闻价值的事情。衡量精神文化产品，最终要看人民满意不满意，人民喜欢不喜欢。我们可以这样认为，浓重的老百姓情结，是新的党中央新闻改革思路的一大特色。

（二）用"三贴近"作为深化新闻改革的突破口

第十六届党中央始终强调，要在"三个代表"重要思想指导下，以"贴近实际、贴近生活、贴近群众"为突破口，推进和深化新闻改革。

"三贴近"，首先是对传媒内容提出的要求。新闻传媒要充分地代表广大人民群众的利益，真实反映他们的心声。新闻传媒要报道亿万人民对国家事务、社会生活和党的建设的参与及监督。在当前，要从进一步改进会议报道和领导同志活动报道入手，多反映对工作有指导意义、群众普遍关心的内容，把报纸版面、节目时间更多地让给基层群众。"三贴近"，也是对报道角度、报道手法、报道形式和新闻语言方面提出的要求。要从群众需要和关心的角度，观察、分析和取舍新闻。要从群众看得懂、听得懂、群众喜闻乐见出发来选择报道手法和报道形式。要以平民语言而不是官方语言作为新闻语言的主调。党中央领导强调，用"三贴近"作为突破口，符合"三个代表"重要思想的要求，符合辩证唯物主义和历史唯物主义，符合把群众作为历史的创造者和历史的主体的马克思主义基本观点。要多采用群众的语言，运用生动的形式和身边的事例。要努力克服思想宣传工作存在的形式主义问题，克服从概念到概念、简单化、口号化等弊病。

（三）区分传媒不同性质，实行分类指导

党中央领导指出，新闻出版业的意识形态属性，受到人们重视，这是对的，今后必须继续坚持，但对新闻出版业的商品属性和市场属性，重视不够，因而我们的新闻出版业缺乏动力。

我国新闻出版业长期以来靠资源的国家垄断，靠中央的红头文件，用行政命令组织摊派，很少真正顾及受众需求和市场规律。这几年情况有所改变。2001年完成政府同机关报脱钩之后，原属政府辖下的报纸实行"关停并转"，不再继续吃皇粮，但传媒资源特别是报号刊号广电频道等稀缺资源的发放或配置，仍未能引入市场机制，因而传媒的产业属性与商品属性也未引起高度重视，在实际工作中更是未见根本转变。同第一、二产业相比，同第三产业中其他支柱产业相比，新闻传播业的行业准入非市场化程度最高，权力门槛最高，按产业规则运行的机制水准也最低下。

第十六届党中央决定解决这个从根本上制约新闻改革深入的瓶颈。党中央的新思路是，根据包括新闻事业在内的"文化单位"的不同属性，分为四类，对这四类属性、特点、市场化程度不同的文化单位制定不同的事业或产业政策，构建不同的体制和机制，即实行分类指导。

属于"文化单位"第一类的是公益性文化事业单位。这些单位的产品是政府为公众提供的公共文化产品。这些单位不进入市场，政府投入，提供经费。第二类是非经营性文化事业单位，不具备公益性，一般情况下不进入市场。第三类是经营性文化事业单位，包括报纸、杂志、广播电视、文艺演出团体等。第四类是经营性文化产业单位，这类单位完全进入市场，在市场中经营。它们可以按照国企改革经验，深化改革。

现在的问题主要是第三类文化单位，即经营性文化事业单位。这类单位一部分要引导其进入第四类，即成为经营性文化产业单位。这样，就要明确地规定和坚持新闻单位的产业属性和它们产品的商品属性，积极而稳妥地建构新闻传媒业的产业运行规则。

（四）整合新闻产业集团，推动传媒集团的公平竞争

党中央领导认为，新闻出版行业的改革从总体上看是滞后的，要解放思想，要像20世纪80年代经济体制改革那样。80年代进行经济体制改革时,首先是解放思想,然后是摸着石头过河,后来又经历了观念的变化。开始是"计划经济为主,商品经济为辅",后来是"有计划的市场经济",一直到后来,"社会主义市场经济"才确定下来。文化体制改革也同样,不能低估解放思想的任务。这里有一个怎样从计划经济条件下传统的文化体制转向适应社会主义市场经济体制的任务。要从单纯强调"阵地"、"喉舌",转向既要保持喉舌性质,又要有产业、商品、经济属性。

党中央强调体制改革的重要性,指出,要有体制和机制的创新,突破旧的体制和机制。否则微观改革忙活了几年,后来一看体制和机制没有变。对于喉舌和阵地要坚持,但喉舌和阵地要守多大范围?我们要下决心花力气把它们搞清楚。

党中央领导指出,传媒集团要实行竞争发展,传媒集团不按市场规则搞是没有活力的。新闻传媒集团不能动不动叫"中国",你一搞国家级的,别人怎么同你竞争?要搞五六家,展开竞争。关于传媒集团的性质,是事业还是企业,要深入研究。不能什么好处都让集团占了,要推动公平竞争。同时,要鼓励传媒集团跨地区、跨国界经营,鼓励大集团跨媒体经营,让优势资源向优势集团集中。要鼓励优势集团通过兼并、收购、重组、参股、控股等多种手段,壮大自己的实力,优化新闻传媒业结构,同时解决重复、低水平传媒的退出机制问题。

党中央领导指出,报刊摊派是典型的权力垄断。中央要求,久治不愈的报刊摊派问题要切实解决。报刊摊派是同主管部门的部门利益搞在一起的,为本部门挣钱。在体制没搞清理顺之前先作一个规定,不许用权力搞发行,接下去要找根治办法,切断发行与部门利益的联系,把部门报刊推向市场。党报党刊要传递党的声音,订阅党报党刊的政治动员还是要有的,但各级党报党刊要不要办这么多,可以研究。除了党报党刊之外,能够走向市场的报刊,都要走向市场。

(五) 政府要改换角色,变办文化为管文化

党中央领导指出,要重塑文化主体,否则谈何市场机制。要做到这一点,首先需要政府改换角色。第一种转变,是政府要从直接办文化向管文化转变,或者说,由直接办文化向主要管文化转变。这里说"主要",因为政府还是要办一点文化,即第一类的公益性文化事业。但今后大量的要靠社会力量来办,要有相应的一批投资主体来参与,其中包括上市公司。

第二种转变,从直接由所属机构对文化单位管理向面向社会的管理转变。

第三种转变,从微观管理向宏观管理转变,从审批式管理向依法管理转变。

政府主要从宏观上管理文化单位,当前迫切要做的事有两项。首先是建立文化市场体系。要解决体系问题,就要在微观主体基础上,解决事业性的文化单位主体无法从部门和地方利益中解脱出来的问题。比如电影,只有建立起资本纽带才能从条块分割中脱离。

其次,要建立法律法规、游戏规则。我国长期以来文化领域法律法规薄弱,是有一定原因的。市场经济体系的框架才搭起来,文化体制不能走在经济体制的前边,经济基础决定上层建筑。但是现在到了应该加快立法的时候了。目前的办法主要是人治,还没有走向法治,成熟起来有个过程,但是最终还是要走依法治国的道路。有些一时不具备立法条件的,要完善行政法规,行政法规不完善要用政策。要更多地将政策变为行政法规,行政法规成熟了上升为国家法律。

纵观由笔者梳理的上述第十六届党中央深化新闻改革新思路五方面的内容,可以发现,它们的改革力度大,着眼于宏观即文化体制的变革,从政府角色的转变入手,立足于构建市场经济条件下中国传媒的性质、体制、机制和监管法治。这些新思路,是走过了24年漫长路程的中国新闻改革最后攻坚战的既定目标,也是经济全球化新态势下中国传媒做大做强,走向世界的新竞争的序幕。十六大政治报告指出:"一切妨碍发展的思想观念都要坚决冲破,一切束缚发展的做法和规定都要坚决改变,一切影响发展的体制弊端都要坚决革除。"[1]第十六届党中央深化新闻改革的新思路表明,以胡锦涛为核心的新的党中央不仅是这一坚定誓言的庄严宣告者,而且是这一坚定誓言的无畏实践者。

---

[1] 江泽民:《全面建设小康社会 开创中国特色社会主义事业新局面》,人民出版社2002年版,第14页。

二、对新闻教育新突破的思考

捷克教育家夸美纽斯说过,教育是生活的预备。

梳理第十六届党中央深化新闻改革的新思路,环顾全国各地众多传媒变革的新举措,目睹海外主流传媒接踵而来,一块块蚕食我们的市场"蛋糕",作为新闻教育工作者的我们,不能不正视这样一个问题:我们预备好了吗?如果说,新闻界正在努力开拓同市场经济相适应的新局面的话,我们新闻教育界又怎样去规划新闻教育的新突破呢?依笔者的一孔之见,认为首先要在以下几个方面有新的思路和新的突破。

(一)思维方式的价值取向:突出重点

长期以来,在教条主义和形式主义的影响下,人们养成了这样的简单化思维习惯:既要……又要……作为一种认识世界的方法论,从纯理论的角度看,这种对立统一观无疑是正确的。但是,理论一旦失去其具体运用的对象,成了不问地点时间条件随意套用的"万能钥匙",它就可能成为一种无用的摆设甚至有害的东西。

列宁说过:"任何问题都可以说是'在迷宫里兜圈子',因为全部政治生活就是由一串无穷无尽的环节组成的一条无穷无尽的链条。政治家的全部艺术就在于找到并且牢牢抓住那个最不容易从手中被打掉的环节,那个当前最重要而且最能保障掌握它的人去掌握整个链条的环节。"①毛泽东也有类似的观点,他说,没有重点就没有政策。第十六届党中央深化新闻改革的新思路的一个重要的思维方式上的特点,就是它的价值取向上的重点论。

以新闻事业的性质认定促进新闻体制的改革,以新闻体制的转换推动新机制的构建,在性质、体制、机制的改革中从上推动政府角色的改换,从下推动报道内容的调整,即以人民群众的需求和喜欢为内容取向及表达取向。这种重点鲜明的新思路,使政府管理新闻有了明确的目标,使业界改革新闻有了具体的对象,使学者研究新闻有了政策的依托,也使新闻

---

① 列宁:《怎么办?》,《列宁选集》第1卷,人民出版社1995年版,第441页。

教育的改革有了鲜明的指向。因此,当前新闻改革的前提条件,就是自觉地确定自己思维方式的价值取向,不再搞过去几十年所谓"既要……又要……"的平衡论即无重点论,而是非常明确地确定自己的培养目标、教学重点,在教学内容上同党中央的新思路保持一致。有了重点,也就有了主攻方向,抓住了问题的要害。这样,新闻教育改革可能会有根本性的突破。

(二)新闻理论创新:高扬党性与人民性的统一论

新闻教育中的理论教育部分,几十年来十分强调新闻工作的党性原则,这是正确的,今后仍不能有丝毫动摇。但过去的理论教育也有片面性,即把党性同人民性对立起来,认为提出人民性就是对党性的轻视甚至否定。有的教材与文章,甚至大批特批人民性,把人民性说成是资产阶级自由化的产物。

第十六届党中央提出,要做党性与人民性的统一论者,把体现党的意志和反映人民心声紧密结合起来,统一起来。对新闻教育与新闻学研究来说,这不啻是一声思想解放的春雷。

一种事物往往具有多种属性,新闻工作也是这样。在阶级社会里,它既有党性,又有人民性。新闻工作的人民性,要求无产阶级政党主办或领导的新闻传媒,在新闻宣传中坚持党性的同时,又充分代表广大人民群众的利益,真实反映他们的心声。人民性原则的具体要求是,代表人民的利益,报道人民的业绩;集中人民的智慧建设社会主义和办好新闻事业;体现人民对国家事务、党的建设、社会生活和经济活动的监督;成为人民自己的生活教科书,引导他们前进;用人民群众喜闻乐见的形式和风格,丰富多彩地反映人民群众的心灵和风貌。

社会主义新闻工作的党性和人民性是一致的。这种一致,从根本上说,是由无产阶级的历史地位和无产阶级政党的根本性质决定的。这种一致和统一的前提是党的宗旨和人民群众根本利益的合一。党除了人民群众的根本利益之外,没有自己的私利。

新闻工作的党性和人民性各有自己的内容、要求和独特的表现形式,根据辩证唯物论,党性和人民性既有统一的一面,又有矛盾、对立的一面。

党性和人民性的统一,是有条件的、有前提的。这个条件和前提,一是党的路线和领导的正确以及人民群众觉悟的普遍提高,二是连接党委和群众的新闻传媒依照新闻传播规律有机运行。历史经验告诉我们,坚持党性和人民性的一致,坚持对党负责和对人民负责的统一,新闻工作必须置于党的领导之下,不能借口党曾经犯过错误而削弱甚至摆脱党的领导。只有自觉加强党的领导,同党中央保持高度一致,才能使新闻工作沿着正确的政治方向在改革中不断前进。历史经验又告诉我们,加强党的领导必须改善党的领导。新闻传媒和新闻部门不是一般行政机关,只有了解并尊重新闻宣传工作的特点和规律,才能更好地实现党对新闻工作的领导。党领导新闻宣传80余年的无数正反经验无不说明这样一个基本事实:成功而有效的新闻宣传,必然是体现党的意志和反映人民心声紧密结合的结果,必然是良好的新闻宣传效果期待和科学的宣传方式方法正确结合的结果,必然是党委满意和群众满意"双满意"的结果,一句话,必然是党性和人民性完美统一的结果。

根据以上的理论要点重新修改我们的理论教材,通过理论与实践的生动结合向被教育者传播这些理论要点,在同"左"的错误思想倾向的论战中捍卫这些观点,是新闻教育改革的一项十分紧迫而艰巨的任务。

(三)新闻体制创新:构建市场经济下新闻传媒的体制模型

社会主义市场经济下新的新闻体制的构建是深化新闻改革的突破口。对新闻体制的研究,是当前新闻教育的极为薄弱的环节。长期以来,党中央对中国新闻事业的性质与体制的规定是:事业性质,企业管理。即在坚持新闻事业是社会主义文化事业这一基本性质的前提下,可以运用企业管理的若干方法经营新闻事业,实行"独立法人、自主经营、自收自支、依法纳税"十六字方针。在这种一元化的认定下,新闻教育所坚持的基本理论就是新闻传媒无一不是党和政府的喉舌,新闻工作者的责任就是保卫这块党和政府的舆论阵地,所谓"守土有责"。

第十六届党中央深化新闻改革的新思路则不同,党中央把包括新闻传媒在内的文化体制分为四类,其中既有事业,又有产业;既有公益性的,又有经营性的。这种多元化的传媒性质认定,顺理成章地区分了传媒不同的体制和机制。

从一元化体制到多元化体制的巨大变化,对新闻教育提出了一系列新的要求。过去论证有中国特色社会主义的基本特征,主要强调:其一,社会主义新闻事业属于人民所有,即国有,尽管这里还需要进行许多方面的论证,但大而化之说"国有"是肯定没有错的。其二,社会主义新闻事业具有共同的政治方向,即接受执政党中国共产党的领导,同党中央保持政治上的一致。现在面对传媒的多元化性质和多元化体制,上述极其简单的两点显然已无法说明新出现的一系列变化,新闻学必须有新的发展,其中还必然要突破一些理论禁区和政策禁区,而这方面一时还可能不会有现成的文件或法律作为依据。因此,新闻教育的突破将面对许多困惑与障碍。但这些工作是必须排除万难去扎扎实实做好的。

(四)新闻运作创新:从知识传授到知识讲授与能力培养并举

由于传媒事业的巨变,其性质与体制的创新,使得新闻传播运作也随之发生一系列变化。原有的新闻教育的目标、内容、课程设置、讲授方法,以及长期以来形成的对新闻人才知识结构和能力的思维定势,已不能适应新的变化和新的要求。过去对新闻系学生的要求是讲政治讲作风,然后是掌握采、写、编、评四套功夫,大致可以应付新闻传媒的实际操作。现在新闻机构对人力资源的起码要求是复合型人才,既懂新闻采编业务,又懂经营管理业务;既有较好的文化功底,又有很强的实际操作能力;既能完成微观层面的操作,如采写一篇新闻稿,编辑一版专版,又能从宏观上参与决策、策划,提出与实施一个较大领域或较长阶段的报告计划。

对未来新闻工作者的这些要求,首先需要他们的老师先行具备。可环视现在在教学岗位上的教师,有不少是欠缺这些广泛的知识和实际运作能力的。因此,他们应该千方百计地补课,学习传媒经营管理以及同新闻传播交叉、边缘关联的知识。有的则应该到新闻岗位挂职轮岗,在实践中掌握新的操作方法与工作能力。相关教师愿不愿意去第一线顶岗,教学岗位能不能抽出一批骨干教师,又是十分实际的困难。即便去了,新闻教育单位相关的考核、晋升、奖惩制度如何作相应的变革,又有不少亟须改变的工作。总之一句话,不改不行,改起来又困难重重。

(五)理念、知识与操作的综合创新:充分发挥思想库与智囊团作用

据了解,高校新闻传播学科的研究力量与科学成果,在全国均居第一。新闻传播学的教师和研究生占全国从事新闻传播学研究人员的75%以上,论文发表与著作出版占全国80%以上。在把第十六届党中央深化新闻改革新思路变成新局面的过程中,高校新闻教育系统承担着责无旁贷的重要使命。

党中央领导指出,怎样发展文化事业和文化产业,现在国有文化资源还在闲置,但又不能满足群众要求。在文化事业发展的同时,怎样用产业的办法发展文化。以产业的办法,发展现代文化,竞争力就会大大增强。现在突出感到的是思想库、智囊团跟不上。

现在高校新闻教育的科研有一种倾向。一些教师与研究生搞科研,仅仅为了晋升职称与获取学位。他们不是从我国文化建设与文化体制改革的大局需要选择课题,论文写作过程中也不到新闻传媒开展调研,论文发表或通过就算完成任务。这种论文对文化改革和新闻改革帮助甚少。这种研究风气必须有根本的转变,我们要从当好深化新闻改革思想库与智囊团的高度出发,思考、选题和完成研究任务。

当然,要这样做,的确会有许多困难。在"左"的思潮干扰新闻科研工作的时候,针对现实开展对策研究显得比较敏感,更有人拿着政治高帽对待学术研究中的不同观点,动辄给人扣上资产阶级自由化的帽子。第十六届党中央深化新闻改革新思路中大多关系到发展战略与对策研究,过去的这种担心已不必要。

高校新闻教育战线长、任务重,教师承担的教学、科研及社会工作往往比其他学科更重更多,在时间和精力安排上有困难。有的学者更是超负荷运转。但是我们又应看到,现在是新闻学科发展千载难逢的最好时期,我们千万不要错过这样的机遇。人生能有几回搏?党中央寄希望于我们,我们当为之鞠躬尽瘁,全力拼搏。笔者以为,党中央目前正在组织队伍进行的传媒准入指标体系、传媒日常运作质量评估指标体系、新闻传媒体制与机制改革等研究项目,高校新闻教育同仁是可以大有作为的。总之,科研体制与运作的改革,既可使高校新闻教育工作者成为党和政府改革所迫切需要的思想库与智囊团,又能直接提升高校新闻教育的质量,是一个一石二鸟的值得大抓而特抓的工作。

上面关于新闻教育改革的几点设想,很不成熟,意在抛砖引玉,激发新闻教育界同仁献计献策,为中国新闻改革的深入和新闻教育开创新局面助一把力,为中国的文化建设提供一些理论支持。有失偏颇之处,请各位指正。

后　　记

我的这部自选集《新世纪新闻的观察与思考》即将付梓的时候，心里有许多感激之语急于表达。

首先要谢谢我们生活的这个时代和这个时代正在推进的伟大事业，我们的新闻改革和新闻学科建设。

其次要谢谢培育我、推动我不断前行的复旦大学新闻系和新闻学院。我伴随着新闻系这位母亲学习、工作、生活了56年。复旦给了我知识、人品和治学方法，也给了我一辈子取之不尽、用之不竭的荣誉和力量。没有母亲90大寿的庆典安排，不会有出版这套自选集的计划。

再次要对我的夫人林涵教授说句谢谢。我的朋友和学生都知道，我的电子文稿中的每一个字，都是她敲打出来的。实际上，我的不少课题，她也是参与者之一。这部自选集中入选的一篇文章《新闻传播与生态环境保护的互动及环境新闻工作者的责任》，她是第一执笔人，因为这是她承担的教育部的一个课题的阶段性成果。为了这个课题，我们曾利用假期到内蒙古河套地区伊克昭盟库布齐沙漠调查沙漠化情况并提交了调研报告。

还要感谢我所在的复旦大学马克思主义新闻观教学与科研中心、复旦大学新闻传播与媒介化社会研究国家哲学社会科学创新基地、复旦大学传媒与舆情调查中心的战友们。这三个团队出色的工作成果、中央领导机关及时的政策引领和团队成员互补互进，不仅为我的科学研究工作提供了学术启示，还在关键时刻给予人力和智慧的支持。这里，不仅应该提到马凌、涛甫、建云等团队的学术主力,还要特别提到学术骨干溪声,她为精品课程马克思主义新闻思想做了许多基础性工作。此外,还应该提到胡栓、徐佳等中年骨干,应该提到团队的管理保障胜男,应该提到已经走上助手岗位的建华、雯俪和宜馨等青年力量。

想到自己重返复旦母校18年生活的顺泰和愉快,还要向关心我的校领导王生洪、秦绍德、杨玉良、朱之文、许宁生和焦阳等各位表达我深深的谢忱,向始终支持帮助我的几任文科科研处处长及小左等朋友表示我的谢意。

最后,要谢谢复旦大学出版社的章永宏和朱安奇两位朋友和责编。我交给他们的每部书稿都"时间紧迫"、"这个要批那个要准",特别是每年的最新报告,但他们从来不说"不"。特别是小朱,她的产假未满,一年多来已先后完成了我团队的3部书稿的编排报审。这部自选集又将由她完成。我只能简单地重复:谢谢了。

图书在版编目(CIP)数据

新世纪新闻的观察与思考/童兵著.—上海：复旦大学出版社,2019.9
(复旦大学新闻学院教授学术丛书)
ISBN 978-7-309-14487-1

Ⅰ.①新… Ⅱ.①童… Ⅲ.①新闻工作-中国-文集 Ⅳ.①G219.2-53

中国版本图书馆 CIP 数据核字(2019)第 216336 号

新世纪新闻的观察与思考
童　兵　著
责任编辑/朱安奇

复旦大学出版社有限公司出版发行
上海市国权路 579 号　邮编：200433
网址：fupnet@fudanpress.com　http://www.fudanpress.com
门市零售：86-21-65642857　团体订购：86-21-65118853
外埠邮购：86-21-65109143
上海盛通时代印刷有限公司

开本 787×960　1/16　印张 21　字数 286 千
2019 年 9 月第 1 版第 1 次印刷

ISBN 978-7-309-14487-1/G·2034
定价：58.00 元

如有印装质量问题，请向复旦大学出版社有限公司发行部调换。
版权所有　侵权必究